KB252560

연설법방·금슈회의록

초판 1쇄 인쇄일 2024년 12월 20일
초판 1쇄 발행일 2024년 12월 30일

저술 안국선
역주 김은숙 김태주 안재원 손하누리 윤석찬
펴낸이 여희숙

기획 독도글두레 **편집** 김태주 **디자인** 노승우

펴낸곳 독도도서관친구들 **출판등록** 2019년 4월 25일 제2019-000128호
주소 서울특별시 마포구 동교로 114, 태복빌딩 301호(서교동)
전화 02-571-0279 **팩스** 02-323-2260 **이메일** yeoyeoum@hanmail.net

ISBN 979-11-967279-5-6 04910
ISBN 979-11-967279-0-1 (세트)

• 잘못 만들어진 책은 구입하신 서점에서 바꿔드립니다.

연설법방·
금슈회의록

비판정본

안국선 저술

演說法方·
금슈회의록

독도 讀 길을
道 읽다 ❹

독도 도서관 친구들

이 사진은 안국선 선생이 1899년 역모 사건에 연루된 혐의로 체포되어 1904년까지 한성 감옥에 정치범으로 수감 되었을 당시 모습을 촬영한 것이다. 뒷줄 오른쪽에서 두 번째가 안 국선 선생이다. 앞줄 오른쪽에서 두 번째가 월남 이상재 선생이고, 왼쪽 끝에 서 있는 사람 은 이승만 초대 대통령이다.

해변에서 연설하는 데모스테네스. 들라크루아(Delacroix, Ferdinand Victor Eugène, 1798~1863)의 1859년 작품.

해변에 나가 해안의 암초를 맞받아치는 파도 사이에 서서 큰소리로 그 파도의 소리와 다투며 작은 모래와 돌을 혀 아래 놓고 발음하기 어려운 음성을 소리 나게 하였다. 이러한 공부를 축적하여 그리스 제일의 웅변가가 되었을 뿐 아니라, 천 년을 지나 오늘에 이르도록 이 사람에 견줄 만한 자가 없게 되었다.

• 《연설법방》 최초 2

외국 사람에게 아첨하여 벼슬만 하려 하고 자기의 나라가 다 망하든지 자기의 동포가 다 죽든지 돌아보지 않는 역적 놈도 있으며, 임금을 속이고 백성을 해롭게 하여 나랏일을 결딴내는 소인 놈도 있으며, 부모는 자식을 사랑하지 않고 자식은 부모를 효도로 섬기지 않으며, 형제간에 재물로 말미암아 골육상잔을 일삼고 부부간에 음란한 생각으로 화목하지 않은 사람이 많으니, 이와 같은 인류에게 좋은 영혼과 제일 귀하다고 하는 특권을 줄 것이 무엇이오?

• 《금슈회의록》 개회 4

비판정본·원문대역

《연설법방》

《금슈회의록》

부록

《연설법방》과《금슈회의록》의 저자와 판본

1. 안국선의 생애

천강(天江) 안국선(安國善)은 1879년 12월 5일에 태어났다. 17세가 되던 해인 1895년 큰아버지인 안경수(安駉壽)[1]의 도움에 힘입어 관비 유학생으로 선발되어 그해 8월부터 1896년 7월까지 게이오 의숙(慶應義塾) 보통학과에서 수학했다. 일본 근대화의 선구자인 후쿠자와 유키치가 메이지 8년(1875) 교내에 미타(三田) 연설관을 개관한 이후, 게이오 의숙은 일본 근대 연설 교육의 중심지가 되었는데, 안국선은 여기서 당시 일본에서 유행하던 연설과 수사학을 심도 있게 학습했다. 안국선은 게이오 의숙에서 수학한 이후, 1896년 도쿄(東京)전문학교[2] 정치과(政治科)로 자리를 옮겨 정치학을 공부하였다. 졸업 이후 일본에 머물다가 1899년 11월경에 귀국한 것으로 추

---

[1] 1896년 독립협회 초대 회장으로 선출되었고, 당시 초대 대표위원장을 맡은 이가 이완용이었다. 독립협회는 의회 설립과 입헌군주제로의 개편을 목표로 활동하다 3년 만에 해산되었다.

[2] 1902년 와세다(早稻田)대학으로 이름을 바꾸었다.

정된다. 이 시기는 공교롭게도 안경수가 고종의 양위 음모 사건[3]에 얽혀 일본으로 망명한 직후이다.

일본에서의 유학을 마치고 귀국한 이후 안국선은 자신이 배운 근대적인 학식을 정치적인 야망으로 연결시키려 했지만 이내 실패하고 만다. 1899년 11월 귀국 직후 투옥되었기 때문이다. 투옥된 이유에 독립협회와의 연관설, 안경수와의 친척 관계 및 몇 가지 설이 제기되었지만, 아마도 직접적으로는 박영효와 관련된 역모 혐의 때문이었던 것으로 추정된다. 투옥된 안국선은 미결수로 1904년까지 감옥에 있었는데, 미결수로 지내던 중 배재학당의 선교사 아펜젤러(Appenzeller)와 벙커(Bunker)의 권유에 의해 기독교 신앙을 받아들이게 된다. 안국선은 1904년 종신 유형을 선고 받고 전라남도 진도로 유배를 가게 된다. 진도에서 유배 생활 도중 부인 이숙당(李淑堂)과 가정을 꾸렸다. 이 시기 행적에 대해서는 논란이 있지만 1907년 3월 유배 생활이 끝나[4] 서울로 다시 올라왔다.[5]

---

[3] 1898년 중추원 의관(中樞院議官) 안경수 등이 이준용(李埈鎔)을 앞세워 그해 6월 고종 황제를 폐위시키고 황위 승계를 도모한 역모 사건을 가리킨다.

[4] 송민호(2017), p.214

[5] 귀국 이후 1906년까지의 안국선의 행적은 논문마다 내용이 크게 달라 몹시 혼란스럽다. 접근 가능한 1차 사료와 2차 문헌들을 중심으로, 안국선의 일생 전체를 모순 없이 정합적으로 이해할 수 있는 방안을 찾고자 노력했다. 권영민(1977)에서는 투옥 원인을 이승만, 이상재 등 독립 협회 간부와 가까이 지냈던 안국선이 모종의 정치적인 풍파에 연루된 것으로 본다. 반면 송민호(2017)는 박영효와 관련 있는 역모 사건에 연루된 것으로 본다. 한편 최기영은 유배가 풀리기 전인 1906년 11월에 안국선이 이미 학교(돈명의숙)의 교사로 활동하고 있었다는 기록에 의문을 제기한다. 안국선의 생애에 대한 자세한 내용은 권영민(1977), 최기영(1991a), 金學俊(1997), 송민호(2017) pp.214-215, 각주 17), 21) 참조.

안국선은 3년간의 유배 기간 동안 투고와 번역을 지속한 것으로 추정된다. 이 때의 작업을 바탕으로 그는 유배에서 풀려나 상경한 이후 《정치원론(政治原論)》, 《외교통의(外交通議)》, 《연설법방(演說法方)》 등 다양한 책을 출간했다.[6] 또한 학교 강단에서 정치와 상업을 강의하고, 여러 사회단체와 학회, 모임에 참여하며 국민계몽에 깊은 관심을 드러낸 것도 이 시기이다. 1908년 2월에 발행한 《금슈회의록》이 그러한 입장을 잘 보여준다. 한편 안국선은 저술 활동뿐만 아니라 실제 연설에도 관심을 가져, 황성기독교청년회(YMCA)를 포함한 여러 연설처에서 사회개량적 담론을 주제로 한 연설을 여러 차례 행했다.

그러나 1907년 역모의 주동자로 사형당했던 안경수의 신원이 복권되자, 안국선은 점차 관직에 나서게 된다. 1908년 9월 탁지부(度支部)에서 탁지부 이재국 감독과장에 임명되었고, 1909년 12월에는 이재국 국고과장으로 전임되었다. 이후 안국선은 이전에 참여했던 사회 운동과 결별하고, 계몽 운동가로서의 저술 활동 역시 그만둔 것으로 보인다. 경술국치 이후에도 관직을 놓지 않고 1911년 경상북도 청도군의 군수직을 지냈다.

그는 1913년 7월에서야 관직 생활을 청산했고, 이후 대동전문학교(大東專門學校) 등지에서 정치학과 경제학을 가르치기 시작했다. 1915년에는 《공진회(共進會)》를 출간했다. 이 책은 안국선이 가졌던 민족 정신적 쇠퇴를 보여준다는 평가를 받는다. 1916년 안성으로

---

6 안국선의 전체 저술에 대한 설명은 최기영(1991a) pp.144-160을 참조.

낙향했다가, 1920년 아들의 교육을 위해 다시 상경하여 글쓰기 활
동을 재개했다. 주로 경제와 관련된 주제의 글이었다. 이 시기에는
일제에 비판적인 논조의 글을 YMCA에서 발행하는 출판물과 동아
일보 등지에 싣기도 했다. 1926년 7월 8일 48세의 나이로 병사했다.

2. 서지 사항

1)《연설법방》의 서지 사항

《연설법방》은 1907년 처음 출판된 이후, 급속도로 인기를 얻어
1년만에 3판을 간행하게 되었다. 초판과 3판의 서지 사항을 정리하
면 다음과 같다.

출판사 (발행인)	인쇄소	판본	비고
安國善	搭印社	1판	1907년 11월 1판, 彰信社 판매
玄公廉	日韓印刷株式會社	3판	1908년 8월 26일 인쇄, 당해 8월 29일 3판 발행

　일한인쇄주식회사(日韓印刷株式會社)에서 간행된 판본이 3판임을
고려할 때, 1판과 3판 사이에 2판 또한 존재했을 것으로 추정된다.
그러나 2판이 발견되지 않았기에 1판과 3판만을 자료로 참고할 수
있었다. 2판의 행방에 대해서는 추가적인 문헌 추적이 필요하다.

　한편 현대에 출판되어 시중에서 접근할 수 있는《연설법방》은 다
음과 같다.

출판사/출처	도서명	서지 사항	출간년도	ISBN/비고
범우사	금수회의록 공진회 외	종이책 200쪽	2001	ISBN 9788908032194
종합출판 범우	금수회의록 (외)	종이책 490쪽	2004	ISBN 9788995486146
푸른소나무	연설법방	전자책	2009	저작권은 '푸른소나무'에, 제작 및 판권은 ㈜북큐브 네트웍스 소유
온이퍼브	매력적인 연설가가 되는 법	전자책	2017	ISBN 9788969106476
을궁	안국선 평론집	전자책	2021	ISBN 9791191698039
작가와	연설법방	전자책	2023	ISBN 9791171398461
공유마당	연설법방	pdf, hwp	미상	ICN.914=0000009000647

해당 문헌들을 직접 검토한 결과 다음과 같은 사실을 알 수 있었다. 고유한 번역물이라고 할 수 있는 것은 범우사 판과 종합출판 범우 판 (이하 범우 판) 뿐이다. 먼저, 2001년 범우사에서 출간된《연설법방》은 서지 사항만으로는 문헌을 검토한 사람을 확인할 수 없다. 번역물은 국한문혼용체로 되어있는 원문을 그대로 한국어로 옮겨적고 간단한 주석을 단 정도다.

본격적으로 원문을 현대국어로 풀어쓰고 보다 상세한 주석을 달기 시작한 것은 범우 판 부터이다. 2004년 종합출판 범우에서 '범우 비평판 한국문학'을 문학 전집의 일환으로 출간하면서, 시리즈의 네 번째 책으로 출간했다. 범우 판은 연세대학교 국어국문학과 김영민 교수가 책임 편집을 맡았고, 책의 서지 사항을 신뢰한다면, 김형태 씨가 역주를 맡은 것 같다. 그런데 김영민 교수와 김형태 씨 가운데 누가 《연설법방》 주해에 결정적으로 기여했는지는 확인할 수 없다.

이후 출판된 푸른소나무, 을궁, 작가와 판은 범우 판을 저본으로 하여 주석을 제거하고 본문만 발췌해 출판한 것으로 보인다. 온이퍼브 판 역시 내용은 범우 판과 동일하되, 주석을 본문 안에 괄호로 집어 넣었다. 공유마당 판의 경우도 범우 판을 그대로 스캔한 파일과 본문을 타자로 옮긴 파일이다. 결론적으로 현재 시중에서 구할 수 있는 대부분의 판이 범우 판과 대동소이하다.

2) 《금슈회의록》의 서지 사항

《금슈회의록》은 1908년 2월 처음 간행되었고, 세 달만에 곧바로 재판을 찍을 만큼 대단한 인기를 모았다. 초판과 재판의 서지 사항은 다음과 같다.

출판사(발행인)	인쇄소	판본	비고
皇城書籍業組合	日韓印刷株式會社	1판	1908년 2월 발행 및 인쇄 1판
皇城書籍業組合	右文館	3판	1908년 5월 발행 및 인쇄 재판

세 달만의 재판 간행이라는 기록은 《금슈회의록》이 당대 사회에 미친 영향력을 가늠하게 한다. 이를 증명하듯 《금슈회의록》은 1909년 5월 새로 제정된 출판법에 의해 치안방해를 이유로 압수·금서 조치 당하는 최초의 서적 중 하나가 된다.

현대에 출판된 주요 《금슈회의록》의 목록은 다음과 같다.

출판사/출처	도서명	서지 사항	출간년도	ISBN/비고
범우사	금수회의록 공진회 외	종이책 200쪽	2001	ISBN 9788908032194
서울대학교 출판부	《목단화》 《치악산》(하) 《비행선》 《금수회의록》 《공진회》	종이책 396쪽	2003	ISBN 8952104064
종합출판 범우	금수회의록 (외)	종이책 490쪽	2004	ISBN 9788995486146
에세이 퍼블리싱	금수회의록/ 공진회	종이책 138쪽	2015	ISBN 9791185742311
온이퍼브	금수회의록	전자책	2016	ISBN 9788969106179
공유마당	연설법방	pdf, hwp	미상	ICN.914= 0000009000635

《금슈회의록》의 현대 출판 사정은 《연설법방》보다 나아서 1970년대부터 최근까지 약 95종의 간행물이 시중에 판매되었다. 2000년대 이후 출판된 많은 책들이 '대학입시에 꼭 출제되는 (2003, 자유지성사)', '중고생이 꼭 읽어야 할 (2005, 리베르)', '국어과 선생님이 뽑은 (2012, 2017, 북앤북)' 등의 제목을 가지고 나온 것을 생각할 때, 《금슈회의록》이 중·고등학교 교과서에 수록되고 대학수학능력시험에서 중요한 문학 지문으로 자리매김했기 때문으로 보인다. 그러나 출판물의 수가 많아진 것에 비해 출판물 간의 차이는 《연설법방》보다 더 적어졌다.

《연설법방》과 마찬가지로 《금슈회의록》의 주요 번역물은 2001년 범우사 판과 2004년 범우 판이다. 그러나 두 판은 범우 판의 주석이

상대적으로 상세해진 것 이외에는 본문 편집 상 큰 차이가 없다. 이후 출판된 책들 역시 범우사 및 범우 판의 내용과 거의 동일하며, 종결어미 '-오'와 '-요'의 선택, 물음표, 쉼표 등의 문장 부호 삽입, 한자병기 등에서만 미세한 차이를 보인다. 이는 후대 출판물들이 범우사 및 범우 판을 저본으로 삼았기 때문일 수도 있지만, 근본적으로는《금슈회의록》의 원문이 보다 국문에 가까운 국한문혼용체로 쓰여졌기 때문에 현대 국어로 옮기기에 용이하여 번역 결과물의 차이가 적어진 것일 수도 있다.

그 예시로 2003년 서울대학교출판부에서 '한국신소설전집' 시리즈의 일환으로 출간한 서울대 판은 본문의 내용은 다른 판들과 거의 동일하지만 다른 판에는 없는 주해가 들어있어 해당 판이 고유한 작업물임을 보여준다. 서울대 판은 서울대학교 국어국문학과 권영민 교수가 책임편집자를 맡았고, 서울대학교 강사 김종옥과 순천대학교 강사 배경열이 편자로 등록되어 있다. 그러나 한 책에 실려있는 다섯 편의 작품 중 누가 어떤 것의 주해에 중점적으로 기여했는지는 확인할 수 없다. 2015년에 출판된 에세이퍼블리싱 판의 경우도 동일한 본문에 다른 판에는 없는 주해와 사자성어 해설이 추가되어있다. 그러나 편집자와 역자가 명시되어 있지 않고, 단지 '편집부'라는 모호한 이름으로 되어 있다.

그 외에 직접 검토한 문헌들로는 2012년 북앤북, 2013년 넥서스, 2016년 온이퍼브, 2017년 도서출판 책꽂이, 2019년 서울프렌드, 2020년 책다름, 2021년 이새의나무, 2023년 유페이퍼 판이 동일소이한 본문을 공유하고 있다. 그 외에 2019년 흙마당어린이 판과 같

이 청소년을 대상으로 쉽게 풀어 썼지만 원문과는 멀어진 경우들도
있다.

3. 판본 문제

현존하는 《연설법방》과 《금슈회의록》들은 문제가 많다. 크게 간추
리면 다음과 같은 문제들이 있다. 첫째, 이들은 모두 참조한 판본을
밝히지 않았다. 둘째, 비판 정본을 작업하는 과정을 결여 하였다. 셋
째, 주해의 원칙이 불분명하다.

1) 역주하는 책의 저본이 되는 판본이 분명하지 않다

앞서 살펴보았듯이 현재 시중에서 접근 가능한 《연설법방》의 경
우 대체로 종합출판 범우에서 간행된 판본을 그대로 베낀 경우가 대
다수이고, 《금슈회의록》 역시 범우 판과 본문을 공유한다. 그런데 범
우 판을 비롯하여 상기한 모든 판들은 단지 국한문혼용체를 현대 국
어 독자들에게 쉽게 읽힌다는 목적 하에, 정해진 원칙 없이 주해하
였다. 그런데 번역과 주해는 모두 출발 언어로 된 텍스트의 의미와
맥락을 최대한으로 살려 목적 언어로 재현하는 것을 목적으로 삼는
다. 이는 어느 종류의 번역본이든 원전 텍스트의 출처를 밝혀야 비
로소 신뢰할 수 있음을 의미한다. 상기한 문제를 면밀히 고찰하기
위해서는 각 출판사에서 출간한 판들을 개별적으로 검토해야 하겠
지만, 여기서는 종합출판 범우 판을 대표로 하여 기존에 유통되던
《연설법방》과 《금슈회의록》의 문제점을 살펴보겠다.

종합출판 범우는 '범우비평판 한국 문학'을 출간하면서 몇 가지 출간 원칙을 밝혔는데 요약하면 다음과 같다. 첫째, 문학의 개념을 민족 정신사의 총체적 반영으로 확대하여 기존에 '문학'이라는 이름으로 범주화된 장르를 넘어서, 시, 소설, 희곡, 평론 이외의 수필, 사상, 기행문, 실록 수기, 역사 담론, 가요 등 다양한 장르를 포괄한다. 둘째, 작가 중심의 문학 전집을 편찬한다. 가능한 한 작가의 모든 작품을 수록하는 것을 원칙으로 하며, 연구사에서 소외되었던 작가를 발굴하고 이들의 작품을 정리함으로서 학술적인 자료로서의 가치를 수호한다. 셋째, 학계의 대표적인 문학 연구자를 책임 편집자로 위촉한다.

문제는 넷째 조항이다. '한국 문학연구에 혼선을 초래했던 판본 미확정 문제를 해결하기 위해 최선의 노력을 기울였다.'는 발간사의 언급은, '한민족 정신사의 복원'을 위해 문학 연구의 안전한 토대를 정초하기 위한 작업으로서 전집 출간이 기획되었음을 시사한다. 특정 시대를 지배했던 문학에 대한 탐구는 그 문학이 터를 내렸던 바로 그 시대를 탐구하기 위한 선결 조건이자 진입로에 해당한다. 비록 종합출판 범우는 일제 강점기의 작품이 현대어로 출판되는 과정에서 발생한 원문 텍스트의 왜곡을 바로잡겠다고 밝혔지만, 실상은 전혀 변화가 없다. 원본에 입각한 비판정본 작업에 전혀 노력을 기울이지 않았기 때문이다. 판본의 대조를 통한 비판정본을 바탕으로 해서만 신뢰할 수 있는 후속 연구가 이어질 수 있다.

그러나 범우 판은《연설법방》과《금슈회의록》을 주해할 때 참고한 판본이 무엇인지 일절 언급하지 않는다. 단지《연설법방》및 일부

저작물의 경우 원문이 국한문혼용체로 쓰여 있음을 밝힐 뿐이다. 이는 다른 모든 판본들에도 해당되는 문제이며, 서울대 출판본만이 주석을 통해 "황성서적조합(1908.2 발행)"이라고 판본을 밝혔을 뿐이다. 판본에 대한 언급 없이 국한문혼용체를 일괄적으로 현대 국어의 언어로 옮기는 것은 원전 텍스트에 대한 오염이다.

2) 비판 정본 작업을 거치지 않았다

앞서 제기한 비판의 연장선상에서, 현재 유통되는《연설법방》과《금슈회의록》들은 또다른 중대한 하자를 갖는다. 이는 이들 번역본의 모태가 된 저본이 확인될 수 없다는 인식적인 불확실성보다 더욱 치명적인 문제이다. 바로 학술적인 권위와 학자 공동체에 의해 합의된 비판 정본(editio critica, critical edition)에 토대하지 않고 작업되었다는 것이다.

비판 정본은 문헌 전승 과정에서 더 이상 추적될 수 없는 시작점으로서의 원전과 가능한 한 가까운 것으로 추정되는 정본을 가리킨다. 안재원(2008, 2012)에서 밝혔듯이, 비판 정본은 원전 자체에 대한 복원으로서, 원전으로 가는 주춧돌이다. 비판 정본은 문헌을 당대의 텍스트로 복원하여 그것을 안전하게 연구자들과 다른 일반 독자들에게 제공한다.[7] 그리고 문헌에 담긴 정신적 산물을 해석하기 위해서는, 텍스트를 전하는 매체의 물질적인 속성과 문헌이 속한 역사적인 전승과 전통을 간과할 수 없다.

---

[7] 안재원(2012), p.36.

3) 주해와 번역의 원칙이 통일되지 않았다

종합출판 범우 판은 주해와 번역을 일관적이지 않은 방식으로 수행했다는 점에서 또 다른 문제를 갖고 있다. 《연설법방》의 몇 가지 사례를 통해 이를 설명하겠다.

(1) 외국인의 인명

종합출판 범우	새로운 주해 (독도글두레)
유럽과 아메리카 각 나라에는 인물전人物傳으로 연설하는 방법이 있으니, 요즈음에 이름이 드러난 것으로 말하더라도, 간쏘라스의 사보나롤라Girolamo Savonarola 강연과 스코틀의 링컨Abraham Lincoln 강연 등은 세상 사람들이 시끄러울 정도로 칭찬하여 드러내는 것이니, 미국에 머무르며 공부한 친구의 말을 들어보면, 미국에 있을 때에 간쏘라스의 사보나롤라전傳 연설을 들었다는데 '구절마다 정말 사보나롤라가 살아 움직이는 것과 같이 말해오다가 사보나롤라가 당시에 종교계의 나쁜 풍습을 몹시 나무라고, 로마 교황을 논박할 때에 이르러서는, 번개가 치고 벼락이 떨어짐과 같이 강연하는 곳의 처마가 흔들려 움직이는 듯하고, 많은 사람들은 넋을 잃어 마치 사보나롤라가 얼굴 앞에서 살아 뛰는 듯했었다'고 하니 정말로 그러한 것이다.	유럽과 아메리카에는 인물전으로 강연하는 방법이 있다. 근래에 저명한 것만 보더라도 건솔라스의 사보나롤라 강연과 스코틀의 링컨 강연 등은 세상 사람들이 혀를 내두르며 찬양하는 것이다. 미국에 유학한 친구의 말을 들으니, 미국에 있을 적에 건솔라스의 〈사보나롤라전〉 연설을 들었다고 한다. 모든 구절이 실제로 사보나롤라가 활동하는 것처럼 말하다가, 사보나롤라가 당시 종교계 악습을 통렬하게 꾸짖고 로마 교황을 논박함에 이르러서는 번개가 치고 우레가 울리는 것처럼 집이 진동하는 듯하고 많은 사람은 넋을 잃어 흡사 사보나롤라가 눈앞에서 활약하는 듯하였다고 한다. 정말로 그렇다.

위의 번역은 6장 演說의 熟習(연설의 숙습)의 일부를 발췌한 것이다. 비판 정본 제작 과정을 거친 원문은 다음과 같다.

歐米各國에는 人物傳으로 講演ᄒ는 法이 有ᄒ니 近時에 著名
ᄒᆫ 것으로 言홀지라도 「간쏘라스」의 「사뷔나로라」 講演과 「스콧
쏠」의 「링코룬」 講演等은 世人이 嘖嘖稱揚ᄒ는 것이니 米國에 留
學ᄒᆫ 友人의 說을 聞ᄒᆫ 즉 米國에 在홀 時에 「간소라스」의 「사뷔
나로라」傳 演說을 聽ᄒ얏다ᄂᆞᆫ디 句句節節이 眞「사뷔나로라」가
活動ᄒ는 것과 如히 說來ᄒ다가 「사뷔나로라」가 當時에 宗敎界
弊習을 痛擊ᄒ고 羅馬法王을 論駁홀 時에 至ᄒ야는 電이 馳ᄒ고
雷가 轟홈과 如히 堂宇가 震動ᄒ는 듯ᄒ고 衆人은 魂을 失ᄒ야
恰似히 「사뷔나로라」가 面前에서 活躍ᄒ는 듯ᄒ더라 ᄒ니 實로
然ᄒ지라

종합출판 범우 판의 경우 「사뷔나로라」를 '사보나롤라'로, 「스콧
쏠」을 '스코틀'로, 「링코룬」을 '링컨'으로 옮겼다. 그런데 「간쏘라스」
나 「간소라스」의 경우 외국인 인명의 음역 과정을 전혀 고려하지 않
은 채 단순히 '간쏘라스'로 처리했다. 그러나 이는 무책임한 것이
다. 외국인의 인명에 해당하는 영어 이름을 찾고, 이 영어 이름을 외
국어 표기법에 맞게 음역한다는 원칙을 일관적으로 밀어붙이지 못
한 것이기 때문이다. 반면 새로운 주해에서는 이러한 문제점을 고쳤
다.《연설법방》원문에서 사용된 대부분의 외국인 인명이 일본어 음
차의 영향을 받은 사실을 고려할 때, '간쏘라스'라는 음차 표현의 모
태가 되는 외국 인명을 일본어로 음차한 표현을 다시 한국어로 옮
긴 것으로 추정된다. 한국어 음차 표현인 '간쏘라스'의 모태가 되는
일본어 표현은 'カンソ―ラス' 또는 'ガンソ―ラス'이다. 한편 라틴
어 'solus'가 일본어로 'ソ―ラス'로 음차되고, 'カン' 또는 'ガン'은
'gun' 내지 'gon'이 음차된 것으로 추정된다. 결론적으로 '간쏘라스'

는 'Gunsolus' 혹은 'Gunsaulus'의 음차이다.

'간쏘라스'는 미국의 유명 목사인 프랭크 건솔라스(Frank Gunsaulus 1856~1921)를 가리킨다. 미시간 홀랜드에서 발행된 홀랜드시 신문(Holland City News) 1892년 3월 5일자 기사에는 건솔라스의 사보나롤라에 대한 강연을 홍보하는 내용이 실려 있다.

(2) 한자어

종합출판 범우	새로운 주해 (독도글두레)
사회가 있고, 나라가 있고, 정치가 있는 이상은 웅변이 반드시 요구되고, 웅변가가 되고자한다면, 깊이 마음을 쏟음과 보고 들은 것이 많아서 많이 앎이 없어서는 안 될 요소이다. 지금 세계에 연설로 가장 유명한 미국 브라이언 씨는 두서너 해 전 선거 때에 연설한 횟수가 몇백 번인지 셈하기 어렵다 하고, 선거 전쟁이 절정에 이름에 열두 시간을 조금도 쉬지 않고 연설을 계속하였다 하며, 지금도 하루에 열 남짓한 곳의 연단에 서는 날이 많은데, 그분 연설의 제일 특색은 연설할 때마다 어조가 같지 않고, 뜻이 모두 달라 겹치는 말이 없다 하니, 이것은 그분을 지금 세상 제일의 웅변가라 일컫는 까닭이다. 보고 들은 것이 많아서 많이 알지 않는다면 어찌 이와 같으리오?	사회가 있고 국가가 있고 정치가 있는 이상은 웅변이 필요하다. 웅변가가 되고자 하면 열심히 함과 박식함이 불가결한 요소이다. 현재 세계에서 연설로 가장 유명한 미국 브라이언 씨는 지난해 선거할 때 연설한 횟수가 몇백 번인지 헤아릴 수 없다고 한다. 선거 경쟁이 절정에 이르자 12시간을 조금도 쉬지 않고 연설을 계속하였다고 한다. 현재도 하루에 십여 곳 연단에 서는 날이 많은데, 그 사람 연설의 제일 특색은 연설할 때마다 어조가 다르고 취지가 모두 달라서 중복된 말이 없다고 한다. 이것이 그 사람을 현재 제일의 웅변가라고 일컫는 이유이다. 박식함이 아니면 어찌 이와 같으리오?

위의 번역은 4장 演說家의 博識(연설가의 박식)의 일부를 발췌한 것이다. 비판 정본 제작 과정을 거친 원문은 다음과 같다.

社會가 有ᄒ고 國家가 有ᄒ고 政治가 有ᄒ 以上은 雄辯이 必要
ᄒ고 雄辯家되고ᄌ ᄒᆯ진딘 熱心과 博識이 不可缺ᄒᆯ 要素라 現今
世界에 演說로 第一有名ᄒᆫ 米國「쑤라이안」氏ᄂ 年前選擧時에
演說ᄒᆫ 數가 幾百番인지 可히 數키 不能ᄒ다 ᄒ고 選擧競爭이 絶
頂에 達ᄒᆷ이 十二時間을 조곰도 休息지 아니ᄒ고 演說을 繼續ᄒ
얏다 ᄒ며 現今도 一日에 十餘個處演壇에 立ᄒᄂ 日이 多ᄒ되 該
氏演說의 第一特色은 演說ᄒᆯ 씨마다 辭調가 不同ᄒ고 趣意가 皆
異ᄒ야 重複ᄒᆫ 說이 無ᄒ다 ᄒ니 此ㅣ 該氏를 今世第一의 雄辯家
라 稱ᄒᄂ 所以라 博識이 아니면 엇지 如此ᄒ리오

범우 판의 경우 어떤 한자어는 뜻을 완전히 풀었고, 어떤 한자어
는 그대로 사용하였다. 가령 '國家국가'는 나라, '熱心열심'은 '깊이 마
음을 쏟음', '博識박식'은 '보고 들은 것이 많아서 많이 앎'으로 풀었
다. 문제는 현대 국어에서 널리 쓰이는 한자어를, 한자어를 구성요
소 각각의 뜻으로 풀어 쓸 좋은 이유가 없다는 것이다. 원문에서 '國
家', '熱心', '博識'으로 쓰였다면 원문을 최대한 존중해야 한다. 또한
한자어를 해석할 때 원문에 없는 뜻을 추가한 것도 문제이다. 원문
에 '年前년전'을 범우 판은 '두 서너해 전', 새로운 주해는 '몇 해 전'으
로 풀었다. 원문에 숫자가 나와있지 않으므로 이를 존중하여 '몇 해
전'으로 해석하는 것이 더 원문에 충실한 주해다. 이는 '十餘個處십여
개처'도 마찬가지이다. 원문에 따르면 이는 '10여 개의 장소' 정도로
풀이하는 것이 정확하다. 종합출판 범우 판에서는 이를 '열 남짓한
곳'으로 풀었는데, 이는 원문에 충실하지 못한 풀이이다. 한편 현대
국어에서 잘 쓰이지 않는 표현 또한 주해에 있어 간과할 수 없는 부
분이다. 가령 원문의 '趣意취의'의 종합출판 범우 판에서는 '뜻'으로

풀었는데, 표준국어대사전에는 '趣意'와 유사한 말로 '趣旨취지'가 등장한다. 그렇다면 주해에서도 '趣意'를 단순히 '뜻'으로 번역하는 것보다는 '취지'로 번역하는 것이 더 좋은 번역일 것이다.

　이상을 종합하면 다음과 같다. 현존하는《연설법방》과《금슈회의록》들은 학술적인 가치가 부족할 뿐만 아니라 안국선의 작품을 현대 독자들에게 근원적으로 잘못 전달한다는 점에서 사실상 직무유기를 범한 것과도 같다. 이는 원문에 충실하지 않았다는 점에서 문헌학적인 엄밀성을 결여한 것이고, 관련 연구에 신뢰할 수 없는 자료가 되어왔다는 점에서 학문 생태계를 근원적으로 오염시킨 것이다. 기존 선행 연구에서 행해진 텍스트에 대한 문헌학적 고찰, 개화기 수사학의 수용과 전개에 대한 역사학적 검토 그리고 장르 자체에 대한 연구로서 연설과 연설체 소설에 대한 문학적인 조망은《연설법방》및《금슈회의록》의 표준화 및 정본 작업 이후에 이루어졌어야 했다. 비판 정본이 원천으로(ad fontes) 가는 올바르고 안전한 유일한 길이기에, 비판 정본 없는 후속 연구는 신뢰성을 완전히 상실할 뿐 아니라 학적으로 무의미하다.《연설법방》과《금슈회의록》이 문헌학, 국문학, 국어학, 언어학, 국사학, 정치학, 사회학 등 다양한 관점에서 그 가치가 재조명되어야 할 중요한 문헌이기에, 이 책의 비판 정본 및 주해 작업을 수행하게 되었다.

4.《연설법방》의 구조

　《연설법방》은 연설 제반에 대한 이론을 다루는 부분과 청중 및 주제를 기준으로 나뉜 연설문 사례들이 수록된 부분으로 나뉜다.《연설법방》의 전반부와 후반부를 각각 이론과 사례로 나눌 수 있다면,《연설법방》의 목차는 다음과 같이 정리된다.

이론	사례
雄辯家의 最初(웅변가의 최초) 雄辯家 되는 法方(웅변가 되는 방법) 演說者의 態度(연설자의 태도) 演說家의 博識(연설가의 박식) 演說과 感情(연설과 감정) 演說의 熟習(연설의 숙습) 演說의 終結(연설의 종결)	學術講習會의 演說(학술 강습회의 연설) 落心을 戒하는 演說(낙심을 경계하는 연설) 靑年俱樂部에서 ㅎ는 演說(청년 클럽에서 하는 연설) 政府의 政策을 攻擊하는 演說(정부의 정책을 공격하는 연설) 斷烟演說(금연 연설) 學校의 學徒를 勸勉하는 演說(학교의 학생들을 권면하는 연설) 婦人會에서 ㅎ는 演說(부인회에서 하는 연설) 運動에 對혼 演說(운동에 대한 연설)

　《연설법방》의 전반부에서는 기존에 소개된 적이 없는 근대적인 말하기 방식인 연설에 대한이론을 소개한다.《연설법방》의 이러한 구성이 안국선이 유학할 당시에 참고했던, 일본의 수사학 교재의 체계에서 영향을 받은 것인지 아니면 안국선이 독자적으로 고안한 것인지는 추가적인 고찰이 필요하다. 아울러《연설법방》의 내용이 안국선의 완전한 창작인지, 아니면《연설법방》을 저술할 때 참고하거나 또는 베꼈던 저본이 존재하는지 알기 위해 보다 면밀한 문헌 고증이 필요하다. 가장 온건한 해석은, 안국선이《연설법방》전반부의 이론 부분은 일본 유학 시 공부했던 수사학 교재를 참고했고, 후반부의 사례는 안국선이 실제로 연설한 연설 원고이거나 그가 직접 작

성한 연습용 연설문이라는 주장일 것이다.

여하튼 《연설법방》이 겨냥하는 독자층은 서양의 근대 문명과 인민 계몽 운동에 관심을 가진 지식인이었다. 안국선은 사람들을 개화의 흐름으로 인도하는 데 기여하는 근대적이고 공적인 말하기인 연설을 당대 지식인이 신속히 학습하는 것을 《연설법방》 저술의 주목적으로 삼았다. 연설이라는 장르가 근대에 태동한 전례 없는 매체이었던 만큼 새로이 전문적으로 학습해야 할 대상이었기 때문이다. 안국선이 《연설법방》을 두 부분으로 나누어 연설의 사례와 이론을 아우른 것은 결코 우연이 아니다. 안국선은 연설이 학술적이고 전문적인 이론 체계에 토대한다는 점과, 당대 공론장에서 담론을 주도적으로 이끌어 나가는 연설의 실천적인 면모를 어느 정도 이해한 것으로 보인다.

안국선은 《연설법방》에서 연설의 구체적인 사례에 진입하기 이전, 연설가가 갖추어야할 자세와 모범적인 연설가와 연설이 가진 속성들을 보여준다. 비록 《연설법방》의 분량은 많지 않지만, 《연설법방》은 연설을 가르치는 교육서로서 이론적 측면을 간과하지 않았다. 특히 연설에 대한 이론적인 논의는 연설을 실제로 수행하는 데 중요한 역할을 담당했는데, 연설 이론을 바탕으로 《연설법방》의 독자는 이론을 실제 사례에 직접 적용하는 사습(私習)과 훈련을 이어나갈 수 있었다.

《연설법방》의 15장 각각의 간략한 소개와 설명을 부연하겠다.

(1) 雄辯家의 最初(웅변가의 최초)

이 장에서는 웹스터 그레이트(Daniel Webster), 하린스, 데모스테네스(Demosthenes) 등 역사 상의 웅변가를 예시로 들며 웅변가가 갖추어야할 자세와 태도를 언급한다. 역사에 이름이 길이 남은 웅변가들은 모두 공통적으로 부단한 노력을 통해 훌륭한 연설 실력을 길렀다는 점을 강조하며, 기존에 없던 새로운 말하기 기술인 연설의 학습을 권장한다.

(2) 雄辯家 되는 法方(웅변가 되는 방법)

이 장에서는 모든 사람이 연설을 잘 하고 싶어하는 마음이 있다는 점, 그리고 연설에 능숙하기 위해선 긴 시간의 공부가 필요함을 역설한다. 특히 연설을 할 때 곧고 당당한 자세가 중요하며, 후회 없는 연설을 위해서는 자신의 주장을 뚝심 있게 개진하는 추진력이 있어야 함을 강조한다. 글 말미에서는 연설 연습을 거듭할수록 연설이라는 장르에 익숙해져 훌륭한 웅변가가 될 수 있음을 거듭 주지시킨다. 외국의 변사에게 웅변가가 되는 비밀스러운 방법을 청했다는 구절로 미루어보아, 아마 일본 유학 시절에 학습한 수사학과 연설이 이 장의 서술에 영향을 끼친 것으로 보인다.

(3) 演說者의 態度(연설자의 태도)

이 장에서는 연단에 올라 연설에 적절한 동작을 취하는 것을 가리키는 태도에 대한 다양한 논의가 이루어진다. 연설의 질을 좌우하는 데에는 표현, 소재, 동작 등 다양한 요소들이 관여하지만, 특히 연설의 성공을 좌우하는 것은 태도라는 점을 강조한다. 이어서 좋은 태도와 나쁜 태도의 다양한 예시들이 나열된다. 특히 태도에 대한 다

양한 지침과 더불어, 각 지침에 대응하는 좋은 예시이자 연습할 수
있는 모범이 되는 문장이 제시된다. 예시로 제시되는 문장들의 소재
가 정부에 대한 비판, 나라의 장래를 꽃피울 청년의 책임, 나라를 굽
어 살피는 하나님, 유럽을 호령한 나폴레옹 등 다양하다. 다양한 소
재를 통해, 연설을 통한 개화와 계몽을 도모했던 안국선의 저술 의
도가 드러난다. 연설 이론을 부연 설명하는 문장의 내용들은, 연설
이 가진 당대 공론장에서의 기능 그리고 사회적인 실천과 긴밀하게
이어지는 것이다.

(4) 演說家의 博識(연설가의 박식)

이 장에서는 연설의 필수요소로 열정과 박식을 언급하며, 훌륭한
연설을 위해서는 태도와 관련된 열정 못지 않게 박식함 또한 중요함
을 지적한다. 이는 연설을 잘 하기 위해서 장기간의 반복적인 훈련
이 수반되어야 한다는 앞 장에서의 논의와 상통하는 것이다. 연설에
서 요구되는 박식함 또한 부단한 학습을 통해 가능한 것이기에, 서
구의 유명하고 모범적인 연설의 번역문으로 연설 학습에 도움을 주
는 것이 이 장의 목적이라 하겠다. 안국선은 미국의 독립 운동가 페
트릭 헨리의 연설과 고대 그리스의 연설가 데모스테네스가 마케도
니아의 필리포스에 대항하자는 내용으로 수행한 연설을 수록했다.
여기서 제시된 예시들이 국가의 자유독립과 민주주의에 연결되는
지점이 있다는 것은 무척 흥미롭다. 모범적인 연설의 암송과 시연이
연설 실력 향상에 기여하며, 연설하는 화자의 의견과 청자의 생각을
아울러 연설 언어를 적절하게 조율할 필요가 있다는 점이 강조된다.

(5) 演說과 感情(연설과 감정)

이 장은 연설에 있어 감정의 중요성을 강조하는 장이다. 전통적인 수사학 이론에 따르면 좋은 연설을 위해서는 다섯 가지 원리, 즉 발견(inventio, invention), 배치(dispositio, arrangement), 표현(elucutio, style), 기억(memoroia, memory) 그리고 전달 및 연기(actio, delivery)가 적절히 어우러져야 한다. 안국선은 연설자가 연설의 목적을 달성하기 위해서는 무엇보다도 청중의 감정을 적극적으로 고려해야 한다고 생각했다. 이 장에서는 독일의 종교 개혁가 마르틴 루터가 당대 가톨릭 교단의 폐습을 비판한 일을 하느님께 고해하는 연설, 셰익스피어의 작품 중 카이사르를 죽인 브루투스가 자신의 살해를 정당화하는 연설과 이에 반대하는 안토니우스의 연설이 실려있다. 좋은 연설은 연설을 들은 청중으로 하여금 연설에 공감하고 동조하는 감정을 야기하는 연설이며, 이 장에 수록된 모범적인 연설을 암송함으로써 연설을 통해 타인의 마음을 사로잡는 연습을 권하며 마무리된다.

(6) 演說의 熟習(연설의 숙습)

이 장은 연설을 잘 하기 위해 익숙하게 연습해야 한다는 주제 의식으로 요약될 수 있다. 안국선은 건솔루스라는 인물이 이탈리아의 수도사이자 공화주의자인 사보나롤라의 말, 태도 그리고 행동을 모방한 연설을 수행했다는 점 그리고 스코틀이라는 사람이 노예 해방과 인권 운동으로 널리 알려진 미국 대통령 링컨을 소재로 한 연설을 수행했다는 점을 예시로 든다. 이 장은 주제는 소략하다. 그러나 주제를 위해 부연된 예시들에서 새로운 이념, 즉 공화주의와 만민 평등주의의 출현을 확인할 수 있다는 점에서 특히나 흥미롭다.

(7) 演說의 終結(연설의 종결)

이 장에서는 연설을 끝내는 법을 소개한다. 연설을 마치는데 사용될 법한 몇가지 표현을 제시한다. 자신을 낮추는 말로 연설을 마무리함으로서 연설에서의 유종의 미를 거두어야 함을 지적한다.

(8) 學術講習會의 演說(학술 강습회의 연설)

이 장은 교육을 장려해야 한다는 주장으로 요약된다. 교육은 인간이 다른 종과 구분되는 영장류로서 살아갈 수 있게 하기 때문이다. 안국선은 프랑스 파리 대학교에서, 두 명의 갓난아이를 알프스 산의 노파에게 맡겨 문명과 언어에 완전히 노출되지 않은 채 7년을 양육한 실험을 예시로 든다. 실험 결과 아이는 말을 할 수도, 사람처럼 살 수도 없었는데 이는 양육 환경에 의해 본성이 변한 까닭이라고 설명된다.

(9) 落心을 戒하는 演說(낙심을 경계하는 연설)

이 장은 나라를 이끌어갈 '동포 여러분'에게 국내외적인 어려움에 마음 상하지 말고 나라를 지키기 위해 정신적으로 무장하자고 호소하는 내용이다. 안국선은 한국 민족이 갖는 보편적인 성질로서 애국심과 의리를 강조한다. 그에 따르면 한국 민족은 애국심과 나라를 위한 의리가 있는 민족이기에, 이러한 성질을 보존하고 배양하면 나라를 지킬 수 있다. 반면 낙심(落心)은 자유와 독립을 해치는 적이기에, 심중에 박혀 있는 소위 '할 수 없다.'는 무력함에 대한 절망감을 떨쳐 내어야 한다. 이 대목에서 러일전쟁에서 활약한 일본군 대장인 도고 헤이하치로와, 미국 독립전쟁에서 영국에 격렬하게 대항한 미국의 사례가 예시로서 등장하는데, 이들은 공통적으로 부족한 물질적인 조건 하에서 정신적인 힘와 의지로 난관을 극복한 사례이다. 이어서 서양 물리학자들이 포기하지 않고 연구한 끝에 하늘을 나는 기구를 발명한 사례가 등장하는데, 마찬가지로 낙심하지 않고 포기하지 않은 결과의 예시로서 언급된 것이다. 글 후반부에서는 정신적 군함으로 무장하여 견고하고 강건한 정신을 가지자고 권면한다.

(10) 靑年俱樂部에서 ᄒᆞᆫ는 演說(청년 클럽에서 하는 연설)

이 장은 원숭이와 게의 이야기를 통해 '교활함이 실패의 근본 원인'임을 주장한다. 공동의 것을 사적으로 독점하려는 교활한 태도와 교활한 수단을 취하는 것을 문제삼고, 사익과 공익이 충돌할 때 공익을 중시해야함을 설파한다.

(11) 政府의 政策을 攻擊하는 演說(정부의 정책을 공격하는 연설)

이 장은 국민의 행복과 국가의 독립에 역행하는 정부의 정책과 무능력한 관료들을 비판하는 내용이다.

(12) 斷烟演說(금연 연설)

이 장의 주제는 국채 보상 운동의 일환으로 널리 퍼졌던 단연, 일명 '담배 끊기 운동'이다. 안국선은 연초(煙草), 즉 담배는 술과 미인보다도 더욱 유혹이 강하기에 이를 좋아하는 사람이 많지만, 담배의 해악을 명심하여 담배를 끊자고 설득한다. 현명한 사람은 이로움과 해로움을 분별하는 지혜를 가졌다는 점을 상기시키며, 연초 이외의 해로운 것들 역시 자제해야 함을 강조한다.

(13) 學校의 學徒를 勸勉하는 演說(학교의 학생들을 권면하는 연설)

이 장에서는 학교에서 공부하는 학생들에게 열심히 학문을 공부할 것을 역설한다. 학문은 성공과 성장을 위한 훌륭한 지도자일 뿐만 아니라, 사회와 세계가 진보하도록 하는 원동력이기 때문이다. 안국선은 학문을 할 때 유의할 점으로, 인내심을 기를 것, 용감한 기운을 드러낼 것 그리고 근면한 마음을 일으킬 것을 제시한다. 학생들은 국가의 독립을 수호하고 사회의 장래를 책임지는 인재와 같다. 그리고 열심히 공부하여 공부를 잘 하는 것은 학생이 미래의 일꾼으로 자라나는 유일한 방법이다.

(14) 婦人會에셔 하는 演說(부인회에서 하는 연설)

이 장에서는 '부인(婦人)'의 계몽을 촉구한다. 계몽 운동의 일환으로서 그동안 여성에게 가해진 폐습을 타파하고, 여성들 또한 남성과 평등한 권리와 의무를 바탕으로 자선 사업, 교육 사업 등 '사회 문명'을 위해 종사해야 한다는 것이다. 안국선은 '장독교와 같은 가마', '가마꾼', '내외하는 풍속', '장옷' 등 여성을 집안에 가둬두는 옛 풍습을 예시로 들며, 여성 또한 계몽의 능동적인 당사자로서 역할해야 함을 역설한다.

(15) 運動에 對혼 演說(운동에 대한 연설)

이 장은 신체적인 건강을 위한 체력 단련, 운동의 중요성을 강조한다. 여기서 안국선은 건전한 신체에 건전한 정신이 깃든다는 격언을 인용하며 학업을 온전히 지속하기 위해선 반드시 체력이 뒷받침되어야 한다는 주장을 역설한다. '나'로 지칭되는 화자는 자신의 경험을 사례로 들며 운동의 효능을 반복적으로 지적한다. 운동을 통해 강건한 인재가 되어 국가의 주춧돌이 되기를 당부하는 말로 마무리된다.

5. 《금슈회의록》의 구조

1908년 안국선은 일본 사토 구라타로의 《금수회의인류공격》을 저본으로 삼고 자신의 저술을 추가하여 《금슈회의록》을 출간하였다. 책의 줄거리는 각종 동물들이 모여 '인류를 논박할 일'을 주제로 회의를 열었고, 그 중 여덟 동물 -까마귀, 여우, 개구리, 벌, 게, 파리, 호랑이, 원앙- 이 연단에 올라 인간의 문화와 풍습을 비판한다는 것이다.

안국선이 이 책을 작업한 시점은 투옥 생활을 거치며 기독교를 받아들인 이후다. 아직 형을 선고받지 않고 미결수로 지내던 1904년에 이미 안국선의 개종을 짐작할 수 있는 기사가 《한성신문》에 실려 있다.[8] 이후 종신형이 내려지고 유배지에 머무는 동안 완성했을 것으로 추정되는 《금슈회의록》에는 안국선의 기독교 사상이 전면에 드러나 있다.

금수회의의 의장은 〈개회취지〉 장에서 하나님의 이치에 따라 세상의 모든 생물체는 서로 높고 낮음이 없음을 선언한다. 그런데도 인간은 자기가 가장 귀하다고 생각하며 동물들을 멸시하기 때문에

---

8 최기영 (1996), p.6.

이 회의를 소집했다고 명분을 밝힌다. 의장은 회의를 시작하기에 앞서 회의에서 결의할 세 가지 문제를 발표하는데, 이 안건들이 작품을 관통하는 인간비판 사상을 잘 보여준다.

> 첫째: 사람 된 자의 책임을 의론하여 분명히 할 일
> 둘째: 사람의 행위를 들어서 옳고 그름을 의론할 일
> 셋째: 지금 세상 사람 중에 인류의 자격이 있는 자와 없는 자를 조
> 사할 일

회의가 시작되면, 연설자들은 차례로 연단에 올라 자신이 누구인지를 밝히고, 연설 주제와 관련된 사자성어나 속담을 소개한 뒤 발언을 시작한다. 연설의 구조는 크게 두 부분으로 구성된다. 전반부에서는 사자성어나 속담을 통해 인간들이 해당 동물에게 가지고 있는 통념을 소개한 뒤 이를 반박하거나 변호하고 역설적으로 인간의 행태가 더욱 극심함을 보여준다. 후반부에서는 권위있는 옛 문헌과 연구자료를 통해 해당 동물의 긍정적 면모를 증명한 뒤 이와 대조되는 인간의 비열하고 하등한 모습을 보여준다.

여덟 동물의 연설 내용을 간략하게 소개하겠다.

(1) 데일석 반포의효 (가마귀)

까마귀는 '부모에게 먹이를 되물어 주는 효도'라는 뜻의 사자성어 '반포지효(反哺之孝)'를 소개하면서 까마귀들은 천성적으로 효도하는 생물임을 보여준다. 오히려 인간의 행실이 효도와는 거리가 멀다고 역설한다. 그리고는 조류학자의 실험을 인용하면서 인간은 까마

귀가 곡식을 먹는다고 오해하지만 실상은 곡식에 해를 끼치는 버러지를 잡아먹는 것임을 증명한다. 또, 역사적 기록을 인용하여 까마귀를 흉조나 상서로 부르는 것은 인간들이 자기 보고싶은 대로 보기 때문이라며 인간의 어리석음을 드러낸다.

(2) 뎨이셕 호가호위 (여호)

여우는 '여우가 호랑이의 위세를 빌리다'는 뜻의 사자성어 '호가호위(狐假虎威)'를 소개한 뒤, 자신을 지키기 위해 힘쓰는 것은 당연한 일이라고 변호한다. 오히려 외국의 세력을 빌려 자기 나라를 망하게 하는 인간의 행태가 더 심하다고 역설한다. 그리고는 중국의 고서들을 인용하여 여우는 도道와 덕德을 따라다니는 상서로운 존재임을 입증하고, 이와 대조되는 인간의 몹쓸짓들을 나열하면서 인간이 진정 음란하고 간사한 생물임을 보여준다.

(3) 뎨삼셕 정와어희 (개고리)

개구리는 '우물 안 개구리에게 바다에 대해 말하다'는 뜻의 '정와어해(井蛙語海)'를 소개한 뒤, 개구리는 적어도 못 본 것을 아는척 하지는 않는다고 변호한다. 오히려 좁은 소견을 가지고도 나랏일을 다 안다고 나불대는 인간이 더 우습다고 역설한다. 그리고는《논어》, 요·순임금과 태조 왕건의 아들들의 사례, 프랑스 혁명 때의 사건 등을 들어 하나님의 이치를 거스르는 인간의 악한 습성을 보여준다.

(4) 뎨스셕 구밀복검 (벌)

벌은 '입에는 꿀이 있고 배 속에는 칼이 있다'는 뜻의 사자성어 '구밀복검(口蜜腹劍)'을 소개한 뒤, 꿀은 먹고 살기위한 식량일 뿐이고 칼은 나를 지킬 때만 사용하는 정당방위 수단이라고 변호한다. 오히려 한 입으로 두 말하는 것은 인간이며, 인간의 앞뒤 다른 행태가 극심하고 더러운 욕설을 사용한다는 것을 보여준다. 그리고는 서양 학자의 시를 인용하면서 오히려 인간이 정반대로 하나님의 뜻과 멀어져 악독한 일들을 벌인다고 비난한다.

(5) 뎨오셕 무장공ㅈ (게)

게는 '창자가 없는 공자'라는 뜻의 '무장공자(無腸公子)'를 소개한 뒤, 게는 창자가 없이 태어난 것 뿐이지만 인간은 창자를 가지고도 창자가 없는 것처럼 행동한다고 역설한다. 그리고는 로마의 '루크레티아 사건'을 암시하는 듯한 발언과, 중국 고사와 속담의 인용을 통해서 오히려 인간이 무장공자에 더 가깝다는 것을 증명한다.

(6) 뎨륙셕 영영지극 (파리)

파리는 '윙윙거리며 이곳만을 좇아가다'는 뜻의 '영영지극(營營之極)'을 소재로 삼아, 파리의 간사한 성품과 태도는 사실 인간을 가리켜 한 말이라고 역설한다. 파리는 먹을 것을 보면 자기 족속과 나눠 먹지만 인간은 가족 사이에도 의리가 없고, 또 파리는 똥을 눌 때 남들이 피하도록 눈에 띄게 누지만 인간은 더 더러운 일도 은밀히 한다는 점을 지적하면서 인간의 간사함을 보여준다.

(7) 뎨칠셕 가정이밍어호 (호랑이)

호랑이는 '가혹한 정치가 호랑이보다 무섭다'는 뜻의 '가정맹어호(苛政猛於虎)'를 소개한 뒤, 호랑이가 포악하다고 하지만 다른 동물을 잡아먹는 것은 천성의 행위라고 변호한다. 오히려 인간이 대낮에 살육하고 재물 빼앗고 지식을 이용해 남을 해치기 때문에 더 포악하다고 비난한다. 그리고는 고사에 따르면 호랑이는 은혜를 잘 갚고 의리를 아는 반면에 인간은 은혜를 모르고 의리를 지키지 않는다고 비난한다.

(8) 데팔셕 쌍거쌍릭 (원앙)

원앙은 '쌍쌍이 오고 가다'는 뜻의 '쌍거쌍래(雙去雙來)'를 소재로 한 사냥꾼의 이야기를 인용하면서 원앙이 절개를 지키는 생물임을 보여준다. 이에 반해 인간은 남자고 여자고 상대를 여럿두고 간통을 저지르는 음란한 태도를 지녔다고 역설한다.

일러두기

- 이 비판정본은 안국선安國善의 《연설법방演說法方》과 《금슈회의록》을 저본으로 했으며, 아울러 《금슈회의록》의 저본인 사토 구라타로佐藤蔵太郎의 《금수회의인류공격禽獸會議人類攻擊》도 참조했다.
- 독자의 편의를 위해 원문은 각 장마다 단락을 나누어 【서 1】, 【까마귀 1】 식으로 번호를 붙였으며, 비판정본과 한글주해를 서로 비교해서 살펴볼 수 있도록 함께 배치했다.
- 주석은 원문 주석과 번역 주석으로 구분하여 비판장치(critical apparatus)와 주해 간의 차이가 분명히 드러나도록 노력했다.
- 원문은 현대 맞춤법에 의거해서 띄어쓰기를 적용했다.
- 인명과 지명은 외래어 표기법을 따르고 원문을 병기했다.
  예 글래드스턴(Gladstone), 한신(韓信)

판본

- 1907 : 安國善, 《演說法方》, 安國善, 1907.
- 1908 : 安國善, 《演說法方》, 玄公廉, 1908.

- 1908 : 安國善, 《금슈회의록》, 皇城書籍業組合, 1908. 2.

약호

- ⟨ ⟩ 본문 내용에 보충-제안할 때 사용하는 부호이다.
- [ ] 문헌의 전승이 명백하게 오류여서 삭제해야 할 때 사용하는 부호이다.
- : 문헌 간의 대조를 표시하는 부호이다.
- 々: 반복 기호이다.

비판정본·원문대역
演說法方(연설법방)

연설법방 목차

序

【서1】 束縛的主義를 祛ᄒ야 釋放的主義를 採홈이 世界文明의 大勢오、武斷的時代를 過ᄒ야 憲政的時代로 入홈이 今日政治의 通例라、束縛主[例로딕、釋放主義의]義의 時와 武斷時代의 世에ᄂ 壓制橫恣의 政이 行ᄒ야 言論自由의 道가 塞홈이 [常時와]〈라、釋放主義의 時와〉憲政時代의 世에ᄂ 言論自由의 道가 開ᄒ야 壓制橫恣의 政을 改홈이 勿論이라、我韓이 至今에 束縛主義를 纏脫ᄒ야 釋放主義를 方採ᄒ며 武斷時代를 僅過ᄒ야 憲政時代로 將入ᄒ니、此ㅣ 言論自由를 不可不尊重ᄒᆯ 時代로다、

【번역】 속박주의束縛主義[1]를 떨어 없애고 석방주의釋放主義[2]를 채택하는 것이 세계 문명의 대세이다. 무단武斷의 시대를 지나서 헌정憲政의 시대로 들어감이 오늘날 정치의 일반적인 모습이다. 속박주의의 시대와 무단시대의 세상에는 억압하고 횡포한 정치가 행해져 언론

---

1) 속박주의(束縛主義): 속박주의란 국가 외적으로는 '식민주의'와 같이 다른 나라의 주권을 지배하는 것을 의미하고, 국가 내적으로는 '전제주의', '왕정주의'와 같이 개인의 절대적인 최고 권력을 인정하는 것을 의미한다.
2) 석방주의(釋放主義): 석방주의는 '속박주의'에 반대되는 개념으로, 속박에서 벗어나는 것을 의미한다.

자유[3]의 길이 막혀 있다. 석방주의의 시대와 헌정시대의 세상에는[4] 언론 자유의 길이 열려 억압하고 횡포한 정치를 개선하는 것은 말할 것도 없이 당연하다. 우리 한국이 지금에 속박주의를 겨우 벗어나서 석방주의를 바야흐로 채택하였으며, 무단시대를 겨우 지나서 헌정시대로 장차 들어가려 한다. 이 시대야말로 언론 자유를 존중해야 할 때이다.

【서2】安君國善은 此에 有志ᄒ야 社會文明이 言論自由의 不進으로 因ᄒ야 妨碍됨을 慨嘆ᄒ야 此書를 著ᄒ니 文勢ㅣ 簡易ᄒ고 意義ㅣ 通曉ᄒ야 新進靑年의 好個良書가 될지라、此ㅣ 七十餘頁에 不過ᄒ 小册子로되 社會文明上에 及ᄒ 效果ᄂ 他書千百卷에 不讓ᄒ리니、此書를 讀ᄒᄂ 諸君이 言論自由의 貴重ᄒᆷ을 知ᄒ야 釋放主義의 文明과 憲政的時代의 政治를 完全히 發進케ᄒ면 此ㅣ 安君이 此書를 著ᄒ 本意인가ᄒ야 數語로 卷首를 猥瀆ᄒ노라

隆熙元年十一月上浣 石翁 趙彰漢 謹識

【번역】안국선 군은 여기에 뜻을 가져 언론 자유가 진보하지 못하여 사회 문명이 가로막혀 발전하지 못함을 개탄하여 이 책을 저술

---

3) 언론 자유: 말하고 주장하는 표현의 자유.
4) 속박주의의…세상에는: 원문은 '束縛主例로되、釋放主義의 義의 時와 武斷時代의 世'로 표기되었는데, 문맥상으로 보아 '속박주의의 시대와 무단시대의 세상에는'의 뜻인 '束縛主義의 時와 武斷時代의 世'로 표기해야 할 듯하다. 또 원문은 '常時와 憲政時代의 世'로 표기되었는데, 문맥상으로 보아 '석방주의의 시대와 헌정시대의 세상에는'의 뜻인 '釋放主義의 時와 憲政時代의 世'로 표기해야 할 듯하다.

하였다. 문체가 간략하고 의미가 분명하여 신진 청년에게 참 좋은 책이 될 것이다. 이 책은 70여 쪽에 불과한 소책자지만, 사회 문명에 미칠 효과는 수천 수백 권의 다른 책에 밀리지 않는다. 이 책을 읽는 여러분이 언론 자유의 귀중함을 알아 석방주의의 문명과 헌정 시대의 정치를 완전히 펼쳐 나아가면, 이것이 안 군이 이 책을 저술한 본래 뜻일 것이다. 몇 마디 말로 책머리를 외람되이 더럽혔노라.

융희 원년(1907년) 11월 상순, 석옹 조창한趙彰漢[5]이 삼가 적다.

---

5) 조창한(趙彰漢): 생몰연대와 행적이 미상이지만,《승정원일기》에는 그가 1895년 보안도 찰방(保安道察訪), 1902년 중추원의관(中樞院議官)에 제수된 기록이 보인다.

緒言

【서언 1】 孟子ㅣ 豈好辯哉리오 不得已也라 ᄒᆞ시니 今且不得
已好辯之時哉인*저、維新은 宜圖而人民이 矇昧ᄒᆞ고 文明은
須擧而社會가 昏**暗ᄒᆞ니 先覺者ㅣ 當論說之不已며 後進者ㅣ
亦討論之不暇ㅣ라 故로 余輩ᄂᆞᆫ 言語自由를 重之ᄒᆞ노니 西語
에 曰言論自由ᄂᆞᆫ 導文明之器具也라 ᄒᆞ다

* ㄴ, 안국선: 인, 독도 수정

** 闇, 안국선: 昏, 독도 수정

【번역】 서언

  맹자가 '어찌 변론을 좋아하리오? 어쩔 수 없어서다.'⁶⁾라고 하셨
으니, 지금 또한 어쩔 수 없이 변론을 좋아하는 때이구나. 늘 새로움
〔維新〕⁷⁾을 추구하는 것은 당연히 꾀해야 하지만 인민이 몽매하고, 문

---

6) '어찌…없어서이다': 《맹자》〈등문공 하(滕文公下)〉에 공도자(公都子)가 묻기를
  "외인들이 모두 부자더러 변론하기를 좋아한다고 칭하니, 감히 묻겠습니다. 어째
  서입니까?〔外人皆稱夫子好辯 敢問何也〕" 하니, 맹자가 말하기를 "내 어찌 변론하기
  를 좋아하겠는가. 내 어쩔 수 없어서다. 천하에 인간이 살아 온 지 오래되었는데,
  한 번 다스려지고 한 번 혼란하였다.〔予豈好辯哉 予不得已也 天下之生久矣 一治一
  亂〕" 하였다.
7) 유신(維新): 구법(舊法)을 혁신하고 새로운 정사를 펼친다는 것으로, 《시경》〈문
  왕(文王)〉에 "주나라는 비록 오래된 나라지만, 그 명이 오직 새로웠도다.〔周雖舊
  邦 其命維新〕"라고 한 데서 온 말이다. 이는 주나라가 비록 오래전부터 생긴 나라

명은 모름지기 일으켜야 하지만 사회가 어두우니, 먼저 깨달은 사람은 마땅히 깨우치고 달래기를 그치지 아니하며 뒤떨어진 사람은 토론하기를 쉼 없이 해야 한다. 그러므로 우리는 언어 자유를 중시하는 것이니, 서양 말에 '언론 자유는 문명을 이끄는 도구다'라고 하였다.

【서언 2】 倒나폴레옹三世者ㅣ 豈啻몰도케、쎄스막크之功哉아 罵彼以破壞憲政者라ㅎ、감벳다之雄辯이 與有力焉이며、그릿스톤之미쪼로시안 選擧演說은 使威名爀爀지스례리ㅣ、로退其內閣케 ㅎ고[8]、神出鬼沒ㅎ 韓信之智謀로도 不得取ㅎ 齊七十餘城을 酈生은 以三寸之舌로 屈服之ㅎ니 此非辯說之明效大驗耶아

이지만, 문왕에 이르러서야 덕이 천하에 입혀짐으로써 비로소 천명(天命)을 받게 되었음을 말한 것이다. 일본은 1180년에 가마쿠라(鎌倉) 막부의 초대 쇼군 미나모토노 요리토모(源賴朝)에 의해 쇼군이 실권을 장악하는 무가정치(武家政治)를 시작했으나 1868년 메이지 유신(明治維新)으로 왕정(王政)으로 돌아갔다.

8) 그릿스톤之미쪼로시안選擧演說은 使威名爀爀지스례리ㅣ、로退其內閣케 ㅎ고: '개화기 화법 교육의 편린 – 안국선의 연설법방을 중심으로'(1994년)에서 박경현은 이 구절을 '그릿스톤의 '미또로시안' 선거 연설은 '지스레일'로 하여금 러시아 내각을 사퇴케 하였고'라고 번역하였다. 영국의 정치사를 살펴보면 글래드스턴의 미들로시언 선거 연설은 결국 디즈레일리가 이끄는 보수당을 내각에서 물러나게 하였다. 논자는 여기서 밑줄 친 '로'를 '러시아'의 음역어인 '露'로 본 것인데, 《연설법방》에서는 국명은 모두 한자 음역어로 표기하였다. '로'는 앞 구절의 '使'의 '~로 하여금'의 '로'에 해당한다. 그래서 '로'는 '使威名爀爀지스례리ㅣ로'가 되어야 한다. '로'가 뒷 구절 문두에 붙었기에 논자의 혼선을 초래하였다.

【번역】 나폴레옹 3세[9]을 거꾸러뜨린 것이 어찌 몰트케[10]와 비스마르크[11]의 공뿐이겠는가? 그를 헌정 파괴자라고 한 감베타[12]의 웅변이 여기에 참여하여 힘을 보탰으며, 글래드스턴[13]의 미들로시언[14] 선거 연설은 명성이 빛나는 디즈레일리[15]로 하여금 그 내각을 물러

9) 나폴레옹 3세(Napoléon III, 1808~1873): 프랑스 초대 대통령이자 프랑스 제2제국의 유일한 황제이다. 프랑스의 마지막 세습군주이기도 하며 나폴레옹 1세의 조카다. 1848년에 2월 혁명 이후 수립된 제2공화국에서 국민투표를 통해 대통령으로 선출되었다.

10) 몰트케(Moltke): 1871년 독일 통일 당시 비스마르크와 함께 참모총장으로서 독일 통일을 주도했던 군인인 헬무트 폰 몰트케(Helmuth von Moltke, 1800~1891)를 말한다. 그는 1858~88년 프로이센(후에는 독일)의 육군 참모총장으로 재임하면서 덴마크(1864)·오스트리아(1866)·프랑스(1871)와의 전쟁을 승리로 이끌었다.

11) 비스마르크(Bismarck): 독일 통일을 이끈 오토 폰 비스마르크(Otto von Bismarck, 1815~1898)를 말한다. 그는 1862년에 프로이센의 수상으로 임명된 후, 강력한 부국강병책을 써서 프로이센·오스트리아, 프로이센·프랑스 전쟁에서 승리하고 1871년에 독일 통일을 완성한 후, 신제국의 재상이 되었다. 밖으로는 유럽 외교의 주도권을 장악하고, 안으로는 가톨릭교도, 사회주의 운동을 탄압하여 '철혈 재상'이라고 불린다.

12) 감베타(Gambetta): 프랑스의 공화파 정치가인 레옹 감베타(Léon Gambetta)를 말한다.

13) 글래드스턴(Gladstone): 4차례(1868~74, 1880~85, 1886, 1892~94)에 걸쳐 영국 총리를 지낸 윌리엄 글래드스턴(William Gladstone)을 말한다. 글래드스턴은 1874년 총선에서 자유당이 참패하자 정계에서 물러났다가, 1880년 전(前) 지역구인 그리니치의 의석을 포기하고 스코틀랜드 미들로시언 주(州)에서 출마했다. 1879년 11월과 1880년 3월 두 번에 걸쳐 열변을 토한 결과 글래드스턴은 다시 의회로 진출했으며 자유당이 대다수 의석을 차지하자 보수당 내각(디즈레일리 총리)은 물러나야 했다.

14) 미들로시언(Midlothian): 스코틀랜드의 의회 구역으로 행정 중심지는 댈키스이다. 윌리엄 글래드스턴은 미들로시언 선거운동(1879. 11, 1880. 3)을 벌였고 이에 힘입어 자유당은 1880년 선거에서 결정적인 승리를 거두었다.

15) 디즈레일리(Disraeli): 영국의 총리를 2차례 지내면서(1868, 1874~80) 보수당을 이끌고 토리 민주주의와 제국주의 정책을 편 벤저민 디즈레일리(Benjamin Disraeli, 1804~1881)를 말한다.

나게 하였고, 신출귀몰한 한신[16]의 지혜와 계략으로도 얻지 못한 제齊 나라 70여 성을 역생[17]은 세 치의 혀로 굴복시켰으니, 이것은 변설의 효험이 분명하고 위대한 것이 아니겠는가?

【서언3】 嗚呼라 言論이 不振ㅎ면 民權이 不興ㅎ고 國權이 亦隨不振ㅎ야 憲政之美를 莫可企及일식, 睡者여 起哉어다, 醉者여 醒哉어다, 余憂言論社會之不振ㅎ야 著此書而發刊ㅎ니 愚誠則切矣라 此書之有效與否는 任他讀者諸君云爾

　　隆熙元年十一月上浣에 識此於弄球室ㅎ노라

【번역】 아, 언론이 활발하지 않으면 민권이 떨쳐 일어나지 못하며, 국권이 또한 따라서 부진하여 훌륭한 헌정을 기대할 수 없다. 잠자는 자여 일어날지어다! 취한 자여 깨어날지어다! 내가 언론사회가 활발하지 못함을 근심하여 이 글을 지어 발간하니 나의 마음은 간절하다. 이 책의 효과 여부는 독자 여러분에게 맡길 뿐이다.

＊토리주의: 전통주의와 보수주의에 기반한 영국의 정치 철학. 토리당의 이념적 기반을 지칭한다.

16) 한신(韓信, ?~기원전 196): 전한 초기 회음(淮陰) 사람이다. 처음엔 항량(項梁)과 항우(項羽)를 따랐지만 중용되지 못했다. 한왕(漢王) 유방(劉邦)에게 망명하여 소하(蕭何)의 추천으로 대장군에 올랐다. 유방에게 천하를 도모할 것을 건의하고, 군대를 이끌고 위(魏)와 대(代)를 격파한 뒤 연(燕)을 함락시키고 제(齊)를 취했다. 이어 유방과 함께 해하(垓下)에서 항우를 포위해 죽였다. 후일 고조에게 숙청당하였다.

17) 역생(酈生): 역이기(酈食其, ?~기원전 204)를 말한다. 진(秦)나라 말기의 인물로 유방(劉邦)의 참모이자 세객(說客)으로서 한(漢)이 천하를 평정하는 데 크게 기여하였다. 제왕(齊王) 전횡(田橫)을 설득하여 제 나라 70여 성을 항복 받았으나, 그 직후에 한신(韓信)의 대군이 제 나라를 공격하자 제왕이 노하여 그를 솥에 삶아 죽였다.

융희 원년(1907년) 11월 상순에 농구실弄球室[18]에서 이것을 적
노라.

---

18) 농구실(弄球室): '농구(弄球)'가 무엇을 가리키는지에는 두 가지 가능성이 있다.
먼저, '지구를 가지고 논다'는 뜻에서 호연지기를 드러내는 이름이라고 볼 수 있
다. 다음은 미국에서 수입된 운동경기인 '농구(籠球)'를 가리키는 것으로 이해할
수 있다. 참고로 안국선은 한국에 농구를 처음 소개한 기독교청년회(YMCA)에
서 여러 번 연설했고, 청년회관 운동실 건립을 위한 수금위원으로도 활동했다.
《연설법방》중 운동을 권하는 연설을 보면, '농구실'의 '농구'도 운동을 권장하는
맥락에서 호로 사용했던 것으로 추측할 수 있다.

雄辯家의 最初

【최초1】 泰西의 雄辯家로 著名흔 「웨쌕스타、구레ー트」라 ᄒᆞ는 人은 最初에 牛馬를 對ᄒᆞ야 演說을 試ᄒᆞᆯ식 牛馬를 聽衆으로 思ᄒᆞ고 晝夜로 辯舌을 練ᄒᆞ며 態度를 正히 ᄒᆞ야 熱心으로 演說을 試흠으로 믓춤ᄂᆡ 一世의 雄辯家가 되얏고 「하린스」라 ᄒᆞ는 人은 米國南部諸州를 旅行ᄒᆞᆯ 時에 火輪車에 一大圖書室을 置ᄒᆞ고 停車場에 停車ᄒᆞᆯ 씩마다 不同흔 問題로 論辯을 試ᄒᆞ야 百餘停車場을 過흠익 世人이 其論辯의 巧妙흠을 嘖嘖稱揚ᄒᆞ얏고 「데모스쎄니스」라 ᄒᆞ는 人은 演說壇에 登ᄒᆞ야 演說ᄒᆞ는딩 衆人이 嘲笑ᄒᆞ고 傾聽치 아니ᄒᆞᄆᆡ 其嘲笑慢罵ᄒᆞ는 聲에 失望ᄒᆞ야 演說을 中止ᄒᆞ고 赧顏으로 壇을 下ᄒᆞ야 失望ᄒᆞ고 其家로 歸ᄒᆞ다가 親友를 逢ᄒᆞ야 親友가 此를 激勵不已흠으로 勇氣를 更發ᄒᆞ야 數日을 練習ᄒᆞ고 演壇에 更登ᄒᆞ야 奮發心으로 演說ᄒᆞ는딩 衆人이 亦如是、嘲笑ᄒᆞ거늘 耻愧흠을 不勝ᄒᆞ야 外套로 面을 掩ᄒᆞ고 悄然히 歸ᄒᆞ야 友人다려 問曰余가 演說에 全力을 用ᄒᆞ야 練習ᄒᆞ얏스되 衆人이 余의 演說을 傾聽치 아니ᄒᆞ고 嘲笑ᄒᆞ니 此ㅣ 何故오

【번역】 웅변가의 최초

서양의 웅변가로 저명한 '웹스터 그레이트'[19]라는 사람은 맨 처음

에 소와 말을 상대로 연설을 익혔다. 소와 말을 청중으로 생각하고
밤낮으로 말솜씨를 연습하였으며, 태도를 바르게 하고 열성적으로
연설을 훈련하여 마침내 한 시대의 웅변가가 되었다.

'하린스'라는 사람은 미국 남부의 여러 주를 여행할 때 기차에 큰
도서실 하나를 갖추고 정거장에 정차할 때마다 다양한 문제로 논변
을 시도하였다. 백여 정거장을 지나자 세상 사람들은 그의 논변이
교묘함에 혀를 내두르며 칭찬하였다.

'데모스테네스'[20]라는 사람은 연단에 올라 연설하는데 많은 사람
이 비웃고 귀를 기울이지 않았다. 그는 업신여기고 욕하는 소리에
실망하여 연설을 중지하고 붉어진 얼굴로 연단에서 내려왔다. 그는
실망하고 집으로 돌아가다가 친구를 만났는데, 친구가 격려해 마지

---

19) 웹스터 그레이트: 웹스터 그레이트가 누구인지 특정하기가 쉽지 않다. '웹스터'
   라는 인명으로 유명한 연설가는 다니엘 웹스터(Daniel Webster, 1782~1852)가
   있다. 그는 미국의 연방대법원에서 저명한 변호사로 활약했고, 미국 하원의원 ·
   상원의원 및 국무장관을 지냈다. 당시 작가들은 그의 애국적인 글이 남북전쟁
   때 북부에 용기를 불어넣어 주었다고 했으며, 에이브러햄 링컨도 그의 글을 그
   대로 인용한 경우가 많았다는 점을 볼 때 연설에 일가견이 있음을 알 수 있다.
※ 19세기 미국의 연설가였던 다니엘 웹스터는 이 3가지, 즉 변호 웅변·정치 웅변·
   의식 웅변에 두루 능한 인물로 평가된다. 웹스터는 미국 연방대법원에서 150회
   가 넘는 변호를 했는데, 그가 변호한 대표적인 사건으로는 다트머스대학 소송사
   건(1819)과 기번스 대 오그던(Gibbons v. Ogden) 소송사건(1824)이 있다. 또한
   미국 상원에서 연방정부권 대 주정부권·노예제도·자유무역 등의 문제에 대해
   로버트 영 헤인과 존 캘훈을 상대로 토론을 벌였으며, 토머스 제퍼슨과 존 애덤
   스 등을 비롯한 여러 유명인사들에 대한 추도연설도 했다.
20) 데모스테네스: 아테네의 정치가이자 고대 그리스에서 가장 위대한 웅변가로 인
   정받는 데모스테네스(Demosthenes, B.C. 384.~B.C. 322.)를 말한다. 전기 작가
   인 플루타르코스는 데모스테네스가 명료하지 않고 말을 더듬는 발음을 갖고 있
   었는데, 이를 극복하기 위해 "그는 조약돌을 입에 물고 말하고 달리거나 숨이 가
   빠질 때 구절을 암송함으로써 극복하였고, 또한 큰 거울 앞에서 말하는 연습을
   했다."라고 하였다.

않기에 용기를 내어 며칠을 또 연습하였다. 그는 연단에 다시 올라 분발심으로 연설하였다. 많은 사람이 마찬가지로 역시 비웃자, 부끄러움을 가누지 못하여 외투로 얼굴을 가리고 낙담하여 집으로 돌아왔다. 그는 친구에게 물었다. "내가 연설에 전력을 다하여 연습하였는데 많은 사람이 나의 연설에 귀 기울이지 않고 비웃으니, 이는 무슨 까닭인가?"

【최초2】 其友人이 答曰君이 嘲笑를 受ᄒᄂᆫ 所以가 三이 有ᄒ니 君이 演說홀 時에 呼吸은 急ᄒ고 聲音은 不大홈이 其一이오 ᄯᅩ 辯舌이 流暢치 못ᄒ고 口涎이 淀滯ᄒ야 言語의 句絕이 不分明홈이 其二오 一段一句를 終홀 時마다 兩肩을 聳出ᄒ야 苦悶혼 醜態를 現홈이 其三이라 此三種의 可笑홈이 有ᄒ니 衆人이 君의 演說을 喝采치 아니홈이 ᄯᅩ혼 當然치 아니ᄒ리오 ᄒᆫᄃᆡ 於是에 更히 決心ᄒ고 深山에 入ᄒ야 演說을 練習홀시 大鏡을 懸ᄒ야 矯手頓足ᄒᄂᆫ 態度와 搖頭轉目ᄒᄂᆫ 恣勢를 學홈에 劍을 肩上에 掛ᄒ야 兩肩의 聳出홈을 注意ᄒ고 或은 海邊에 出ᄒ야 海岸巖礎*를 逆打ᄒᄂᆫ 波濤間에 立ᄒ야 大聲으로 其波濤의 聲과 論爭ᄒ며 細少혼 沙石을 舌下에 置ᄒ야 發키 難혼 聲音을 發케 홈으로 如此혼 工夫를 積ᄒ야 希臘國의 第一雄辯家가 될 쁜 아니라 千載를 經ᄒ야 今日에 至ᄒ도록 此人에 及혼 者ㅣ 未有혼지라

*礎, 안국선: 礁, 독도 수정

【번역】 그의 친구가 답하였다. "자네가 비웃음을 받은 까닭이 세 가지가 있네. 자네가 연설할 때 호흡은 급하고 음성은 크지 않음이 그

첫째 이유이다. 또 말솜씨가 유창하지 못하고 침이 고여있어 말의 구절이 분명하지 않음이 그 둘째 이유이다. 한 단락 한 구절을 마칠 때마다 양어깨를 움츠리며 고민하는 추태를 드러냄이 그 셋째 이유이다. 이 세 가지의 우스꽝스러운 모습이 있으니, 많은 사람이 자네의 연설에 갈채를 보내지 않음이 또한 당연하지 않은가?

이에 다시 마음을 단단히 먹고 깊은 산에 들어가 연설을 연습하였다. 큰 거울을 걸어놓고 손을 들고 발을 구르는 태도와 머리를 흔들고 눈알을 부라리는 자세를 배우면서 검을 어깨 위에 걸고 양어깨를 움츠리는 것에 주의하였다. 더러는 해변에 나가 해안의 암초를 맞받아치는 파도 사이에 서서 큰소리로 그 파도의 소리와 다투며 작은 모래와 돌을 혀 아래 놓고 발음하기 어려운 음성을 소리 나게 하였다. 이러한 공부를 축적하여 그리스 제일의 웅변가가 되었을 뿐 아니라, 천 년을 지나 오늘에 이르도록 이 사람에 견줄 만한 자가 없게 되었다.

【최초3】 自古로 雄辯家라 ㅎ야 其名이 一世에 傳ㅎ고 演說 잘흔다 ㅎ야 世人의 稱讚을 得흔 者ᄂ 無非、死力을 盡ㅎ야 練習흔 結果로 得흔 效驗이라 此等有名흔 雄辯家도 最初에ᄂ 諸君과 如히 言辯이 無ㅎ고 演壇에 立ㅎ면 顔이 赧ㅎ야 平常에 熟知恒言ㅎ던 것도 陳述ㅎ지 못ㅎ다가 工夫를 積ㅎ고 練習을 經ㅎ야 其功을 終成 홈이니 諸君도 今日에ᄂ 語가 訥ㅎ고 辭가 短ㅎ야 公會나 宴會等에 出席ㅎ야 敢히 演說 한번도 못ㅎ지만은 意를 此에 置ㅎ고 心을 此에 留ㅎ야 원만치 練習ㅎ면 演說에 何難이 有ㅎ리오

【번역】 예로부터 '웅변가'라고 하여 그 이름이 온 세상에 전하고 '연설을 잘한다'라고 하여 세상 사람들의 칭찬을 얻은 것은, 다름 아닌 죽을힘을 다하여 연습한 결과로 얻은 효험이다. 이와 같은 유명한 웅변가도 맨 처음에는 여러분과 같이 언변이 없고 연단에 서면 얼굴이 붉어져 평상시 익히 아는 것과 늘 하던 말도 진술하지 못하다가, 공부를 축적하고 연습을 거쳐 그 성과를 마침내 이루었다. 여러분도 지금은 말이 어눌하고 언어 구사력이 부족하여 대중 집회나 연회 등에 참석하여 감히 연설 한번 못하겠지만, 뜻을 여기에 두고 마음을 여기에 두어 어느 정도만 연습하면 연설하는 데 무슨 어려움이 있겠는가?

雄辯家 되는 法方

【방법 1】 演說을 한번 흐므러지게 잘ᄒ면 滿座諸人이 拍掌喝
采ᄒ야「잘ᄒ다, 올은 말이다」고 稱讚ᄒ면 演說ᄒᄂ 其人도 말
ᄒ 슈 업시 其心에 愉快ᄒ지라 故로 何人이던지 演說을 잘ᄒ
고 십흔 心이 有홈은 人情의 常態라 然이ᄂ 最初부터 잘ᄒ기
ᄂ 到底히 不能홈이오 練習ᄒᄂ 工夫를 積치 아니ᄒ면 不可ᄒ
도다 其練習ᄒᄂ 方法은 枚擧홀 暇遑이 無ᄒ나 爲先、第一緊
要ᄒ 것은 人을 對ᄒ야 恒常辯論ᄒ되 忌憚치 말고 遠慮치 말
고 屈치 말고 縮지 말고 人이 我를 嘲笑ᄒ되 顧치 말며 人이 我
를 狂漢이라도 ᄒ야도 顧치 말며 力이 盡ᄒ야도 怠치 말며 日
이 暮ᄒ야도 倦치 말며 飯을 對ᄒ더라도 其辯論을 畢ᄒ 後에
食ᄒ고 事가 有ᄒ더라도 其言論이 息ᄒ 後에 行ᄒ야 쓸듸업ᄂ
言論이라도 恒常辯論홀 것이라

【번역】 웅변가 되는 방법

　연설을 한번 흐무러지게[21] 잘하면 자리를 가득 메운 많은 사람이
손뼉을 치고 환호하여 '잘한다, 옳은 말이다'라고 칭찬한다. 그러면
연설하는 그 사람도 말할 수 없이 마음이 유쾌할 것이다. 그러므로

---

21) 흐무러지게: 잘 익어서 무르녹다.

어떤 사람이든지 연설을 잘하고 싶은 마음이 있는 것은 인지상정이다. 그러나 맨 처음부터 잘하기는 도저히 가능하지 않으니, 연습하는 공부를 쌓지 않으면 안 된다.

그 연습하는 방법은 일일이 열거할 겨를이 없다. 하지만 우선 제일 긴요한 것은 사람들을 마주하고 항상 변론하되, 꺼리지 말고 깊게 생각하지 말며 굴하지 말고 움츠리지 말라. 남이 나를 비웃어도 아랑곳하지 말며, 남이 나를 '미친놈'이라고 하여도 아랑곳하지 말며, 힘이 소진되어도 태만하지 말며, 날이 저물어도 지치지 말며, 밥을 대하더라도 그 변론을 마친 뒤에 먹고, 일이 있더라도 그 언론이 그친 뒤에 행하여 쓸데없는 언론이라도 항상 변론할 것이다.

【방법2】自己가 獨坐ᄒᆞ야 思ᄒᆞ면 如何ᄒᆞᆫ 辯論이던지、다、잘ᄒᆞᆯ 듯ᄒᆞ지만은 人을 對ᄒᆞ야는 그러케 잘되지、아니ᄒᆞᄂᆞᆫ 故로 追後에 悔恨ᄒᆞ야 아모 句節은 이리이리 ᄒᆞ얏더면 조흘 것을 그리 ᄒᆞ얏다 ᄒᆞ며 아모 條件은 그러케 ᄒᆞᆫ 것이 잘못되얏다 ᄒᆞ야 後悔흠은 文明國의 演說이 發達ᄒᆞᆫ 社會의 人도 免치 못ᄒᆞᄂᆞᆫ 비라 演說ᄒᆞᆫ 後에 悔恨치 아니 ᄒᆞᆯ 方法은 口에 出ᄒᆞᄂᆞᆫ 딕로 熱心說去흘 것이라 人이 白이라 言ᄒᆞ거던 我ᄂᆞᆫ 黑이라 反對ᄒᆞ며 人이 表라 言ᄒᆞ거던 我ᄂᆞᆫ 裏라 應荅ᄒᆞ야 沒理無根ᄒᆞᆫ 說이라도 어딕신지던지 主張ᄒᆞ야 屈치 말고 兵士가 戰塲에셔 左右를 不顧ᄒᆞ고 突貫흠과 如히 鐵面皮로 討論ᄒᆞ야 相對者를 勝ᄒᆞᆫ 後에 已흘 大勇氣와 大雄辯을 練習흘지니

【번역】 자기가 홀로 앉아 생각하면 어떠한 변론이든지 다 잘할 듯하지만, 사람들을 마주하고서는 그렇게 잘되지 않는다. 그러므로 나

중에 뉘우치고 한탄하여 어떤 구절은 이리이리 하였으면 좋았을 것을 그렇게 하였다고 하며, 어떤 대목은 그렇게 한 것이 잘못되었다고 하여 후회함은 연설이 발달한 문명국 사회의 사람도 피하지 못하는 것이다.

　연설한 뒤에 뉘우치고 한탄하지 않을 방법은 입에서 나오는 대로 열심히 떠드는 것이다. 남이 '희다'라고 말하거든 나는 '검다'라고 반대하며, 남이 '겉'이라고 말하거든 나는 '속'이라고 응답한다. 이치에 어긋나고 터무니없는 말이라도 어떡하든지 주장하여 굴하지 말고, 병사가 전장에서 좌우를 돌아보지 않고 돌진함과 같이 철면피로 토론하여 상대방을 이긴 뒤에 그칠 큰 용기와 큰 웅변을 연습할 것이다.

【방법3】此時에 如此히 言ᄒ면 嘲笑를 當ᄒᆯ가 恐ᄒ거ᄂ 如此히 論ᄒ면 責잡힐가 慮ᄒ야 어물어물ᄒ면 決코 大雄辯家가 되지 못ᄒ고 平生을 他人의 背後에 落在ᄒ야 演說 ᄒ번 잘ᄒ야 보지 못ᄒᆯ지라 엇지 ᄒ얏던지 辯論을 작구 ᄒ야 前瞻後顧치 말며 左思右慮치 말고 何論이던지 討ᄒ며 何事던지 辯ᄒ야 演說의 材料를 豫思치 말고 臨時應變ᄒ야 어딩지던지 自己의 理由를 立ᄒ며 어딩지던지 自己의 意見을 貫ᄒ기를 工夫ᄒ면 一年이 過ᄒ고 二年이 過ᄒ야 演說에 得妙ᄒ고 討論에 慣熟ᄒ야 壇을 登ᄒᆷ이 怯이 無ᄒ고 人을 對ᄒᆷ이 氣가 生ᄒ야 演說을 잘ᄒ리니 此ㅣ 雄辯家되ᄂ 秘方인디 余ㅣ 曾히 外國辯士에게 聽ᄒ바ㅣ라

【번역】 이때 이렇게 말하면 비웃음을 당할까 걱정하거나, 이렇게

논하면 책잡힐까 염려하여 어물어물하면, 결코 큰 웅변가가 되지 못하고 평생을 남에게 뒤처져 연설 한번 잘해보지 못할 것이다. 어떡하든지 변론을 자꾸 하여 앞뒤를 재며 머뭇거리지 말라. 이리저리 생각하지 말고 어떤 논의든지 토론하라. 어떤 일이든지 변론하여 연설의 말감을 미리 생각하지 말라. 임기응변하여 어떡하든지 자기의 논리를 세워라. 어떡하든지 자기의 의견을 관철하기를 공부하라. 그러면 한 해가 지나고 두 해가 지나 연설의 묘리를 터득하고 토론에 익숙하여 연단에 오름에 겁이 없고 사람들을 마주함에 힘이 나서 연설을 잘할 것이다. 이것이 웅변가가 되는 비방으로, 내가 일찍이 외국 변사에게 들은 것이다.

演說者의 態度

【태도1】態度는 演壇에 立ᄒ야 몸가지는 法이니 即 손짓ᄒ고 발짓ᄒ고 얼골가지는 法이라 演說을 암만 잘ᄒ더라도 其 몸가지는 法이 適宜치 못ᄒ야 態度가 醜ᄒ고 憎ᄒ면 衆人이 喝采치 아니 ᄒ고 返히 厭氣가 生ᄒ야 私語ᄒ는 者도 有ᄒ고 外出ᄒ는 者도 有ᄒ야 座中이 動搖ᄒ면 演說의 滋味가 漸漸 업서지는지라 故로 或이「데모스쎄니스」다려 演說의 秘方을 問ᄒ딕 荅日「演說의 秘方은 態度에 在ᄒ니라、態度에 在ᄒ니라、態度에 在ᄒ니라」三言 ᄒ얏도다

【번역】연설자의 태도

태도는 연단에 설 때 몸가짐의 방법이니, 곧 손짓하고 발짓하고 얼굴 가짐의 방법이다. 연설을 아무리 잘하더라도 그 몸가짐의 방법이 마땅하지 못하여 태도가 추하고 밉살스러우면, 뭇사람은 환호하지 않고 도리어 싫증을 낸다. 수군거리는 사람도 있고 나가는 사람도 있다. 좌중이 동요하면 연설의 재미가 점점 없어진다. 그러므로 어떤 이가 데모스테네스에게 연설의 비방을 물었다. 그가 답하기를 "연설의 비방은 첫째도 태도에 있고, 둘째도 태도에 있고, 셋째도 태도에 있다."라고 하며, 세 번씩이나 말하였다.

【태도2】演說홀 時에 身을 조곰 聳伸흠이 可ㅎ니 演卓에 俯伏ㅎ거ᄂ 頭를 垂흠은 甚히 보기 실인 態度라 演壇에 立ㅎ야 威儀가 棣棣ㅎ게 身體를 聳伸ㅎ고 하이칼라的으로 持身ㅎ면 音聲이 奇麗ㅎ고 句節이 妙姸ㅎ야 聽者로 하야곰 愛的思想이 生케 ㅎ거니와 萬若 垂頭俯伏ㅎ야 手로 頭를 搔ㅎ며 眼으로 地를 望ㅎ고 兩手를 磨擦ㅎ야 弱點을 現出ㅎ면 音聲은 漸漸曇滯ㅎ고 語調ᄂ 더욱 無味ㅎ야 聽者로 하야금 厭心이 生케 ㅎᄂ니라

【번역】 연설할 때 몸을 조금 추키거나 펴는 것이 좋으니, 연설하는 탁자에 엎드리거나 머리를 숙이는 것은 매우 보기 싫은 태도이다. 연단에 서서 의젓한 몸가짐이 빈틈이 없게[22] 신체를 추키거나 펴고 하이칼라[23]처럼 몸가짐을 하면, 목소리가 빼어나고 구절이 매력 있으며 우아하여 듣는 이로 하여금 관심을 기울일 생각이 들게 한다. 만약 머리를 숙이고 엎드려 손으로 머리를 긁고 눈으로 땅을 바라보며 양손을 비벼 약점을 드러내면 목소리는 점점 구름이 낀 듯 답답하고 어조는 더욱 지루하여 듣는 이로 하여금 싫증이 나게 한다.

22) 의젓한 몸가짐이 빈틈이 없게[威儀棣棣]:《시경》〈백주(柏舟)〉의 "내 마음은 돌이 아니라서 굴릴 수도 없고, 내 마음은 돗자리가 아니라서 걷어치울 수도 없다. 의젓한 몸가짐이 빈틈이 없어 특별히 고를 것이 없다.[我心匪石 不可轉也 我心匪席 不可卷也 威儀棣棣 不可選也]"라는 말을 발췌한 것이다. 돌은 굴릴 수가 있고 돗자리도 말아서 치울 수가 있지만, 내 마음은 그렇지 않아서 구르지도 걷히지도 않아 한결같으며, 몸가짐도 예의가 제대로 갖추어져서 어느 것 하나 골라서 버리고 취할 것이 없으니, 자기를 반성해 보아도 버림을 받을 만한 흠이 전혀 없다는 뜻이다. 〈백주〉는 남편의 총애를 잃은 부인의 심리를 묘사한 시이다.

23) 하이칼라(high collar): 본래는 양복에 입는 와이셔츠의 둘레의 높이가 높은 깃을 말한다. 여기서는 서양식 유행을 따르던 멋쟁이를 이르는 말로 쓰인 듯하다. 인텔리. 지식층.

【태도3】 츠음으로 演說ᄒᄂᆫ 者ᄂᆫ 쓸ᄃᆡ업시 空然히 痴笑ᄒᄂᆫ 者ㅣ 多ᄒ니 笑ᄒᆯ 處에 笑ᄒᆷ은 關係가 無ᄒ거니와 語가 笑中에 埋沒ᄒ거ᄂᆫ 說을 終치 아니 ᄒ고 笑ᄒ면 衆人은 其說을 確聽치 못ᄒ고 其意를 了解치 못ᄒᆷ으로 熱情이 冷却ᄒ야 全體의 興味를 抹殺ᄒᆷ에 至ᄒ리니 嘲弄的의 語ᄂᆫ 揶*揄的의 言을 發ᄒᆯ 時、外에ᄂᆫ 其說을 終ᄒ기 前에 演說者 自己가 笑ᄒᆷ은 決코 不可ᄒ도다

*揶, 안국선: 揶, 독도 수정

【번역】 처음 연설하는 사람 중에 쓸데없이 공연히 어리석게 웃는 사람이 많다. 웃어야 할 곳에 웃는 것은 관계가 없다. 말이 웃음 속에 묻히거나 연설을 끝내지 않고 웃으면 뭇사람은 그 연설을 명확하게 듣지 못하여 그 뜻을 이해하지 못한다. 그러면 열정이 식어서 전체의 흥미를 깡그리 사라지게 만든다. 조롱하는 말이나 야유의 말을 할 때를 제외하고는 그 연설을 마치기 전에 연설자 자신은 결코 웃어서는 안 된다.

【태도4】 演說은 熱心이 第一이니 下手의 演說이라도 熱心으로 ᄒ면 衆人이 耳를 傾ᄒ야 聽ᄒ고 善手의 演說이라도 熱心이 無ᄒ면 聽衆이 하품이 나셔 或은 冷笑ᄒᄂᆫ 聲을 發ᄒ야 妨害ᄒᄂᆫ 者ㅣ 有ᄒ고 或은 心中으로 구만두고 下壇ᄒ기를 望ᄒᄂᆫ 者ㅣ 有ᄒᆯ지라 故로 恒常 熱心으로 ᄒᆯ지니 「ᄯᅡ니엘、ᄲᅦ스타」의 演說은 語氣가 活潑ᄒ야 熱心이 水湧ᄒᆷ과 如ᄒ니 恒常 兩手를 拳握ᄒ거ᄂᆫ 或은 打揮ᄒᆷ이 常例오 「헨리、타ー례」의 演說이 恒常 右手의 第二指를 示點ᄒᆷ은 其內에 熱心이 有ᄒ

緣故라 當時의 人이 評ᄒ야 曰「議論이 指頭에서 滴흔다」ᄒ
얏고「샥라이안」은 其演說이 佳境에 入ᄒ야는 其顏이 火와 如
ᄒ고 其眼이 燈과 同ᄒ야 精神이 輝ᄒ고 意氣가 發ᄒ미 世人
이「獅子의 勇猛과 威嚴과 偉大를 有흠은 演壇에 立흔 샥라이
안」이라 評ᄒ얏도다

【번역】 연설은 열심히 하는 것이 제일이다. 솜씨 없는 사람의 연설
이라도 열심히 하면 뭇사람이 귀를 기울여 듣는다. 솜씨 좋은 사람
의 연설이라도 열심히 하지 않으면 청중은 하품이 나와 더러는 비
웃는 소리를 내서 방해하는 사람이 있고, 더러는 그만두고 연단을
내려가기를 마음속으로 바라는 사람이 있다. 그러므로 항상 열심히
해야 할 것이다.

다니엘 웹스터의 연설은 말하는 기세가 활발하여 열심히 하는 것
이 샘물이 솟아나는 것과 같으니, 항상 두 손을 불끈 쥐기도 하고 또
는 치거나 휘두르곤 하였다.

헨리 타일러[24]의 연설이 항상 오른손의 집게손가락으로 가리키는
것은 그 내면에 뜨거운 마음이 있는 까닭이다. 당시의 어떤 사람이
평가하여 "의론이 손가락 끝에서 방울방울 떨어진다."라고 하였다.

브라이언[25]은 그 연설이 훌륭한 경지에 들어가면 그 얼굴이 불과
같고 그 눈이 등불과 같아 정신이 빛나고 의지와 기개가 뿜어나왔
다. 세상 사람들이 "사자의 용맹과 위엄과 위대함을 소유한 이가 연
단에 선 브라이언이다."라고 평하였다.

---

24) 헨리 타일러(Henry Tyler, 1827~1908): 영국의 정치가.
25) 브라이언(Bryan): 미국의 정치가인 윌리엄 제닝스 브라이언(William Jennings
    Bryan, 1860 ~ 1925)을 말한다.

【태도5】演說者의 態度는 其演說中의 語勢를 從ᄒ야 或은 手를 擧ᄒ며 或은 顏을 變ᄒ야 其心中의 情狀을 現示흠이 必要ᄒ니 假令

이러케 無法흔 政府의 處置에 對ᄒ야는 우리가 默過흘 슈업소

如此흔 語句에 至ᄒ야는 豊大흔 音聲으로 怒氣를 微露ᄒ야 右手를 頭上으로 擧ᄒ얏다가 其語末을 結ᄒᄂ 同時에 打下흘 것이오

나는 여러분을 尊重히 흠니다、 나는 여려분을 사랑흠니다、 大抵 여러분은 國家의 干城이오、 獨立의 保護者올시다、

此等 語에ᄂ 和溫흔 音聲으로 兩手를 舞흠과 如히 左右로 伸ᄒ고 語勢를 從ᄒ야 장단 맞쳐서 上下ᄒ면서 奬勵흘 거이오

【번역】 연설자의 태도는 그 연설 중의 어세를 따라 어떤 때는 손을 들며, 어떤 때는 얼굴을 변하여 그 심중의 상황을 드러내 보이는 것이 필요하다. 이를테면

"이렇게 무법한 정부의 조치에 대하여 우리가 묵과할 수 없소."

이와 같은 어구에 이르러서는 풍부하고 큰 목소리로 노기를 약간 드러내어 오른손을 머리 위로 들었다가 그 말끝을 맺는 동시에 내려칠 것이다.

"나는 여러분을 존중합니다. 나는 여러분을 사랑합니다. 대저 여러분은 국가의 간성干城[26]이고, 독립의 보호자입니다."

이와 같은 말에는 온화한 목소리로 두 손을 춤추는 것과 같이 좌

---

26) 간성(干城): 방패와 성.

우로 펴고 어세를 따라 장단을 맞추어 오르내리며 장려할 것이다.

【태도6】 아— 하ᄂ님이 참기시면 우리 同胞의 如此흔 不幸을
監察ᄒ시겟슴니다、아— 하ᄂ님이여、엇지ᄒ야 우리 韓國으로
하야금 如此흔 地位에 이르게 ᄒ심닛가、아—、우리 韓國人民
이 엇더케 ᄒ면 獨立自由의 福樂을 엇겟슴닛가
　此等 語에ᄂ 悲慘ᄒ고 願祝ᄒᄂ 音聲으로 兩手를 合ᄒ야 祝
願ᄒᄂ 形狀을 作흘 것이오
　우리나라 將來의 獨立은、運數를 기다릴 것도 아니고、時勢
를 기다릴 것도 아니고、他國의 援助를 바랄 것도 아니올시다、
大抵 國家의 獨立은 運數에 달린 것이 아니오、時勢에 달린 것
도 아니오、他國援助與否에 달린 것도 아니오、다만 여러 靑年
의 주먹에 달렷슴니다
　此等語에ᄂ 句節마다 右手로 指點ᄒ다가 末句에 至ᄒ야 右
拳을 頭上에 高擧ᄒ야 衆人에게 其拳을 示ᄒ고 激烈히 言終흘
것이오

【번역】 "아, 하나님이 진실로 계시면 우리 동포의 이러한 불행을 살
필 것입니다. 아, 하나님이여! 어찌하여 우리 한국을 이런 지경에 이
르게 하였습니까? 아, 우리 한국 인민이 어떻게 하면 독립 자유의
복락을 얻겠습니까?"
이와 같은 말에는 비참하고 기원하는 목소리로 두 손을 합하여 빌
고 원하는 형상을 지을 것이다.
　"우리나라 장래의 독립은 운수를 기다릴 것도 아니고, 시세를 기
다릴 것도 아니고, 다른 나라의 원조를 바랄 것도 아닙니다. 대저 국

가의 독립은 운수에 달린 것이 아니고, 시세에 달린 것도 아니며, 다른 나라의 원조 여부에 달린 것도 아닙니다. 다만 여러 청년의 주먹에 달려 있습니다."

이와 같은 말에는 구절마다 오른손으로 가리키다가 끝 구절에 이르러 오른 주먹을 머리 위에 높이 들어 뭇사람에게 그 주먹을 보이고 격렬하게 말을 마칠 것이다.

【태도7】歐羅巴를 잡어 흔들던 拿破倫은 엇더흔 사름이오, 諸君과 조곰도 다르지 아니흔 男子올시다, 여려분이여 奮發ᄒ시오, 엇지 여려분의 前途를 막을 「아루부스」山이 잇겟슴닛가

此에는 演卓을 少離ᄒ야 兩足으로 活步ᄒᄂᆫ 氣像을 示ᄒ고 右手ᄂᆫ 肩上으로 高擧ᄒ고 左手ᄂᆫ 地面으로 斜擧ᄒ야 조곰 回身ᄒ면서 末語를 言終홀 것이오

우리 靑年의 주먹이 비록 少ᄒ고 弱ᄒ지만은, 正義公道를 爲ᄒ야 흔드는 되는, 져— 可憎ᄒ고 傲慢無禮흔 者를 可히 制服ᄒ리이다

如此흔 語句에는 體를 聳伸ᄒ야 胸腹을 닉밀고 左手를 腰上에 置ᄒ면서 右拳을 兩眼前에 擧ᄒ야 指點ᄒ다가 語末에는 强ᄒ게 打下홀 것이오

【번역】 "유럽을 잡아 흔들던 나폴레옹은 어떠한 사람입니까? 여러분과 조금도 다르지 않은 남자입니다, 여러분이여! 분발합시다. 어찌 여러분의 앞길을 막을 알프스산이 있겠습니까?"

여기서는 연설 탁자에서 잠시 떨어져 두 발로 활보하는 기상을 보이고, 오른손은 어깨 위로 높이 들고 왼손은 지면으로 비스듬히 들

어 조금 몸을 돌리면서 끝말을 말하고 마칠 것이다.

"우리 청년의 주먹이 비록 작고 약하지만 정의와 공도를 위하여 휘두른다면 저 가증스럽고 오만무례한 자를 넉넉히 제압하여 복종시킬 것이다."

이와 같은 어구에는 몸을 추키거나 펴서 가슴과 배를 내밀고, 왼손을 허리에 두면서 오른 주먹을 두 눈 앞에 들어 가리키다가 말끝에서 강하게 내려칠 것이다.

【태도8】 滋味업는 演說은 簡短흔 것이 조켓고, 또 이담에는 高明ᄒ신 先生님의 演說이 잇슬 터이닛가, 구만 긋침니다

演說을 畢코자 ᄒ야 恭遜흔 言辭를 始ᄒ야 演卓 겻흐로 조금 비켜시면서 一手의 指端으로는 卓子 모소리를 輕ᄒ게 집고 一手는 넙적다리에 順垂ᄒ야 語를 終ᄒ는 同時에 揖ᄒ고 도라셔 鄭重히 壇을 下흘 것이라

【번역】"재미없는 연설은 간단한 것이 좋겠고, 또 이다음에는 고명하신 선생님의 연설이 있을 예정이니 그만 마칩니다."

연설을 마치고자 할 때는 공손한 언사로 시작하여 연설 탁자 곁으로 조금 비켜서며 한 손의 손가락 끝으로는 탁자 모서리를 가볍게 짚고 한 손으로는 넓적다리에 편안하게 늘어뜨린다. 그리고 말을 마치는 동시에 인사하고 돌아서 정중하게 연단을 내려올 것이다.

演說家의 博識

【박식1】 社會가 有ᄒᆞ고 國家가 有ᄒᆞ고 政治가 有ᄒᆞᆫ 以上은 雄辯이 必要ᄒᆞ고 雄辯家되고ᄌᆞ ᄒᆞᆯ진ᄃᆞᆫ 熱心과 博識이 不可缺ᄒᆞᆯ 要素라 現今世界에 演說로 第一有名ᄒᆞᆫ 米國 「ᄲᅳ라이안」氏ᄂᆞᆫ 年前選擧時에 演說ᄒᆞᆫ 數가 幾百番인지 可히 數키 不能ᄒᆞ다 ᄒᆞ고 選擧競爭이 絶頂에 達ᄒᆞᆷ이 十二時間을 조곰도 休息지 아니ᄒᆞ고 演說을 繼續ᄒᆞ얏다 ᄒᆞ며 現今도 一日에 十餘個處演壇에 立ᄒᆞᄂᆞᆫ 日이 多ᄒᆞ되 該氏演說의 第一特色은 演說ᄒᆞᆯ ᄶᅢ마다 辭調가 不同ᄒᆞ고 趣意가 皆異ᄒᆞ야 重複ᄒᆞᆫ 說이 無ᄒᆞ다 ᄒᆞ니 此ㅣ 該氏를 今世第一의 雄辯家라 稱ᄒᆞᄂᆞᆫ 所以라 博識이 아니면 엇지 如此ᄒᆞ리오 故로 演說을 잘ᄒᆞ랴거던 古人名士의 演說記를 만히 보고 他人의 演說을 만히 듯고 ᄯᅩ 몸소 演壇에 立ᄒᆞ야 만히 演說을 ᄒᆞ야 볼지라 多讀과 多聽과 多演이 實로 雄辯家되ᄂᆞᆫ 階梯니 日本에ᄂᆞᆫ 島田三郎氏가 演說家의 泰斗라 ᄒᆞ야 衆人이 嘖嘖稱揚ᄒᆞᄂᆞᆫᄃᆡ 島田氏가 古人名士의 演說記를 暗誦ᄒᆞᄂᆞᆫ 것이 二十餘篇이오 重要ᄒᆞᆫ 演說을 演ᄒᆞᆫ 것이 四千餘番이라 ᄒᆞ니 他人의 演說을 聽ᄒᆞᆫ 것은 可히 數가 無ᄒᆞᆯ지라 演說家의 泰斗라 ᄒᆞᄂᆞᆫ 名을 得ᄒᆞᆷ이 엇지 偶然ᄒᆞᆷ이리오 玆에 參考와 練習을 爲ᄒᆞ야 有名ᄒᆞᆫ 演說記中의 二三篇을 左에 附載ᄒᆞ노라

【번역】 연설가의 박식

　사회가 있고 국가가 있고 정치가 있는 이상은 웅변이 필요하다. 웅변가가 되고자 하면 열심히 함과 박식함이 불가결한 요소이다. 현재 세계에서 연설로 가장 유명한 미국 브라이언 씨는 지난해 선거할 때 연설한 횟수가 몇백 번인지 헤아릴 수 없다고 한다. 선거 경쟁이 절정에 이르자 12시간을 조금도 쉬지 않고 연설을 계속하였다고 한다. 현재도 하루에 십여 곳 연단에 서는 날이 많은데, 그 사람 연설의 제일 특색은 연설할 때마다 어조가 다르고 취지가 모두 달라서 중복된 말이 없다고 한다. 이것이 그 사람을 현재 제일의 웅변가라고 일컫는 이유이다. 박식함이 아니면 어찌 이와 같으리오? 그러므로 연설을 잘하려거든 옛사람 중의 유명한 연설가의 연설문을 많이 읽고 다른 사람의 연설을 많이 들으며, 또 몸소 연단에 서서 많이 연설해 보는 것이다. 많이 읽음과 많이 들음과 많이 연설함이 실로 웅변가가 되는 디딤돌이다.

　일본에는 시마다 사부로[27] 씨가 연설가의 제일인자라 하여 뭇사람이 혀를 내두르며 칭찬하였다. 시마다 씨가 옛사람 중의 유명한 연설가의 연설문를 암송하는 것이 20여 편이고, 중요한 연설을 연습한 것이 4천여 번이라 하니, 다른 사람의 연설을 들은 것은 헤아릴 수 없다. 연설가의 제일인자라 하는 명성을 얻음이 어찌 우연이겠는가? 이에 참고와 연습을 위하여 유명한 연설문 중에 두세 편을 다음과 같이 덧붙여 실었다.

---

27) 시마다 사부로(島田三郎, 1852~1923): 일본의 정치가이자 저널리스트이다.

【박식 2】「쌔토릭크, 헨리─」가 「子에게 自由를 與흘지어다、
不然ᄒ거던 死를 與흘지어다」흔 有名흔 演說이 有ᄒ니 此는
米國이 獨立의 基礎를 開흔 演說이라

　議長閣下、無用흔 空想의 希望으로 因ᄒ야 無用흔 空想에
惑ᄒ는 것은 人性의 常態라、至難흔 眞事는 等閒에 附ᄒ고
「사이렌」의 詩歌에 耳를 傾ᄒ며 心을 奪ᄒ야 自己의 身은
김싱이 되더라도 覺지 못ᄒ는 事ㅣ 업지 아니ᄒ오이다、그러
나 如此흔 것은 自由를 爲ᄒ야 努力ᄒ며 自由를 爲ᄒ야 奮
戰ᄒ는 智者의 흘일이 아니올시다、져─、眼이 有ᄒ되 自己
現世의 生活과 密接흔 關係가 有흔 事物을 見치 못ᄒ고 耳
가 有ᄒ되 此를 聞치 못ᄒ는 사름은 決斷코 吾人人類가 아
니라 ᄒ오、自由는 人類生活에 密接흔 關係가 有흠으로 本
人은 本人의 一身으로 言흘지라도 本人은 眞事의 全部를 總
히 知코ᄌᄒ며、쏘 此를 爲ᄒ야는 如何히 苦惱흘지라도 厭
避치 아니ᄒ고、惡ᄒ고 不便흘지라도 眞事라ᄒ면 此를 知ᄒ
야 防護흘 策을 施ᄒ겟습니다、大抵 우리에게는 一個燈火가
有ᄒ야 우리를 嚮導ᄒᄂ니、其燈火는 何也오、無他라 即、經
驗이 是也올시다、

【번역】 패트릭 헨리[28]가 "나에게 자유를 줄지어다. 그렇지 않으면
죽음을 줄지어다."라고 한 유명한 연설이 있으니, 이것은 미국이 독
립의 기초를 닦은 연설이다.

---

28) 패트릭 헨리(Patrick Henry, 1736~1799): 미국의 정치가·독립 운동가로 버지니
　　아주 초대 지사를 지냈다. '자유가 아니면 죽음을 달라'로 유명한 그의 연설은
　　1775년 3월 23일에 행한 연설이다.

"의장 각하, 쓸데없는 공상의 희망으로 말미암아 쓸데없는 공상에 혹하는 것은 사람 본성의 자연스러운 모습입니다. 진실은 험난해서 등한시하고 세이렌[29]의 시와 노래에 귀를 기울이며 마음을 빼앗겨 자기의 몸은 짐승이 되더라도 깨닫지 못하는 일이 없지 않습니다. 그러나 이러한 것은 자유를 위하여 노력하며 자유를 위하여 분전하는 지혜로운 사람이 할 일이 아닙니다. 저 눈이 있으되 자기가 살아가는 현실의 생활과 밀접한 관계가 있는 사물을 보지 못하고, 귀가 있으되 이를 듣지 못하는 사람은 결단코 우리 인간이 아니라고 합니다. 자유는 인간 생활에 밀접한 관계가 있기에 나는 나의 일신으로 말할지라도 나는 진실의 전부를 모두 알고자 합니다. 또 이를 위하여 아무리 고뇌할지라도 꺼리어 피하지 않고, 싫어하고 불편할지라도 진실이라면 이를 알고 막아내어 보호할 계책을 펼치겠습니다. 대저 우리에게는 하나의 등불이 있어 우리를 안내하니 그 등불은 어떤 것입니까? 다름이 아니라, 바로 경험입니다.

【박식3】 要컨된 將來를 慮홈에는 過去에 鑑홈이 必要ᄒ니, 過去를 棄ᄒ고 他에 鑑홀 것이 有ᄒ다 홈은 本人의 不知ᄒᄂ 바올시다. 至今 우리가 過去에 鑑ᄒ야 最近十年間 英國內閣의 動靜을 察홀진된, 彼大臣等이 自己等을 慰ᄒ기 爲ᄒ야, 英國國會를 慰ᄒ기 爲ᄒ야, 行혼 事項에 就ᄒ야 우리가 是認홀 것

---

29) 세이렌(Seiren): 그리스 신화에 나오는 바다의 요정. 여자의 얼굴과 새 모양을 한 괴물로, 이탈리아 근해에 나타나 아름다운 노랫소리로 뱃사람들을 홀려 죽게 했다고 한다. 《오딧세이아》 12권에는 감미로운 노랫소리로 듣는 사람들의 정신을 빼앗아 가는 마녀 세이렌의 이야기가 나온다.

이 有ᄒ오닛가, 本人의 所見으로는 一件도 是認ᄒ올 것이 無ᄒ오, 萬若, 是認ᄒ올 것이 有ᄒ다 ᄒ는 人이 有ᄒ면 本人은 其人을 對ᄒ야 其理由를 質問ᄒ겟소, 如此ᄒ 英國內閣이 近日에 至ᄒ야는 우리의 請願을 受理ᄒ얏스니, 참 怪異ᄒ도다, 하―, 或은 우리를 欺ᄒ랴고 微笑를 詐含흠이 아닌가, 아―, 諸君이여 此를 信치 마시오, 永遠히 救치 못ᄒ올 陷井에 쌔지오리다,

【번역】 요컨대 장래를 생각함에는 과거를 거울삼는 것이 필요하니, 과거를 버리고 다른 것을 거울삼을 것이 있다고 하는 것은 본인이 알지 못하는 바입니다. 지금 우리가 과거를 거울삼아 최근 십 년간 영국 내각의 동정을 살펴보건대, 저 대신 등이 자기들을 위안하기 위해, 영국 국회를 달래기 위해 시행한 사항에 대하여 우리가 시인할 것이 있습니까? 본인의 소견으로는 한 건도 시인할 것이 없습니다. 만약 '시인할 것이 있다'라고 하는 사람이 있으면 본인은 그 사람을 마주하여 그 이유를 물어보겠습니다. 이와 같은 영국 내각이 근래에 이르러 우리의 청원을 수리하였으니, 참으로 괴이합니다. 하, 우리를 속이려고 미소를 보이는 것이 아닙니까? 아, 여러분! 이것을 믿지 마십시오. 영원히 구하지 못할 함정에 빠질 것입니다.

【박식 4】 아―, 諸同胞여 此를 속지 마시오, 彼의 言이 비록 甘ᄒ나 其笑中의 刀가 諸君의 身을 刺ᄒ리이다, 감안히 思ᄒ야 보시오, 彼等이 我의 請願을 受理ᄒ 緣由는 必然코 우리 米國의 天地를 暗淡케 ᄒ올 戰爭을 準備흠이 아닌가, 아―, 海陸軍이 親愛和樂에 무삼 必要가 有ᄒ리오, 우리는 恒常腕力을 擯斥ᄒ고 平和를 保維ᄒ거늘 英國의 擧動은 如此ᄒ니 우리는 不可不

警備ㅎ여야 홀 것이오, 諸君이여, 注意ㅎ시오, 海陸軍은 交戰
ㅎ고 征服ㅎ는 器具이지, 決코 和樂親愛ㅎ는 딕 用홀 것이 아
니라, 故로 帝王된 者가 不得已혼 境遇에 至ㅎ야 最後手段으
로 依賴홀 것이올시다.

【번역】 아, 모든 동포여! 여기에 속지 마시오. 저들의 말이 비록 달
콤하지만 그 웃음 속의 칼이 여러분의 몸을 찌를 것입니다. 가만히
생각해 보십시오. 저들이 우리의 청원을 수리한 이유는 필연코 우
리 미국의 천지를 암담하게 할 전쟁을 준비함이 아닙니까? 아, 친밀
하고 평화롭게 사는 데 해군과 육군이 무슨 필요가 있겠습니까? 우
리는 항상 완력을 배척해야 하고 평화를 보존하여 유지해야 하거
늘, 영국의 행동은 이와 같으니, 우리는 어찌할 수 없이 대비해서 경
계해야 합니다. 여러분이여, 주의하십시오. 해군과 육군은 전쟁하고
정복하는 도구이지, 결코 친밀하고 평화롭게 사는 데 사용할 것이
아닙니다. 그러므로 제왕이 된 자가 어쩔 수 없는 경우에 최후의 수
단으로 의지하는 것입니다.

【박식 5】 本人이 至今諸君에게 問ㅎ노니 英國이 今番에 軍隊
를 送혼 目的은 우리를 征服ㅎ랴 홈이 아니면 무엇을 爲ㅎ야
兇器를 持혼 軍隊를 送ㅎ얏슴닛가, 本人은 其理由를 解得ㅎ기
에 惱苦홈니다, 諸君도 아마 軍隊를 派送혼 理由를 知得키 不
能ㅎ리이다, 무삼 敵이 有ㅎ야 英國이 無數혼 海陸軍을 派遣
홈닛가, 他의 敵은 無ㅎ니, 우리를 敵對ㅎ랴 홈이 아니라 홀 슈
잇슴닛가, 此는 英國內閣이 오릭 鍊鍛ㅎ던 鐵鎖로 우리 米國
人을 堅固히 束縛ㅎ랴고 派送혼 것이니 우리는 如何혼 手段으

로 此를 防禦ᄒ여야 ᄒ겟슴닛가、

【번역】 본인은 여러분에게 지금 묻습니다. 영국이 이번에 군대를 보낸 목적이 우리를 정복하려는 것이 아니면 무엇 때문에 흉기로 무장한 군대를 보냈겠습니까? 본인은 그 이유를 파악하는 것이 무척이나 고통스럽습니다. 여러분도 군대를 파견한 이유를 파악하는 것이 아마도 불가능할 것입니다. 무슨 적이 있길래 영국이 무수한 해군과 육군을 파견합니까? 다른 적은 없습니다. 우리를 적으로 대하려는 것이 아니겠습니까? 영국 내각이 오래 단련한 쇠사슬로 우리 미국인을 단단히 속박하려고 파견한 것이니, 우리는 어떠한 수단으로 이를 방어해야 하겠습니까?

【박식6】 議論으로 ᄒ야 볼가요、아니오、아니오、議論도 한 번 두 번이지、十年間을 두고 議論ᄒ얏슴니다、謙遜히 哀乞ᄒ야 볼가요、아니오、아니오、千言萬語로 哀願ᄒ야 보앗슴니다、그러면、다른 手段이 有ᄒ오닛가、우리는 다시 手段 업슴니다、將來 우리에게 向ᄒ는 暴風雨를 避ᄒ기 爲ᄒ야 手段이라 ᄒ는 것은 다 ᄒ야 보앗슴니다、請願도 ᄒ얏고、論爭도 ᄒ얏고、哀乞도 ᄒ얏고、하다못ᄒ야、玉座 압헤 俯伏ᄒ야 惶悚ᄒ나 陛下게셔 內閣과 國會의 仲裁者가 되셔셔、其壓制ᄒ는 手를 援止ᄒ야 쥬십소셔고 願情도 ᄒ야보앗슴니다、그러나、우리의 請願은 蔑視를 招ᄒ고、우리의 論爭은 侮辱을 被ᄒ고、우리의 哀乞은 退迫을 當ᄒ고、또 우리가 玉座 압헤셔 蹴逐을 當ᄒ얏슴니다、如此ᄒ 地頭에 至ᄒ야는 우리가 암만 平和와 親睦을 望ᄒ을지라도 到底히 不能ᄒ니 更히 可望ᄒ을 餘地가 無ᄒ오이다、

【번역】 의론으로 해 볼까요? 아니오, 아니오. 의론도 한 번 두 번 이지, 10년간을 두고 의론했습니다. 겸손하게 애걸해 볼까요? 아니오, 아니오. 수많은 말로 애원해 보았습니다. 그러면 다른 수단이 있습니까? 우리는 또 다른 수단이 없습니다. 장래 우리에게 향하는 폭풍우를 피하기 위해 수단이라 하는 것은 다 해 보았습니다. 청원도 했고, 논쟁도 했으며, 애걸도 했습니다. 하다못해 옥좌 앞에 엎드려 '황송하나 폐하께서 내각과 국회의 중재자가 되어, 그 억압하는 손을 제지해 주십시오.'라고 바라는 마음도 말해 보았습니다. 그러나 우리의 청원은 멸시를 초래했고, 우리의 논쟁은 모욕을 당했으며, 우리의 애걸은 핍박받아 내쳐졌고, 또 우리는 옥좌 앞에서 발로 차여 내쫓겼습니다. 이러한 처지에 이르러서는 우리가 암만 평화와 친목을 바랄지라도 도저히 불가능하니, 다시 바랄 만한 여지가 없습니다.

【박식7】 至今 우리가 自由를 得ᄒ랴 ᄒᆞᆯ진딘, 至今 우리가 無量ᄒᆞᆫ 價値가 有ᄒᆞᆫ 特權을 保全코ᄌ ᄒᆞᆯ진딘, 우리가 萬若榮光이 有ᄒᆞᆫ 目的을 達코ᄌ ᄒᆞᆯ진딘, 아ー、諸君이여、다시 可用ᄒᆞᆯ 手段이 無ᄒᆞ오이다、干戈를 執ᄒᆞᆯ 슈밧게 업슴니다、更히 復言ᄒᆞ노니、諸君이여、우리는 干戈로 ᄒᆞ여 볼 슈밧게 업슴니다、아ー、하ᄂᆞ님이여、우리가 兵端을 開ᄒᆞᄂᆞᆫ 것이 本意가 아니올시다、至今은 軍神에게 訴ᄒᆞᄂᆞᆫ 外에ᄂᆞᆫ 更히 可用ᄒᆞᆯ 餘地가 已盡ᄒᆞ얏슴니다

【번역】 지금 우리가 자유를 얻고자 하면, 지금 우리가 헤아릴 수 없는 가치가 있는 특권을 보전하고자 하면, 우리가 영광스러운 목적을

달성하고자 하면, 아, 여러분! 다시 쓸 만한 수단이 없습니다. 창과 방패를 들 수밖에 없습니다. 다시 또 말합니다. 여러분, 우리는 창과 방패로 맞설 수밖에 없습니다. 아, 하나님이여! 전쟁을 시작하는 것은 우리의 본의가 아닙니다. 지금은 전쟁의 신에게 호소하는 것 이외에 사용할 만한 다른 수단은 이미 다 써 보았습니다.

【박식8】 或은 言ᄒ기를 우리는 微弱ᄒ야 英國兵을 抵敵ᄒ기 不能ᄒ다 ᄒ리니, 그러면 何日에 우리가 强盛ᄒ게 되겟슴닛가, 來月이오닛가, 來年이오니가, 그럿치 아니ᄒ면 家家戶戶에 英兵이 警備ᄒ 後에 우리가 强盛ᄒ게 되겟슴닛가, ᄯᅩ 우리는 猶豫未決ᄒ다가 强盛ᄒ겟슴닛가, 惰睡를 貪ᄒ고 妄想에 惑ᄒ다가 敵이 至ᄒ야 我의 手足을 縛ᄒ는 日에 强盛ᄒ겟슴닛가, 何日에 强盛ᄒ야 十分抵敵ᄒ게 되겟슴닛가.

【번역】 더러는 '우리는 미약하여 영국 병사를 대적할 수 없다'라고 말합니다. 그러면 어느 날에 우리가 강성하게 되겠습니까? 다음 달입니까? 다음 해입니까? 아니면 집집마다 영국 병사가 배치되어 경비를 설 때 우리가 강성하게 되겠습니까? 또 결단을 내리지 못하고 망설이는 우리가 강성하게 되겠습니까? 게으름과 잠을 좋아하고 망상에 미혹되어 적이 당도하여 우리의 손발을 묶는 날에 강성하게 되겠습니까? 어느 날에 강성하여 잘 대적할 수 있겠습니까?

【박식9】 諸君이여, 우리가 天賦의 手段을 適當ᄒ게 用ᄒ면 決斷코 微弱ᄒ지 아니 ᄒ오이다. 三百萬人民이 一心으로 起ᄒ야 神聖ᄒᆫ 自由를 爲ᄒ야 兵器를 執ᄒ면 敵軍이 암만 强ᄒᆯ지

라도 恐홀 것이 無호오이다. 諸君이여, 우리가 孤軍으로 戰호 는 줄로 思호지 마시오. 우리 國民의 運命을 主宰호시는 하느 님게셔는 正義를 惠호시느니, 必然코 우리를 助호시리다. 諸君 이여, 戰場은 獨히 强훈 者만 出호는 地가 아니오, 活潑호고 奇 警호고 剛勇훈 者는 누구던지 出홀 것이올시다. 우리가 戰場에 出호는 外에는 他에 죽히 可用홀 手段이 無호니 此頭에 至호 야 卑怯心을 起호고 戰爭을 避호랴 홀지라도 至今은 홀 슈 업 소. 可히 避치 못홀 것을 억지로 避호면, 아—, 悲慘호도다. 彼 等의 蹂躪을 當호야 奴隸의 虐待를 受호리니, 우리를 束縛홀 鐵鎖는 벌셔 練호고 鍛호야 將次 「샌스톤」 平野에 其聲을 鳴호 랴 호오

【번역】 여러분, 우리가 하늘이 내려준 수단을 적당하게 쓰면 결단 코 미약하지 않을 것입니다. 300만 인민이 한마음으로 일어나 신성 한 자유를 위해 무기를 잡으면 적군이 암만 강할지라도 두려울 게 없습니다. 여러분, 우리가 고립무원의 군대로 싸우는 줄로 생각하지 마십시오. 우리 국민의 운명을 주재하시는 하나님께서는 정의를 애 틋하게 생각하니, 필연코 우리를 도울 것입니다. 여러분, 싸움터는 유독 강한 자만 출전하는 곳이 아니오. 활발하고 기발하며 굳세고 용감한 자는 누구든지 출전할 것입니다. 우리가 싸움터에 출전하는 것 외에는 쓸 만한 또 다른 수단이 없으니, 이 지경에 이르러 비겁한 마음이 일어나고 전쟁을 피하려 할지라도 지금은 어쩔 수 없습니다. 피하지 못할 것을 억지로 피하면, 아 비참합니다. 저들에게 짓밟혀 노예의 학대를 받을 것이니, 우리를 속박할 쇠사슬은 벌써 단련되어 있습니다. 장차 보스턴 평야에 쇠사슬 소리가 울려 퍼질 것입니다.

【박식10】 戰爭은 到底히 免키 不能ㅎ니、戰爭을 來케 ㅎ시오、諸君이여、戰爭을 來케ㅎ시오 (此時座中에 平和平和、叫ㅎ는 者ㅣ 有ㅎ다) 紳士中에는 平和를 叫ㅎ는 者ㅣ 有ㅎ나 平和의 希望은 已絕ㅎ고 實地로는 戰爭이 已始ㅎ얏스니、次回의 北風은 必然코 우리 耳朶에 軍聲을 送來ㅎ리이다、우리 同胞는 벌셔 戰場에 臨ㅎ얏스니、諸君이여、엇지 躊躇홈이 可ㅎ리오、목숨이 그리 惜ㅎ오닛가、奴隷의 辱을 甘受ㅎ기신지 목숨이 그리 重ㅎ오닛가、쏘 羈絆을 受홀지라도 平和라면 好ㅎ오닛가、아一、하느님이여、우리 同胞의 如此히 腐敗흔 魂을 改케 ㅎ야 쥬시옵소셔、本人은 祈請ㅎ오니、하느님이여、子에게 自由를 與홀지어다、不然커던 子에게 死를 與홀지어다

【번역】 전쟁은 도저히 피할 수 없으니, 전쟁을 맞이하시오. 여러분, 전쟁을 맞이하시오.(이때 좌중에 '평화, 평화'를 외치는 자가 있었다.) 신사 중에 평화를 외치는 자가 있지만 평화의 희망은 이미 끊어졌고 실지로는 전쟁이 이미 시작하였소. 다음번 북풍[30]은 필연코 우리 귓불에 군대의 함성을 보내올 것입니다. 우리 동포는 벌써 싸움터에 도착했습니다. 여러분, 어찌 주저함이 옳겠습니까? 목숨이 그리 아깝습니까? 노예의 치욕을 감수할 정도로 목숨이 그리 중합니까? 또 굴레에 얽매일지라도 평화라면 좋습니까? 아, 하나님이여! 우리 동포의 이러한 부패한 혼을 고치게 해 주십시오. 본인은 간절히 바랍니다. 하나님이여, 나에게 자유를 주십시오. 그렇지 않으면 나에게 죽음을 주십시오."

---

30) 북풍: '겨울'에 전쟁이 시작됨을 비유한 표현이다.

【박식11】 如此혼 演說을 謄寫ᄒ고 暗誦ᄒ면 語調의 急迫혼 處와 冷笑ᄒᄂ 處와 慷慨ᄒᄂ 處와 揶揄ᄒᄂ 處와 抑揚ᄒᄂ 處와 頓挫ᄒᄂ 處와 擒縱ᄒᄂ 處를 自然히 知得ᄒ야 不知不識 之間에 演說의 妙方을 得ᄒᄂ니 英國의 雄辯家로 稱ᄒᄂ「쌜루함」氏가 日子가 貴族院에셔 皇后를 爲ᄒ야 論辯홀 時에 其 準備로 四週間을「데모스쎄니스」氏의 演說을 反覆熟讀ᄒ고 二十餘 番을 謄寫ᄒ얏더니 貴族院에 出ᄒ야 論辯홀 時에 豫想 外의 好結果를 得ᄒ야 世上의 喝采를 受ᄒ얏노라 ᄒ니라

有名혼 演說家의 演說書를 熟讀ᄒ며 謄寫홈이 緊要혼 練習됨 은 氏의 經驗으로 因ᄒ야 分明ᄒ도다「데모스쎄니스」의 事를 前에 多述ᄒ얏기 左에 其演說을 紹介ᄒ노니

【번역】 이러한 연설을 베껴서 암송하면 어조의 급박한 곳과 냉소하는 곳과 격앙하는 곳과 야유하는 곳과 높이고 낮추는 곳과 갑자기 꺾이는 곳과 긴장하고 이완하는 곳을 자연히 알게 되어 부지불식간에 연설의 묘책을 얻을 것이다. 영국의 웅변가로 일컬어지는 브루엄[31] 씨가 말했다. "내가 귀족원에서 황후를 위해 논변할 때 그 준비

---

31) 브루엄: 헨리 브루엄(Henry Brougham, 1st Baron Brougham and Vaux; 1778~1868)을 말한다. 영국의 정치가다. 1840년 자신의 저서《명예관에 대한 데모스테네스 연설(The Oration of Demosthenes Upon the Crown)》에서 데모스테네스의 연설을 모아 영어로 번역했다. 일생 동안 데모스테네스를 연구하고 자주 활용한 것으로 보이는데, 1823년 매콜리(Macaulay)의 아버지에게 보내는 편지에서 다음과 같이 썼다. "저는 여왕을 위한 연설의 결론을 상원에서 작성했는데, 그때 3~4주 동안 데모스테네스를 읽고 반복하며 작성했고, 그것을 적어도 스무 번은 다시 썼습니다. (I composed the peroration of my speech for the queen, in the House of Lords, after reading and repeating Demosthenes for three or four weeks, and I composed it twenty times over at least, Townsend, L. T. *The Art of Speech*. Prabhat Prakashan, 1880. p. 107)"

로 4주간을 데모스테네스 씨의 연설을 반복하여 숙독하고 20여 번을 베꼈다. 그래서 귀족원에 나가 논변할 때 뜻밖의 좋은 결과를 얻어 세상의 갈채를 받았다."

유명한 연설가의 연설문을 숙독하며 베끼는 것이 긴요한 연습이 됨은 그의 경험으로 말미암아 분명해졌다. 데모스테네스의 일을 앞에서 많이 말했기에 아래에 그 연설32)을 소개한다.

【박식 12】 諸君、此에 會集흔 衆人中에 一便으로는 「휘일립푸」(歷山大王의 父)가 引率흔 軍勢의 夥多홈을 見흐고、一便으로는 우리 希臘列國이 微弱흐야 領地가 漸漸削盡홈을 見흐고、「휘일립푸」가 吾人의 가장 可畏흔 讎敵인 줄 思考흐는 者ㅣ 흔 분이라도 기시면、子는 그 어른의 思考가 至當홈을 否라흐기 不能흐오、그러나 子는 其人을 向흐야 一言을 告흐노니、우리 雅典의 同胞諸君이여、至今 「휘이립푸」에게 服從흐는 希臘諸國의 太半이 旣往에 一次自由獨立國되얏던 事를 思흐시오、또 「휘이립푸」에게 同盟흐랴는 心이 無흐고 우리 雅典에 同盟흐랴는 心을 懷흔 時가 有홈을 思흐시오.

【번역】 "여러분, 여기에 모인 많은 사람 중에는 한편으로 필리포스33) (알렉산더 대왕의 아버지)가 인솔한 군대 형세가 매우 큼을 보

---

32) 연설: B.C.351~B.C.350년 사이에 아테네의 연설가인 마케도니아의 왕 필리포스 2세에 대항하여 펼친 연설 중 첫 번째 연설을 부분적으로 발췌한 것이다. 원문의 해당 단락은 4장 4절, 5절, 7절, 10절, 11절, 48절, 49절, 50절이다.

33) 필리포스(Philippos): 마케도니아의 왕인 필리포스 2세(B.C.382?~B.C.336?)를 말한다. 알렉산더 대왕의 아버지로, 기원전 338년 카이로네이아의 싸움에서 아테네·테베 연합군을 무찌르고 전 그리스를 제패하였다. 페르시아 원정 준비 중

았고, 한편으로 우리 헬라스[34]의 여러 국가가 미약하여 영토가 점점 삭감되어 없어지는 것을 보았습니다. 필리포스가 우리의 가장 두려운 원수인 줄 생각하는 자가 한 분이라도 계시면, 저는 그 어른의 생각이 너무도 당연함을 부정하지 못하겠습니다. 그러나 저는 그 사람을 향해 한마디 말을 고하고자 합니다. 우리 아테네 동포 여러분, 지금 필리포스 2세에게 복종하는 헬라스 여러 나라의 태반이 이미 한번 자유독립국이 되었던 일을 생각하시오. 또 필리포스와 동맹[35]하려는 마음이 없고 우리 아테네와 동맹[36]하려는 마음을 품은 적이 있음을 생각하시오.

【박식13】 其時에 「휘이립푸」가 萬若其勢도 弱ᄒᆞ고 同盟도 無ᄒᆞ야 諸君에게 敵對ᄒᆞ더라도 成功ᄒᆞᆯ 希望이 無ᄒᆞ얏더면 決코 今日成功의 榮光이 有ᄒᆞᆫ 彼의 企圖가 起치 못ᄒᆞ얏슬 것이오, 또 彼의 威勢가 今日如許ᄒᆞᆫ 絕頂에ᄂᆞᆫ 登치 못ᄒᆞ얏슬 것이오, 然이ᄂᆞ 彼ᄂᆞᆫ 우리의 第一要害ᄒᆞᆫ 地所가 戰士의 賞品이 되야 勝者의 手中으로 歸ᄒᆞᆯ 것을 知ᄒᆞ얏스며、守衛가 無ᄒᆞᆫ 領地ᄂᆞᆫ 自然히 戰場에 在ᄒᆞᆫ 人의 手中으로 歸ᄒᆞᆯ 것을 知ᄒᆞ얏스며 懦夫의 所有ᄂᆞᆫ 自然히 活潑大膽ᄒᆞᆫ 人의 所有가 될 쥴을 知ᄒᆞ얏ᄂᆞ니 彼가 各國을 征服흠도 全然히 此等感情에 刺激ᄒᆞ야 企圖가 出흠이올시다、

에 암살되었다. 재위 기간은 B.C.359~B.C.336이다.

34) 헬라스(Hellas): 고대 그리스인이 자국을 이르던 이름.

35) 필리포스와 동맹: 펠로폰네소스 전쟁(Peloponnesos War, B.C. 431.~B.C. 404.)에서 스파르타를 중심으로 하는 동맹인 '펠레폰네소스 동맹'을 말한다.

36) 아테네와 동맹: 펠로폰네소스 전쟁에서 아테네를 중심으로 하는 동맹인 '델로스 동맹'을 말한다.

【번역】그때 필리포스가 만약 기세도 약하고 동맹도 없이 여러분을 적으로 돌려 맞서 싸우더라도 성공의 희망이 없었다면, 지금 그는 영광스러운 성공을 위한 도모를 결코 하지 못했을 것이고, 또한 그의 위세도 지금과 같은 절정에 이르지 못했을 것입니다. 그러나 우리의 첫 번째 요충지는 전사의 전리품으로 승자의 손아귀로, 방어할 수 없는 영토는 전쟁에 참여한 사람의 손아귀로, 겁쟁이의 소유는 당연히 활발하고 대담한 사람의 소유로 돌아간다는 것을 그는 알고 있었습니다. 그가 각국을 정복한 것도 순전히 이와 같은 감정을 자극해서 계산한 덕분입니다.

【박식14】 우리 雅典國同胞諸君이여、諸君이 幸히 子의 說을 聽ㅎ야「휘일립푸」와 同樣의 感情을 持有ㅎ시면、諸君이 萬若 各各自己의 地位와 力量으로 홀 슈 잇는 되로 其力을 盡ㅎ고 其意를 勵ㅎ야 有用흔 人物이라는 稱譽를 得ㅎ랴 ㅎ시면、諸君中에 萬若富者가 國家를 爲ㅎ야 財産을 莫惜ㅎ고 經費를 誠實히 献納ㅎ시면、諸君中에 萬若少年이 花와 如흔 功名을 戰塲에 顯ㅎ랴 ㅎ시면、更히 簡單ㅎ게 言흘진딘 諸君이 萬若姑息心을 絕ㅎ고 自恃ㅎ는 氣像과 勇進ㅎ는 志槪를 奮發ㅎ시면、諸君은 반다시 神明의 冥助를 受ㅎ야 一朝에 見失흔 好機會를 更히 捕捉ㅎ야 諸君의 舊日領地를 回復ㅎ고 彼「휘일립푸」의 傲慢흔 罪를 膺懲ㅎ시리이다、

【번역】우리 아테네 국가 동포 여러분, 여러분이 다행히 제 말을 들어 필리포스와 똑같은 감정을 가지시면, 여러분이 만약 각각 자기의 지위와 역량으로 할 수 있는 대로 그 힘을 다하고 그 뜻을 북돋아

유용한 인물이라는 칭송을 얻으려 하시면, 여러분 중에 만약 부자가 국가를 위해 재산을 아끼지 말고 경비를 성실하게 헌납하시면, 여러분 중에 만약 소년이 꽃과 같은 공명을 싸움터에 드러내려 하시면, 다시 간단하게 말해 여러분이 만약 일시적 안일을 구하는 마음을 끊고 자신만만한 기상과 용왕매진하는 기개를 분발하시면, 여러분은 반드시 신명의 가호를 받아 하루아침에 잃어버린 좋은 기회를 다시 포착하여 여러분의 예전 영지를 회복하고 저 필리포스의 오만한 죄를 응징할 것입니다.

【박식15】아―, 우리 同胞諸君이여、그것은 그러ᄒ나 諸君은 何日何時로부터 如此ᄒ 勇氣를 鼓舞ᄒ시랴 ᄒ닛가, 可恐可畏ᄒ 事가 生ᄒ야 此를 警戒*ᄒ기ᄭᅵᆫ지ᄂᆫ 이디로 經過ᄒ시랴 ᄒ닛가, 必要ᄒ 事가 眉頭에 切迫ᄒ기ᄭᅵᆫ지ᄂᆫ 이디로 經過ᄒ시랴 ᄒ닛가、大抵諸君은 우리 現在의 情態를 如何ᄒ다고 思惟ᄒ심닛가、子ᄂᆫ 思ᄒ건ᄃᆡᆫ 自主自由의 人에게ᄂᆫ 恥辱을 受ᄒᄂᆫ 時만침 더 切迫ᄒ 危機ᄂᆫ 無ᄒ오이다、或은 諸君이 言ᄒ기를「휘일립푸」가 死ᄒ거ᄂᆞ 病ᄒ거ᄂᆞ ᄒ 報道를 姑待ᄒ다 ᄒ니、諸君이여 請컨ᄃᆡᆫ 注意ᄒ시오、「휘일립푸」가 病드ᄂᆫ 것이 諸君에게 무삼 關係가 有ᄒ오닛가, 設使「휘일립푸」가 死ᄒ얏다 홀지라도 諸君이 萬若如前히 各自의 利害를 輕忽히 ᄒ고 姑息心을 斷絶치 못ᄒ면 更히 第二「휘일립푸」가 來ᄒ오리다

*戎, 안국선: 戒, 독도 수정

【번역】아, 우리 동포 여러분! 그것은 그렇지만 여러분은 어느 날 어느 때에 이와 같은 용기를 드러내려 합니까? 두려울 만한 일이 일

어나 이것을 경계하기까지 이대로 벌어지게 두시려 합니까? 필요한 일이 눈앞에 닥칠 때까지 이대로 벌어지게 두시려 합니까? 여러분 은 대체로 우리의 현재 상태를 어떻게 생각하십니까? 제가 생각하 건대 자주적이고 자유로운 사람에게는 치욕을 받는 때만큼 더 절박 한 위기는 없습니다. 간혹 여러분은 '필리포스가 죽거나 병들었다는 소식을 우선 기다리겠다.'라고 합니다. 여러분, 주의하기 바랍니다. 필리포스가 병든 것이 여러분과 무슨 관계가 있습니까? 설사 필리 포스가 죽었다고 할지라도 여러분이 예전처럼 각자에게 닥칠 이익 과 손해를 경솔하게 따지고 일시적 편안함만 구하는 마음을 잘라내 지 못한다면, 제2의 필리포스가 다시 올 것입니다.

【박식 16】 甲은 絶叫ㅎ기를 「휘이립푸」가 「라세쎼몬」人과 結 ㅎ야 「세썃스」를 攻ㅎ리라 ㅎ며 乙은 斷言ㅎ기를 「휘일립푸」가 波斯王에게 使節을 送ㅎ리라 ㅎ며 丙은 眉을 響ㅎ야 言ㅎ기를 「휘일립푸」가 方今 「일리리아」의 形勢를 堅固케 ㅎ다 ㅎ니、諸 君이여 子는 實로 彼가 自己勢力에 心醉ㅎ야 各種妄想이 有ㅎ 을 信ㅎ니다만은、彼도 亦是一個周密ㅎ 策士라、엇지 吾人中 에 第一微弱ㅎ 者라도 能히 窺知홀 拙劣ㅎ 劃策을 顯出ㅎ리 오、諸君은 此等浮說을 齒牙에도 掛치 말고、다만 「휘이립푸」 가 吾人의 敵이라 思ㅎ시오、

【번역】 갑은 '필리포스가 라케다이몬[37] 사람과 동맹하여 테베[38]를

---

37) 라케다이몬(Lakedaimon): 스파르타를 가리키는 명칭.
38) 테베(Thebai): 그리스 보이오티아 지방에 있던 고대 도시 국가. 오이디푸스 왕 의 전설이 서린 곳이다.

공격하리라.'라고 절규하고, 을은 '필리포스가 페르시아 왕에게 사절을 보내리라.'라고 단언하며, 병은 '필리포스가 방금 일리리아[39]의 형세를 견고하게 한다.'[40]라고 눈썹을 찡그립니다. 여러분, 저도 참으로 그(필리포스)가 자기 세력에 심취하여 각종 망상에 사로잡혀 있다고 믿습니다. 하지만 그 역시 주도면밀한 책사인데, 어찌 우리 중에 제일 미약한 자라도 엿보아 알 수 있는 졸렬한 획책을 드러내겠습니까? 여러분은 이와 같은 낭설을 입에 올리지 말고, 오로지 필리포스가 우리의 적이라고 생각하십시오.

【박식17】 吾人이 오릭 彼에게 侮辱을 當흔 事를 思ᄒ시고, 希臘諸國이 吾人을 援助홀 쥴로 思ᄒᄂ 同時에 吾人을 敵對흔 事가 有홈을 思ᄒ서서, 吾人의 依賴홀 것은 다만 吾人뿐이라 思ᄒ시오, 쏘 吾人이 萬若「휘일립푸」를 敵對ᄒ야 外征에 從事치 아니ᄒ면 必然코 彼의 來襲를 逢홀 事를 思ᄒ시오, 吾人이 能히 此를 思ᄒ야 信ᄒ면 自然히 決心홀 것이 有ᄒ야 浮說에 被動치 아니ᄒ오리다, 然則吾人은 待홀 것도 無ᄒ고 求홀 것도 無ᄒ고 다만 左의 一事를 信홀지어다 吾人이 萬若當務에 注意ᄒ야 雅典國人됨에 恥치 아니흔 擧動을 ᄒ지 아니ᄒ면 災害가 又來ᄒ야 吾人을 襲ᄒ리라

【번역】 우리가 오랫동안 그에게 모욕당한 일을 생각하시고, 헬라스 여러 나라가 우리를 원조할 줄로 생각하는 동시에 우리를 적으로

---

39) 일리리아(Illyria): 발칸 반도의 북서부 지역.
40) 형세를 견고하게 한다: 필리포스가 일리리아를 점령하여 방어벽을 굳건하게 한다는 의미이다.

여기는 일이 있음을 생각해서 우리가 의지할 것은 오로지 우리뿐이라고 생각하십시오. 또 우리가 만약 필리포스를 적으로 여겨 밖으로 나가 싸우지 않는다면, 반드시 그가 습격해 올 것임을 명심하십시오. 우리가 능히 이것을 생각하여 확신할 수 있으면 자연히 마음을 굳건하게 하여 떠도는 소리에 동요하지 않을 것입니다. 그렇다면 우리는 기다릴 것도 없고 구할 것도 없고 다음의 한 가지 일만을 믿어야 할 것입니다. '우리가 만약 맡은 일에 집중하고 아테네 국민임에 부끄럽지 않게 행동하지 않는다면 재해가 다시 와서 우리를 습격할 것이다.'"

【박식18】總히 演說은 我의 意見을 陳述홈이 目的이나 其意見을 陳述홀 時에 言語를 操縱홈이 必要호니 半은 我의 意見을 言호고 半은 他의 意見을 言호야, 諸君은 如斯히 思호시겟지오, 諸君은 如此히 言호시겟지오, 그러나 如何如何혼 理由로 如此如此혼 結果가 生호겟스니, 如此호게 되는 時는 諸君이 如何히 호시랴 홈닛가, 호고 其後에 自己의 意見으로 結論홀지니 萬若如此혼 言語의 操縱이 無호고 다만 我의 意見은 如此호다고 陳述호기만 호면 決코 聽衆에게 感情을 與치 못홀지라 故로 他人의 思호는 것을 演혼 後에 我의 意見를 吐호야 決定호는 斷案을 下홈이 必要호도다 然이나 演說에 熟習치 못혼 者는 他人의 意見을 思홀 餘地가 無호고 다만 自己의 意見만 無味호게 述호는 故로 拍手喝采의 聲이 少혼 것이니 以上에 揭載혼 「데모스쎄니스」와 「쌔토릭크헨리─」의 演說을 反覆習讀호면 所得이 多홀진져

【번역】 총괄하면 연설은 나의 의견을 진술하는 것이 목적이나 그 의견을 진술할 때 언어를 부리는 것이 필요하다. 절반은 나의 의견을 말하고, 나머지 절반은 다른 사람의 의견을 말하여 "여러분은 이와 같이 생각하겠지요. 여러분은 이와 같이 말하겠지요. 그러나 어찌어찌한 이유로 이러이러한[41] 결과가 나왔으니, 이와 같이 될 때는 여러분은 어떻게 하려고 합니까?"라고 하고, 그 뒤에 자기의 의견으로 결론을 내린다. 만약 이와 같은 언어의 부림이 없고 다만 나의 의견은 이와 같다고 말하기만 한다면 결코 청중과 감정을 함께 하지 못할 것이다. 그러므로 다른 사람의 생각을 진술한 뒤에 나의 의견을 토로하여 결론짓는 판단을 내리도록 해야 한다. 그러나 연설을 익숙하게 연습하지 못한 자는 다른 사람의 의견을 생각할 여지가 없고, 자기의 의견만 무미하게 진술하기에 박수갈채의 소리가 작은 것이다. 이상에서 게재한 데모스테네스와 패트릭 헨리의 연설을 반복하여 연습하면[42] 얻는 것이 많을 것이다.

---

41) 어찌…이런저런: 논증(argumentatio)은 입론(confutatio)과 반론(refutatio)으로 구성된다는 수사학적 이론을 설명하는 대목이다. 즉, 논증이란 한편으로는 자신의 주장을 펼치고, 이에 대한 반박을 끌어들여서 다시 반박하고, 결론을 내는 과정이다.

42) 데모스테네스와…연습하면: 학교 수사학과 비교하여, 책을 많이 읽고 연습을 많이 하도록 지도하는 것은 키케로 시대에 개발된 교육 프로그램이다. 키케로의 《수사학(De Oratore)》속 안토니우스가 이 같은 입장을 잘 보여주고 있다.

演說과 感情

【감정 1】 人은 感情의 動物이니 演說홀 時에 맛당히 其感情에 訴ㅎ야 他의 感情을 動케 ㅎ기를 注意홀 것이라 感情을 與치 아니ㅎ는 演說은 암만 正當흔 事를 言홀지라도 衆人의 同情을 得ㅎ기 難ㅎ니 同情을 得ㅎ야 我의 意見을 貫徹ㅎ랴 ㅎ는 演說은 더욱 感情에 訴흠이 可ㅎ도다 「쌔―크」가 「헤스징스」 攻擊을 演說홀 時에 「에리쓴」 夫人이 此를 聽ㅎ다가 氣絕흠은 實로 其演說이 感情에 富흔 綠由라 宗敎改革의 大業을 成ㅎ야 世界에 有名흔 「마틘、루터」가 天下의 大勢力을 隻身으로 排除ㅎ고 改敎主義로 發表홀 時의 演說이 有ㅎ니 此는 其業을 上帝께 祈ㅎ는 演說이라

【번역】 연설과 감정

사람은 감정의 동물이다. 연설할 때 마땅히 감정에 호소하여 다른 사람의 감정을 움직이도록 신경 써야 한다. 감정을 동반하지 않는 연설은 아무리 정당한 일을 말할지라도 뭇사람으로부터 공감을 얻기 어렵다. 공감을 얻어 나의 의견을 관철하려는 연설은 더욱 감정에 호소함이 좋다. 버크[43]가 헤이스팅스[44]를 공격하는 연설을 할

------

43) 버크: 영국의 정치사상가인 에드먼드 버크(Edmund Burke, 1729~1797)를 말

때 셰리던[45] 부인이 듣다가 기절하였다. 이는 참으로 그 연설이 풍부한 감정을 동반했기 때문이다. 마틴 루터[46]는 종교개혁의 대업을 이룬 것으로 세상에서 유명하다. 그에게는 천하의 큰 세력[47]을 혈혈단신으로 맞서 종교개혁의 입장을 발표하는 연설이 있다. 이는 그 일을 하나님께 간청하는 연설[48]이다.

【감정 2】 오─、全能ᄒ신 하ᄂ님이여、至今世上은 엇더케 무서운 世界오닛가、보시오 世上이 我를 呑ᄒ랴고 其口를 開ᄒ얏습니다、아─、予는 信心이 薄ᄒ오이다、肉身은 如何히 弱ᄒ고 惡魔는 如何히 强ᄒ오닛가、予가 萬若 此世의 勢力을 依賴ᄒ진딘 我의 事가 벌셔 敗ᄒ얏겟습니다、我의 臨終日이 벌셔 來ᄒ얏겟습니다、我의 處刑을 벌셔 宣告ᄒ얏겟습니다、아─、하ᄂ님이여、此世의 勢力은 암만 强大ᄒ지라도 終來에는 滅亡ᄒᄂ 것이오、하ᄂ님의 勢力은 永遠히 無窮ᄒ오이다、世上의 智慧는 암만 多ᄒ지라도 하ᄂ님 智慧에 比ᄒ면 天地間의 一個 塵末이올시다、

한다.

44) 헤이스팅스: 영국의 정치가인 워런 헤이스팅스(Warren Hastings, 1732~1818)를 말한다.

45) 셰리던: 영국의 극작가인 리처드 셰리던(Richard Sheridan, 1751~1816)의 부인을 말한다.

46) 마틴 루터: 독일의 성직자인 마틴 루터(Martin Luther, 1483~1546)를 말한다

47) 큰 세력: 구교인 가톨릭을 말한다.

48) 연설: '루터의 겟세마니(gethsemane)'로도 알려진 이 기도는, 마틴 루터가 자신의 종교적 견해에 대한 보름스 의회(Reichstag zu Worms)에서의 심의를 기다리며 행한 것이라고 전해진다. 기도 시점은 문헌에 따라 전날 밤과 당일 아침으로 증언이 갈리며, 기도 날짜도 1521년 4월 14일부터 18일까지 다르게 기록하고 있다.

【번역】 오! 전능하신 하나님이여, 지금 세상은 얼마나 무서운 세계입니까? 보십시오, 세상이 우리를 삼키려고 그 입을 열었습니다. 아! 저는 믿는 마음이 박약합니다. 육신은 어찌하여 약하고 악마는 어찌하여 강합니까? 제가 만약 이 세상의 세력에 의지했다면 우리의 일은 벌써 패하였을 것이고, 우리의 임종일은 벌써 왔을 것이며, 우리의 처형은 벌써 선고되었을 것입니다. 아! 하나님이여, 이 세상의 세력이 암만 강대할지라도 결국에는 멸망하는 것이고, 하나님의 세력은 영원히 무궁할 것입니다. 세상의 지혜가 암만 많을지라도 하나님의 지혜에 비하면 천지간의 한낱 티끌일 뿐입니다.

【감정3】 아―、하ᄂ님이여、子를 助ᄒ여 世의 智慧를 勝케ᄒ시오、子를 助ᄒ리는 오즉主쑨이오니、大抵宗敎를 改革ᄒᄂ 此業이 我의 業이 아니라 實로 主의 業이올서다、子ᄂ 此世에 在ᄒ야、ᄒ랴 ᄒᄂ 事가 一個도 無ᄒ고、子ᄂ 此世의 有力ᄒ 者와 戰ᄒ기를 願치 아니ᄒ고、다만 平和와 幸福中에셔 經過ᄒ기를 望홀 쑨이오이다、그러나 하ᄂ님의 敎旨를 바로잡어 宗敎를 改革ᄒᄂ 此業은 主의 業이오、世世에 及홀 業이오니、子를 助ᄒ사 子로 하야곰 此業을 成케 ᄒ시옵소셔、오―、主여、子를 助ᄒ시오、信實ᄒ야 變흠이 無ᄒ 하ᄂ님이시여、世에 屬ᄒ 것은 總히 空然ᄒ 것이라 故로 子ᄂ 人을 信키 不能ᄒ오니、大抵 人에게 屬ᄒ 事ᄂ 足히 賴恃홀 것이 無ᄒ옵고、人을 因ᄒ야 成ᄒᄂ 事ᄂ 敗홀 것이올시다、

【번역】 아! 하나님이여, 저를 도와 세상의 지혜를 이기게 해주십시오. 저를 도울 분은 오직 주님뿐입니다. 무릇 종교를 개혁하는 일은

우리의 일이 아니라 그야말로 주님의 일입니다. 저는 이 세상에 살면서 하려고 하는 일이 하나도 없고, 저는 이 세상의 힘 있는 자와 싸우기를 원치 않습니다. 다만 평화와 행복 속에서 지내기를 바랄 뿐입니다. 그러나 하나님의 교지를 바로잡아 종교를 개혁하는 일은 주님의 일이고 대대로 보급할 일이니, 저를 도와 저로 하여금 이 일을 이루게 하시옵소서. 오! 주님이여, 저를 도와주십시오. 신실하여 변함이 없는 하나님이여, 세상에 속한 것은 다 헛된 것입니다. 그러므로 저는 사람을 믿을 수 없으니, 대저 사람에게 속한 일은 의지할 만한 것이 없고, 사람으로 인하여 이루는 일은 패할 것입니다.

【감정 4】 오—, 하ᄂᆞ님이여, 드르시지 아니ᄒᆞ심닛가, 우리 하ᄂᆞ님이 死ᄒᆞ셨슴닛가, 아니올시다 아니올시다, 하ᄂᆞ님은 永遠ᄒᆞ셔셔 始終이 無ᄒᆞ오니 死ᄒᆞᆯ 理가 無ᄒᆞ오이다, 우리 하ᄂᆞ님이 隱避ᄒᆞ셨슴닛가, 子는 하ᄂᆞ님이 此事業을 我에게 任ᄒᆞ심을 知ᄒᆞᆷ니다, 오—, 하ᄂᆞ님이여, 至愛ᄒᆞ시는 耶蘇基督을 爲ᄒᆞ야 子의 傍에 立ᄒᆞ시오, 大抵基督은 我의 城이오 我의 방픠오 我의 力이올시다, 主여, 主는 至今何處에 在ᄒᆞ시오닛가, 오—, 하ᄂᆞ님은 何處에 在ᄒᆞ신지, 來ᄒᆞ시오, 臨ᄒᆞ시오,

【번역】 오! 하나님이여, 듣지 않습니까? 우리 하나님이 돌아가셨습니까? 아닙니다, 아닙니다. 하나님은 영원하여 처음과 끝이 없으니, 죽는 이치가 없습니다. 우리 하나님이 피하여 숨었습니까? 저는 하나님이 이 일을 우리에게 맡기심을 압니다. 오! 하나님이여, 지극히 사랑하는 예수 그리스도를 위하여 저의 곁에 서주십시오. 대저 그리스도는 우리의 성벽이고 우리의 방패이며 우리의 힘입니다. 주님이

여, 주님은 지금 어디에 계십니까? 오! 하나님은 어디에 계시는지, 오십시오, 함께하십시오.

【감정 5】 子는 決心ᄒ얏슴니다、 主의 眞道를 爲ᄒ야 此身의 一命을 捧供ᄒ랴고 決心ᄒ얏슴니다、 此業은 主의 業인 故로 子는 羊과 如히 忍耐ᄒ야 決斷코 하나님 手下를 離치 아니ᄒ겟슴니다、 至今이던지 以後던지 決定코 離치 아니ᄒ겟슴니다、 世上에ᄂ 設使惡가 充滿ᄒᆯ지라도、 此身이 設使石上에 磨盡ᄒᆯ지라도、 此體가 비록 火中에 投ᄒ야 灰로 變成ᄒᆯ지라도、 決心코、 決斷코、 ……………………… 아ㅡ、 子의 靈은 主에게 屬ᄒ 것이니、 하ᄂ님이여、 子를 助ᄒ시오、 아멘

【번역】 저는 결심하였습니다. 주님의 참된 도리를 위하여 이 몸의 하나뿐인 목숨을 바치려고 결심하였습니다. 이 일은 주님의 일이기에 저는 양과 같이 인내하여 결단코 하나님 수중에서 떠나지 않겠습니다. 지금이건 이후건 절대로 떠나지 않겠습니다. 세상에 설령 악이 가득 찰지라도, 이 몸이 설령 돌 위에 닳아 없어지더라도, 이 몸뚱이가 비록 불 속에 던져져 재로 변할지라도, 결심하건대, 결단코 ……49), 아! 저의 영혼은 주님에게 속한 것이니, 하나님이여, 저를 도와주십시오. 아멘.

【감정 6】 如此ᄒ 演說을 聽ᄒ면 感情이 富ᄒᆷ을 知ᄒᆯ지라 感情에 訴ᄒᄂ 演說은 誰가 聽ᄒ던지 誰가 讀ᄒ던지、 아ㅡ、 悲慘ᄒ

---

49) ……: 강조를 위해서 숨을 멈추는 문장 부호이다.

다, 아―, 불상ᄒ다, 아―, 견딜슈업다, ᄒᄂᆞ 念이 起ᄒ야 自然
히 其說에 同情을 表ᄒ게 되ᄂᆞ니 演說者의 不可不注意ᄒ 것이
라

羅馬가 「시―사―」를 殺ᄒ고 共和國을 建設ᄒ 時에 「쌜루
타스」가 「시―사―」 殺害의 緣由를 演說ᄒᄆᆡ 「안토니」가 反對
演說로 「시―사―」를 爲ᄒ야 辯明ᄒ니 此兩人의 演說이 歷史
에 有名ᄒ 演說이오 ᄯ 感情에 訴홈이 多ᄒ기로 左에 揭ᄒ야
演說家의 叅考를 作ᄒ노라

【번역】 이러한 연설을 들으면 감정이 풍부함을 알 것이다. 감정에
호소하는 연설은 누가 듣든지 누가 읽든지, '아! 비참하다', '아! 불
쌍하다', '아! 견딜 수 없다'라는 생각이 일어나 자연히 그 연설에 공
감을 드러내게 되니, 연설자는 신경 쓰지 않으면 안 된다.

로마가 카이사르[50]를 살해하고 공화국을 건설할 때,[51] 브루투
스[52]가 카이사르의 살해 연유를 연설하자 안토니우스[53]가 반대 연

---

50) 카이사르: 로마의 군인·정치가인 율리우스 카이사르(Julius Caesar, B.C.100~B.
C.44)를 말한다. 크라수스·폼페이우스와 더불어 제1차 삼두 정치를 수립하였
으며, 갈리아와 브리타니아에 원정하여 토벌하였다. 크라수스가 죽은 뒤 폼페이
우스마저 몰아내고 독재관이 되었으나, 공화 정치를 옹호한 카시우스롱기누스,
브루투스 등에게 암살되었다.

51) 건설할 때: '유지하다'의 의미로, 이 시기는 공화국이 몰락하는 시기이다.

52) 브루투스: 고대 로마의 정치가인 마르쿠스 유니우스 브루투스(Marcus Junius
Brutus, B.C.85~B.C.42)를 말한다. 공화정 이념의 신봉자로, 기원전 44년에 카이
사르를 암살한 후 동방으로 세력을 뻗었으나 안토니우스, 옥타비아누스와의 싸
움에서 패하여 자살하였다.

53) 안토니우스: 고대 로마의 군인·정치가인 마르쿠스 안토니우스(Marcus Antonius,
B.C.82~B.C.30)를 말한다. 옥타비아누스, 레피두스와 함께 제2차 삼두정치를 성
립하였다. 동방원정에 전념하여 여러 주를 장악하고 군사·경제적으로 막강한
세력을 쌓았다. 이집트 여왕 클레오파트라를 아내로 삼고 옥타비아누스와의 악

설로 카이사르를 위하여 명확하게 변론하였다. 이 두 사람의 연설[54]
이 역사에 유명한 연설이고, 또 감정에 호소함이 많기에 아래에 실
어 연설가에게 참고할 수 있도록 만든다.

「쌀루타스」의 演說

【브루투스1】 우리 사랑ᄒᆞᄂᆞᆫ 羅馬의 同胞諸君이여、請컨딘 耳
를 澄ᄒᆞ야 暫間子의 所言을 靜聽ᄒᆞ시오、願컨딘 子도 名譽를
惜ᄒᆞᄂᆞᆫ 者로 知ᄒᆞ시고、子를 信ᄒᆞ시오、萬若子를 罪咎ᄒᆞ랴 ᄒᆞ
시거던 各其智慧에 自訴ᄒᆞ야 子를 咎ᄒᆞ시오、更히 一層善良ᄒᆞᆫ
判決者되기를 思ᄒᆞ시고 各自의 感覺을 喚起ᄒᆞ시오、萬若此座
中에 一人이라도 「시ㅣ사ㅣ」의 親友가 기시면 子는 其人에게
向ᄒᆞ야 一言을 申述ᄒᆞ겟슴니다「子가 「시ㅣ사ㅣ」를 愛ᄒᆞᄂᆞᆫ 情
이 決코 足下에 讓치 아니ᄒᆞ겟다」고 一言을 申述ᄒᆞ겟슴니다、
萬若其親友가 子를 向ᄒᆞ야「그러면 汝가 何故로 「시ㅣ사ㅣ」
를 殺ᄒᆞ얏ᄂᆞ냐」고 問ᄒᆞ시면、子는 荅ᄒᆞ겟슴니다、그것은 子가
「시ㅣ사ㅣ」를 愛ᄒᆞᄂᆞᆫ 情이 薄弱ᄒᆞᆫ 緣由가 아니오、羅馬를 愛
ᄒᆞᄂᆞᆫ 情이 一層更厚ᄒᆞᆫ 緣由ㅣ라고 荅ᄒᆞ겟슴니다、

티움 해전에서 패하여 자살하였다.
54) 두 사람의 연설: 브루투스의 연설과 뒤이어 나오는 안토니우스의 연설은 카이
　　사르의 최후를 그린 셰익스피어의 비극《줄리우스 시저(Julius Caesar)》3막 2장
　　을 발췌·각색한 것이다.

【번역】 브루투스의 연설

사랑하는 우리 로마의 동포 여러분, 청하옵건대 귀를 기울여 잠시 제가 말하는 바를 가만히 들어주십시오. 바라건대 저도 명예를 아끼는 자로 알아주시고 저를 믿어주십시오. 만약 저를 허물하려거든 저마다의 지혜에 스스로 호소하여 저를 허물하십시오. 또한 더욱 선량한 판결자가 되기를 생각하시고 각자의 감각을 불러일으키십시오. 만약 이 자리에 한 사람이라도 카이사르의 친한 친구가 있다면 저는 그 사람에게 한 말씀을 진술하겠습니다. 만약 그 친구가 저에게 '그러면 너는 무슨 까닭으로 카이사르를 살해하였느냐?'라고 물으시면, 저는 '그것은 제가 카이사르를 사랑하는 정이 박약한 연유가 아니라, 로마를 사랑하는 정이 더욱 두터운 연유입니다.'라고 대답하겠습니다.

【브루투스2】 足下여, 足下는 「시―사―」 一人이 死ᄒ고 自由의 人이 均生ᄒ는 것보담 「시―사―」 一人이 生ᄒ야 自由의 人이 総死ᄒ는 것을 願ᄒ심닛가, 아마, 그것은 願치 아니ᄒ리다, 「시―사―」가 予를 愛ᄒ기에 予는 彼를 爲ᄒ야 泣ᄒ얏슴니다, 「시―사―」가 幸運을 逢홀 時에 予는 此를 喜ᄒ얏슴니다, 「시―사―」가 豪毅ᄒ기에 予는 此를 褒譽ᄒ얏슴니다, 然ᄒ나 彼가 野心을 懷홈으로 予는 彼를 殺ᄒ얏슴니다, 그러ᄒ즉 彼의 愛에 對ᄒ야는 淚가 有ᄒ얏고 彼의 幸運에 對ᄒ야는 喜가 有ᄒ얏고, 彼의 豪毅에 對ᄒ야는 譽가 有ᄒ얏고, 彼의 野心에 對ᄒ야는 死가 有ᄒ얏슴니다.

【번역】 귀하여, 귀하께서는 카이사르 한 사람만 죽고 자유민이 모

두 사는 것보다, 카이사르 한 사람이 살아서 자유민이 모두 죽는 것을 원하십니까? 아마, 그것은 원하지 않을 것입니다. 카이사르가 저를 사랑하였기에 저는 그를 위하여 울었습니다. 카이사르가 행운을 만났을 적에 저는 이를 기뻐하였습니다. 카이사르가 굳세고 의젓하였기에 저는 이를 찬양하였습니다. 그러나 그가 야심을 품었기에 저는 그를 살해하였습니다. 그러한즉 그의 사랑에 대해서는 눈물이 있고 그의 행운에 대해서는 기쁨이 있으며, 그의 굳세고 의젓함에 대해서는 찬양이 있고 그의 야심에 대해서는 죽음이 있는 것입니다.

【브루투스3】 萬若此中에 奴隷를 甘作홀 卑屈흔 人이 有ㅎ오닛가、有ㅎ겨던 有ㅎ다 ㅎ시오 如此흔 人에 對ㅎ야는 子가 罪를 負ㅎ얏숩니다、萬若此中에 羅馬自由人됨을 不好ㅎ는 野蠻人이 有ㅎ오닛가、有ㅎ거던 有ㅎ다 ㅎ시오、如此흔 人에게 對ㅎ야는 子가 罪를 負ㅎ얏숩니다、萬若此中에 我國을 愛치 아니ㅎ는 賤劣흔 人이 有ㅎ오닛가〈、〉* 有ㅎ거던 有ㅎ다 ㅎ시오、如此흔 人에게 對ㅎ야는 子가 罪를 負ㅎ얏숩니다、子는 暫間演說을 中止ㅎ고 如此흔 人이 有ㅎ고 無흔 對答을 待ㅎ리니、果然有ㅎ오닛가、有ㅎ거던 有ㅎ다고 速히 答ㅎ시오、…………… 如斯흔 人은 一人도 無ㅎ오니 然則子는 何人에게도 罪를 負치 아니 ㅎ얏숩니다、
*有ㅎ오닛가, 안국선: 有ㅎ오닛가(、), 독도 첨가

【번역】 만약 이 자리에 노예를 달갑게 여길 비굴한 사람이 있습니까? 있거든 '있다'라고 하십시오. 이러한 사람에 대해서는 제가 죄를 짊어지겠습니다. 만약 이 자리에 로마가 자유민이 됨을 좋아하지 않

는 야만인이 있습니까? 있거든 '있다'라고 하십시오. 이러한 사람에 대해서는 제가 죄를 짊어지겠습니다. 만약 이 자리에 우리나라를 사랑하지 않는 못난 사람이 있습니까? 있거든 '있다'라고 하십시오. 이러한 사람에 대해서는 제가 죄를 짊어지겠습니다. 저는 잠깐 연설을 중지하고 이러한 사람이 있는지 없는지의 대답을 기다릴 것입니다. 정말 있습니까? 있거든 '있다'라고 빨리 대답하십시오⋯⋯. 이러한 사람은 한 사람도 없습니다. 그렇다면 저는 어떤 사람에게도 죄를 짓지 않았습니다.

【브루투스4】子가 「시—사—」에게 行한 事가 諸君이 子「쌜루타스」에게 行할 바보덤 多大홈이 아니올시다, 「시—사—」刺殺에 關한 問題는 大廟에 錄入하얏스니, 「시—사—」가 適當히 受할 光榮은 좀곰도 減少치 아니하고 「시—사—」의 罪는 死로 購하얏슨 즉 別노히 此를 罰할 必要가 無하오이다, 보시오 「시—사—」의 遺骸는 「안토니—」가 喪主되야 此處로 運來하랴 하니, 「안토니—」는 刺殺에 㕘與치 아니 하얏스나, 「시—사—」가 死홈으로 羅馬共和國의 一位置를 受할 것이오, 此와 同時에 子는 此席을 離하랴 홈니다, 其故는 子가 原來國利를 爲하야 我의 最愛하는 人을 殺하얏스나, 國家가 萬若子의 死를 望하면, 子는 彼의 短劍(시—사—를 殺하던 短劍)에 伏하야 死하오리다

【번역】제가 카이사르에게 행한 일은 여러분이 저 브루투스에게 행할 것보다 크지 않습니다. 카이사르를 찔러 죽인 것에 관한 문제는 신전에 기록하였습니다. 카이사르가 합당하게 받을 영광은 조금도

줄어들지 않고, 카이사르의 죄는 죽음으로 샀으니, 별도로 이것을
벌할 필요가 없습니다. 보십시오. 카이사르의 유해는 안토니우스가
상주가 되어 이곳으로 운반하려 합니다. 안토니우스는 찔러 죽인 일
에 참여하지 않았지만, 카이사르가 죽음으로 말미암아 로마공화국
의 첫째 지위를 받을 것입니다. 이와 동시에 저는 이 자리를 떠나려
합니다. 그 이유는 제가 원래 국가의 이익을 위하여 우리의 가장 사
랑하는 사람을 살해하였지만 국가가 만약 저의 죽음을 바라면, 저는
그의 단검(카이사르를 죽였던 단검)에 엎어져 죽을 것입니다.

「안토니―」의 演說

【안토니우스 1】 滿塲諸君이여、諸君은 請컨틴 耳를 傾ᄒᆞ야 子
의 言을 聽ᄒᆞ시오、子가 此處에 來홈은 「시―사―」를 頌揚ᄒᆞ
랴고 來흔 것이 아니라、「시―사―」를 埋葬ᄒᆞ기 爲ᄒᆞ야 來흔
것이올시다

元來、人의 惡事는 其醜名을 永久히 傳ᄒᆞ지만은 人의 善事
는 其人의 屍體와 共히 地下에 埋沒되는 事ㅣ 多ᄒᆞ오니、「시―
사―」의 事가 쏘흔 如此ᄒᆞ도다、前論者「쌜루타스」는 「시―
사―」를 指ᄒᆞ야 野心을 抱흔 奸雄이라 ᄒᆞ나 子는 「시―사―」
의 性行을 熟知ᄒᆞᄂᆞ니、彼는 正義를 重히 ᄒᆞ는 仁人이오 吾人
의 良友올시다、彼가 屢屢히 戰을 勝ᄒᆞ고 凱歌를 奏ᄒᆞ야 羅馬
로 歸홀ᄉᆡ、其歸홀 時마다 俘虜가 道에 連ᄒᆞ고 償金이 庫에 盈

ᄒ얏스며、貧苦흔 人이 彼에게 泣訴ᄒ면 彼ㅣ 쏘흔 潛然히 涙를 下ᄒ얏ᄂ니、奸雄의 眼에 엇지 如此흔 涙가 有ᄒ며、奸雄의 心에 엇지 如此흔 仁이 有ᄒ리오、此仁이 有ᄒ고 쏘 此涙가 有흔 「시—사—」를 「쏄루타스」ᄂ 指ᄒ야 野心을 抱흔 奸雄이라 ᄒ니、大君子 「쏄루타스」의 言은 予輩가 小人이 知得키 難ᄒ오이다、

【번역】 안토니우스의 연설

민회의 광장을 가득 메운 여러분, 여러분은 귀를 기울여 제 말을 들어보십시오. 제가 이곳에 온 것은 카이사르를 찬양하려고 온 것이 아니라, 카이사르를 묻기 위해 온 것입니다.

원래, 사람의 추악한 일은 그 악명을 영구히 전하지만 사람의 선한 일은 그 사람의 시체와 함께 지하에 매몰되는 일이 많으니, 카이사르의 일 또한 이와 같습니다. 앞서 말한 브루투스는 카이사르를 가리켜 '야심을 품은 간웅이다'라고 하였습니다. 하지만 카이사르의 성품과 행실을 익히 알고 있으니, 그는 정의를 매우 소중하게 여기는 어진 사람으로 우리의 좋은 벗입니다. 그가 여러 번 싸움에 이기고 개선가를 울리며 로마로 돌아왔기에 그가 돌아올 때마다 포로가 길가에 줄지었고 상금이 수레에 가득하였으며, 빈곤한 사람이 눈물로 하소연하면 그 또한 주르륵 눈물을 흘렸습니다. 간웅의 눈에 어찌 이러한 눈물이 있으며, 간웅의 마음에 어찌 이러한 인자함이 있으리오? 이런 인자함이 있고 또 이런 눈물이 있는 카이사르를 브루투스는 가리켜 '야심을 품은 간웅이다'라고 하니, 대군자 브루투스의 말은 우리와 같은 소인이 알기 어렵습니다.

【안토니우스2】諸君이 共知ㅎ심과 如히 「시ー사ー」가 「류쌔칼」祭에 臨ㅎ얏슬 時에 予가 王冠을 三次나 捧呈ㅎ얏스나 彼는 三次를 辭斥ㅎ얏슴니다、然이나 「쏠루타스」는 彼를 指ㅎ야 野心을 抱흔 奸雄이라 ㅎ니、大君子 「쏠루타스」의 言은 予輩 小人이 解知키 不能ㅎ오이다、予는 敢히 「쏠루타스」의 言을 誹駁흠이 아니라、다만 予의 知ㅎ는 것과 思ㅎ는 것을 直言홀 쑨이니、諸君이 「시ー사ー」를 愛흠은、其愛ㅎ는 理由가 無치 못홀지라、諸君이 愛홀 理由가 有ㅎ야 彼를 愛흠이 아니 오닛가、彼를 愛흔 理由는 彼를 弔홀 理由와 同一치 아니 ㅎ오닛가、아ー、諸君이여、諸君이 至今 此를 如何히 判斷ㅎ시랴오、何故로 判斷力이 無ㅎ시오、諸君의 道理가 其光을 已*失ㅎ얏슴닛가、諸君이여、予의 心은 予를 脫ㅎ야 「시ー사ー」의 棺으로 入ㅎ얏스니、予가 言코즈 ㅎ되 言ㅎ기 不能흠을 奈何오

*己, 안국선: 已, 독도 수정

【번역】 여러분이 다 아는 것과 같이 카이사르가 루페르쿠스제[55)에 임하였을 때, 제가 왕관을 세 차례나 받들어 바쳤으나 그는 세 차례나 사양하여 물리쳤습니다. 그러나 브루투스는 그를 가리켜 ‘야심을 품은 간웅이다’라고 하니, 대군자 브루투스의 말은 우리와 같은 소인이 이해하기 불가능합니다. 저는 감히 브루투스의 말을 비방하며 반박하는 것이 아니라, 다만 저의 아는 것과 생각하는 것을 직언할 뿐입니다. 여러분이 카이사르를 사랑함은, 그 사랑하는 이유가 없

---

55) 루페르쿠스(Lupercus)제: 고대 로마의 다산과 풍요의 신 루페르쿠스를 위해 매년 2월 15일에 행해졌던 제전.

지 않습니다. 여러분이 사랑하는 이유가 있어 그를 사랑함이 아닙니까? 그를 사랑하는 이유는 그를 조문할 이유와 동일하지 않습니까? 아! 여러분, 여러분이 지금 이것을 어떻게 판단하려 합니까? 무슨 이유로 판단력이 없습니까? 여러분의 도리가 그 빛을 이미 잃어버렸습니까? 여러분, 저의 마음은 저를 벗어나 카이사르의 관으로 들어갔습니다. 제가 말하려고 해도 말할 수 없으니 어찌합니까?

【안토니우스3】 昨日에는 「시―사―」의 一言이 能히 天下를 震動ᄒ더니 今日에는 彼가 地에 伏ᄒ야 匹夫도 敬禮치 아니ᄒ는도다 엇지 昨에는 是ᄒ고 今에는 非ᄒ리오 然이나 「시―사―」를 殺ᄒ 「쌜루타스」와 「카샤스」는 當世의 大君子라、大君子에게 不敬을 當홈보다 ᄎ라리 死人에게 不敬을 當ᄒ고、諸君에게 不敬을 當ᄒ고, 子、自身에게 不敬을 當홈이 安全ᄒ니 安全策을 執홀가、危急策을 取홀가、此 ｜ 子의 疑問이올시다、

【번역】 어제는 카이사르의 한마디가 거뜬히 천하를 뒤흔들더니, 오늘은 그가 땅에 엎어져 필부도 예를 갖추지 않습니다. 어찌 어제는 옳고 오늘은 그르단 말입니까? 그러나 카이사르를 살해한 브루투스와 카시우스[56]는 지금 세상의 대군자입니다. 대군자를 욕되게 하느니 차라리 죽은 사람을 욕되게 하고, 여러분을 욕되게 하며, 저 자신을 욕되게 하는 것이 안전합니다. 안전한 계책을 시행할 것인가 위급한 계책을 취할 것인가, 이것이 바로 저의 의문입니다.

---

56) 카시우스: 카이사르 암살 주모자인 카시우스 롱기누스(Cassius Longinus, ?~B.C.42)를 말한다.

【안토니우스4】 茲에 子가 「시―사―」의 書를 示하리니、此는 「시―사―」의 押印한 遺書라、此遺書는 子가 其書室에서 發見한 것인되、子가 今에 此를 讀하기 不忍하나、諸君으로 하야곰 此를 讀케하면、諸君의 感動이 果然如何하오릿가、諸君이 此書를 讀하시면、必然코 諸君中에는 彼의 屍體를 擁하고 其創傷處에 接吻하는 人이 有하오리다、諸君中에는 必然코 手巾을 出하야 彼의 傷處에셔 流出하는 鮮血을 浸하는 人이 有하오리다、諸君中에는 必然코 彼의 鬢邊의 一髮이라도 求得하야 貴重한 記念을 作하고 此를 子子孫孫에게 傳하랴 하는 人이 有하오리다

【번역】 이에 제가 카이사르의 글을 보여주겠습니다. 이것은 카이사르의 도장이 찍힌 유서입니다. 이 유서는 제가 그의 서실에서 발견한 것입니다. 제가 지금 이것을 차마 읽을 수 없지만, 여러분에게 이것을 읽게 하면 여러분의 감동이 과연 어떠하겠습니까? 여러분이 이 글을 읽으면 반드시 여러분 중에 그의 시체를 끌어안고 칼에 찔린 상처에 입맞춤하는 사람이 있을 것입니다. 여러분 중에는 반드시 수건을 꺼내어 그의 상처에서 흘러내리는 선혈을 적시는 사람이 있을 것입니다. 여러분 중에는 반드시 그의 구레나룻 한 터럭이라도 얻어 귀중한 기념으로 여기고, 이를 자손만대에 전하려는 사람이 있을 것입니다.

【안토니우스5】 諸君이여、男子가 淚를 灑함은 灑홀 時가 有하야 灑하느니 今日如此한 事에 對하야 灑치 아니 하면 如何한 時에 灑하랴 함닛가、보시오、諸君이여、此衣는 「시―사―」

가「넬쎄아이」族을* 征服ᄒ던 夏夜에 陣營에셔 納凉홀 時에、其身에 着ᄒ얏던 上衣올시다、當時에「시―사―」가 如何히 雄偉ᄒ얏스며、如何히 牡嚴ᄒ얏슴닛가、諸君이여、此上衣의 創傷處를 見ᄒ시오、此處는「카샤스」의 短刀로 刺裂흔 것이오、此處는「캬스카」의 懷劍으로 突斬흔 것이오、此處는「쌜루타스」의 短刀가 直入흔 것이니、此에 印흔 血痕은「쌜루타스」가 刺入ᄒ얏던 短刀를 引扳홀 時에 其刃邊으로 淋漓히 滴下흔 「시―사―」의 鮮血이올시다、

* 올, 안국선: 을, 독도 수정

【번역】 여러분, 남자가 눈물을 뿌리는 것은 뿌릴 때가 있어 뿌리는 것입니다. 오늘 이러한 일에 대해 뿌리지 않으면 어느 때에 뿌리려 합니까? 보십시오, 여러분. 이 옷은 카이사르가 네르비족57)을 정복하던 여름밤에 진영에서 더위를 식힐 때, 자기 몸에 걸쳤던 윗도리입니다. 당시에 카이사르가 얼마나 우람하고 얼마나 장엄하였습니까? 여러분, 이 윗도리의 칼에 찔린 곳을 보십시오. 이곳은 카시우스의 단도로 찌르고 찢은 것이오. 이곳은 카스카58)가 품었던 검으로 뚫고 벤 것이오. 이곳은 브루투스의 단도가 직접 들어간 것이니, 여기에 찍힌 핏자국은 브루투스가 찔렀던 단도를 당겨 뺄 때 그 칼날 주변으로 흥건하게 떨어지는 카이사르의 선혈입니다.

【안토니우스6】 아―、「시―사―」를 殺홈은 엇지「카샤스」의

---

57) 네르비(Nervii)족: 현재 벨기에 영토에서 활동하였던 갈리아 부족의 일족이다.
58) 카스카: 카이사르의 암살에 가담했던 푸블리우스 세르윌리우스 카스카(Publius Servilius Casca, B.C.?~B.C.42)를 말한다.

短刀라 謂ᄒᆞ오릿가、엇지「캬스카」의 懷劒이라 言ᄒᆞ오릿가、
「시―사―」를 殺흔 것은 實로 恩을 忘ᄒᆞ고 義를 負흔「쌀루타
스」의 心이라 謂ᄒᆞ겟습니다、此心으로「시―사―」의 心을 刺
ᄒᆞ니、千百劒刃보다 銳ᄒᆞ고 毒흔지라、事가 此에 至ᄒᆞᄆᆡ「시―
사―」도 奈何치 못훌 것을 知ᄒᆞ고 自己의 보기 실흔 死顔을 掩
ᄒᆞ랴고 此上衣의 袖로 其顔을 覆ᄒᆞ야 其中에도 敗軍之將「폰
페이」像下에서 斃倒ᄒᆞ얏습니다、

【번역】 아! 카이사르를 살해한 것이 어찌 카시우스의 단도라 할 수
있습니까? 어찌 카스카가 품었던 검이라 말할 수 있습니까? 카이사
르를 살해한 것은 참으로 은혜를 잊고 의리를 저버린 브루투스의
마음이라 할 수 있습니다. 이 마음으로 카이사르의 마음을 찔렀으
니, 수천수백의 칼날보다 예리하고 매섭습니다. 일이 여기에 이르러
카이사르도 어쩌지 못할 것을 알고, 보여주기 싫은 자기의 죽은 얼
굴을 감추려고 이 윗도리의 소매로 그 얼굴을 덮어 그중에서도 패
전한 장군 폼페이우스59) 조각상 아래에 거꾸러져 죽었습니다.

【안토니우스 7】 아―、「시―사―」의 斃흠이여、大ᄒᆞ도다、
「시―사―」의 斃흠이여、彼ㅣ 一個人만 斃흔 것이 아니라、辯
士된 予輩던지、傍聽者된 諸君이던지、羅馬全國民이 다「시―
사―」*와 共히 斃흔 것이올시다、諸君이여、請컨된 泣흠을 止
ᄒᆞ시오、空然히 淚를 垂치 마시오、男子의 淚ᄂᆞᆫ 一滴千金의 價

---

59) 폼페이우스: 고대 로마의 장군 · 정치가인 폼페이우스 마그누스 그나이우스
(Pompeius, Magnus Gnaeus, B.C.106~B.C.48)를 말한다.

値가 有ᄒ니, 諸君이 一滴千金의 淚를 惜치 아니ᄒ고 此上衣
에 灑흠은 何益이 有ᄒ오릿가, 此上衣ᄂ「시―사―」가 아니올
시다, 諸君은 請컨딘 來ᄒ야「시―사―」의 死體를 觀ᄒ시오、
아―、予ᄂ 참아 言ᄒ 슈 업슴니다
*「시-시-」, 안국선:「시-사-」, 독도 수정

【번역】 아! 카이사르의 거꾸러짐이여, 위대하도다. 카이사르의 거
꾸러짐이여, 그 한 개인만 거꾸러진 것이 아니라, 연설자가 된 우리
든지 방청자가 된 여러분이든지, 로마 전 국민이 다 카이사르와 함
께 거꾸러진 것입니다. 여러분이여, 울음을 그치십시오. 공연히 눈
물을 떨구지 마십시오. 남자의 눈물은 한 방울이 천금의 가치가 있
으니, 여러분이 한 방울이 천금인 눈물을 아까워하지 않고 이 윗도
리에 뿌림은 어떤 이익이 있습니까? 이 윗도리는 카이사르가 아닙
니다. 여러분은 와서 카이사르의 주검을 살펴보십시오. 아! 저는 차
마 말할 수 없습니다.

【안토니우스8】 善良ᄒ 諸君이여、從順ᄒ 諸君이여、予ᄂ 諸
君의 氣를 呼ᄒ고 諸君의 心을 動ᄒ야 諸君으로 ᄒ야곰 反旗
를 擧케 ᄒᄂ 等事ᄂ 願치 아니ᄒᄆ니다、「시―사―」를 殺ᄒ 刺
客은 總히 現世의 大君子라 或은 悔ᄒ고 或은 悲ᄒᄂ 者ㅣ 無
ᄒ다고 斷言키ᄂ 不能ᄒ지만은、彼等刺客이 必然코 道理로
써 諸君에게 씀ᄒ며 雄辯으로써 諸君에게 臨ᄒ야 巧言으로 能
히 自己의 行爲를 辯護ᄒ리이다、予ᄂ 訥辯이오 淺學이라、「쌀
루타스」에 比ᄒ 슈 업스오이다만은 予ᄂ 다만 諸君 압헤 來ᄒ
야「시―사―」의 死를 吊ᄒ고 「시―사―」의 屍體를 拜ᄒ고

「시―사―」를 爲ᄒ야 訴ᄒ을 쌘이올시다

【번역】 선량한 여러분이여, 유순한 여러분이여, 저는 여러분의 기운을 부르고 여러분의 마음을 움직여 여러분에게 반기를 들게 하는 그런 일은 원하지 않습니다. 카이사르를 살해한 자객은 모두 현재의 대군자라서 뉘우치거나 슬퍼하는 사람이 없다고 단언할 수 없습니다. 하지만 저들 자객은 반드시 도리를 내세워 여러분에게 답하고, 웅변으로써 여러분에게 임하여 교묘하게 꾸민 말로 거뜬히 자기의 행위를 변호할 것입니다. 저는 말솜씨가 서툴고 학식이 얕아, 브루투스에 견줄 수 없습니다. 저는 다만 여러분 앞에 와서 카이사르의 죽음을 조문하고, 카이사르의 주검에 절하며, 카이사르를 위하여 하소연할 뿐입니다.

【안토니우스9】 그러ᄒ나 予가 萬若「쌀루타스」와 如ᄒ 才智와 雄辯과 度量이 有ᄒ얏더면 滔滔數千言으로「시―사―」의 血을 啜ᄒ야 說來說去ᄒ겟습니다、그러ᄒ 地境이면 다만 諸君의 精神을 攪亂ᄒ을 쌘 아니라、아마 羅馬國內의 無心無情ᄒ 木石이라도 能히 起ᄒ야 鯨波가 地를 捲ᄒ고 吶喊이 天을 衝ᄒ리이다

以上兩人의 演說을 觀ᄒ면「쌀루타스」의 辯明이 何其巧妙ᄒ며「안토니―」의 反對가 何其强毅ᄒ뇨 詳言치 아니ᄒ 속에 自然히 辯明되고 激怒치 아니ᄒ 言에 自然히 反駁되야 抑揚ᄒ는 說과 頓挫ᄒ는 言과 擒縱ᄒ는 法이 可히 衆人으로 ᄒ야곰 感動케 ᄒ리니 演說에 留意ᄒ는 者ㅣ此를 暗誦ᄒ면 如何ᄒ 演說에던지 適用ᄒ야 他人의 同情을 得ᄒ기 易ᄒ리로다

【번역】 그렇지만 제가 만약 브루투스와 같은 재주와 슬기, 웅변과 도량이 있었다면 거침없는 수천 마디 말로 카이사르의 피를 마셔 장황하게 설명하겠습니다. 그럴 지경이면 비단 여러분의 정신을 뒤흔들어 어지럽게 할 뿐만 아니라, 아마 로마 국내의 무심하고 무정한 목석같은 자라도 거뜬히 일어나서 큰 물결을 이뤄 땅을 휘말아 오고 그 함성이 하늘을 찌를 것입니다.”

이상으로 두 사람의 연설을 살펴보면 브루투스의 분별하여 밝힘이 어찌 그리 교묘하며, 안토니우스의 동의하지 않음이 어찌 그리도 강직한가? 자세하게 말하지 않는 가운데 자연스럽게 분별하여 밝히고, 격노하지 않는 말에 자연스럽게 반박되어, 높이고 낮추는 주장과 멈추고 바뀌는 어조와 긴장시키고 완화하는 화법이 넉넉히 뭇사람을 감동하게 할 것이다. 연설에 마음을 둔 자가 이것을 암송하면 어떠한 연설이든지 적용하여 다른 사람의 공감을 얻기 쉬울 것이다.

演說의 熟習

【숙습1】 歐米各國에는 人物傳으로 講演ᄒ는 法이 有ᄒ니 近時에 著名ᄒᆫ 것으로 言ᄒᆯ지라도 「간쏘라스」의 「사붜나로라」 講演과 「스콧쏠」의 「링코룬」 講演等은 世人이 嘖嘖稱揚ᄒ는 것이니 米國에 留學ᄒᆫ 友人의 說을 聞ᄒᆫ 즉 米國에 在ᄒᆯ 時에 「간소라스」의 「사붜나로라」傳 演說을 聽ᄒ얏다는되 句句節節이 眞「사붜나로라」가 活動ᄒ는 것과 如히 說來ᄒ다가 「사붜나로라」가 當時에 宗敎界弊習을* 痛擊ᄒ고 羅馬法王을 論駁ᄒᆯ 時에 至ᄒ야는 電이 馳ᄒ고 雷가 轟홈과 如히 堂宇가 震動ᄒ는 듯ᄒ고 衆人은 魂을 失ᄒ야 恰似히 「사붜나로라」가 面前에서 活躍ᄒ는 듯ᄒ더라 ᄒ니 實로 然ᄒᆫ지라 人物傳의 演說이 人을 笑케 ᄒ며 人을 泣케 ᄒ야 無限ᄒᆫ 感動이 起케 ᄒ기는 第一 有力ᄒᆫ 것이라

*올, 안국선: 을, 독도 수정

【번역】 연설의 숙습

유럽과 아메리카에는 인물전으로 강연하는 방법이 있다. 근래에 저명한 것만 보더라도 건솔라스[60]의 사보나롤라[61] 강연과 스코틀

---

60) 건솔라스: 프랭크 건솔라스(Frank Wakeley Gunsaulus, 1856~1921)를 말한

의 링컨[62] 강연 등은 세상 사람들이 혀를 내두르며 찬양하는 것이다. 미국에 유학한 친구[63]의 말을 들으니, 미국에 있을 적에 건솔라스의 〈사보나롤라전〉 연설을 들었다고 한다. 모든 구절이 실제로 사보나롤라가 활동하는 것처럼 말하다가, 사보나롤라가 당시 종교계 악습을 통렬하게 꾸짖고 로마 교황[64]을 논박함에 이르러서는 번개

다. 미국의 유명한 목사이자 설교자이며 Armour Institute of Technology(현재 일리노이 공과대학)의 초대 총장을 역임했다. 미시간 홀랜드에서 발행된 신문(Holland City News)에는 건솔라스의 사보나롤라에 대한 강연을 홍보하는 내용이 실려 있다. "F. W. Gunsaulus 박사는 3월 15일 그의 가장 인기 있는 주제인 '사보나롤라'에 대해 강의할 예정입니다. 우리는 가장 언변이 뛰어난 동시에 이 도시를 방문한 가장 비싼 강연자를 구했습니다. ⋯ 일반 좌석 가격과 지정석 가격은 엄격하게 50센트입니다.(Dr. F. W. Gunsaulus will lecture on "Savonarola", his most popular subject, March 15. In him we secure the most eloquent and at the same time the most expensive lecturer that ever visited the city. ⋯ General, as well as reserved seat prices will, therefore, be strictly 50 cents.), Holland City News, 1892년 3월 5일"

61) 사보나롤라: 이탈리아의 도미니크회의 수도사이자 종교개혁가인 지롤라모 사보나롤라(Girolamo Savonarola, 1452-1498)를 말한다.

62) 링컨: 미국의 제16대 대통령인 에이브러햄 링컨(Abraham Lincoln, 1809~1865)을 말한다.

63) 미국에 유학간 친구: 이 친구가 누구인지는 밝히지 않았다. 안국선은 당대 많은 지식인과 활발하게 교류했는데, 안국선과 인연이 있으면서 《연설법방》 집필 당시 미국에서 유학하던 사람 중에는 대한민국 초대 대통령 이승만(李承晩, 1875~1965), 감리교 지도자로 활동했던 신흥우(申興雨, 1883~1959), 임시정부 초대 외무총장을 맡았던 박용만(朴容萬, 1881~1928) 등이 있다. 세 사람은 안국선과 함께 감옥생활을 하고 이후에 편지를 돌려 연락하던 윤회통신의 멤버였다. "안국선 씨는 당시에 감옥서에 함께 있던 여러 친구와 친근한 정을 서로 통하고자 '윤회통신'이라는 제도를 마련하였는데, 이것은 가령 안국선 씨가 편지한 장을 써서 어느 친구에게로 보내면, 그 친구는 안국선 씨의 편지를 보고 또 자기가 편지 한 장을 만들어 안국선 씨의 편지와 동봉하여 또 다른 친구에게로 보내어⋯, 신한민보, 1911년 3월 8일 〈輪回通信〉"

64) 교황: 르네상스기의 214대 로마 교황인 알렉산데르 6세(Alexander VI, 1431~1501)를 말한다.

가 치고 우레가 울리는 것처럼 집이 진동하는 듯하고 많은 사람은 넋을 잃어 흡사 사보나롤라가 눈앞에서 활약하는 듯하였다고 한다. 정말로 그렇다. 인물전의 연설이 사람을 웃게 하며 사람을 울게 하여 끝없는 감동이 일어나게 하는 제일 힘 있는 것이다.

【숙습2】然이나 此는 熟習치 아니 ᄒ면 不能ᄒ니 「스콧똘」의 「링코룬」傳 演說은 其草稿와 一言一句도 異흠이 無ᄒ다 ᄒ즉 其熟習흠을 可知로다. 聞ᄒ즉 「스콧똘」氏가 其草稿로 二十年을 練習ᄒ고 演壇에 登ᄒ야 演說흠이 百回에 已過ᄒ얏다 ᄒ니 其講演에 著名흠이 엇지 偶然ᄒ 것이리요. 此等有名ᄒ 專門的 演說은 聽衆이 米貨二弗이ᄂ 三弗의 入塲金을 不惜ᄒ고 此를 聽ᄒ랴 ᄒ야 集ᄒᄂ 者ㅣ 恒常幾千名으로 數ᄒ며 同一ᄒ 演說을 數次聽흘지라도 聽흘 時마다 同一ᄒ 感動이 起흔다 ᄒ니 如此ᄒ기에 至흠은 辯士의 熱心과 熟習ᄒ 結果에셔 出흠이라 然則演說은 熟習흘 必要가 有흠이 分明ᄒ도다

【번역】 그러나 이것은 숙련하지 않으면 잘할 수 없다. 스코틀의《링컨전》연설은 그 초고와 한마디 말이나 글귀도 다름이 없다고 하니, 그 숙련함을 알 수 있다. 들어보니 스코틀이 그 초고로 20년을 연습하고 연단에 올라 연설한 것이 100회를 훨씬 넘었다고 하니, 그 강연에 저명함이 어찌 우연한 것이겠는가? 이들 유명한 전문적 연설은 청중이 미국 화폐 2달러나 3달러의 입장료를 아끼지 않고 이를 들으려 하여 모이는 자가 항상 수천 명을 헤아리며, 같은 연설을 여러 번 듣더라도 들을 때마다 같은 감동이 일어난다고 한다. 이와 같은 수준에 이른 것은 연사의 열성적이고 숙련한 결과에서 나온 것

이다. 그렇다면 연설은 숙련할 필요가 있음이 분명하다.

演說의 終結

【종결】 演說을 畢了ᄒ고 下壇ᄒᆯ 時에 本題의 說明을 終結ᄒ고 直時下壇ᄒ야 贅言을 不要ᄒ되 形式上의 演說은 形式上의 言語를 用홈이 必要ᄒ니 假令

滋味잇ᄂᆫ 말삼이 多ᄒ오나、時間이 不足ᄒ오니、後日에 機會가 有ᄒ면 다시 演說ᄒ겟습니다、

ᄒ고십흔 말슴이 多ᄒ오나 演說 잘 ᄒᄂᆫ 辯士가 予의 後에 在ᄒ야 予의 演說이 얼는 끗나기를 待ᄒ오니 予가 此를 妨碍ᄒᄂᆫ 것도 ᄯᅩ흔 未安ᄒ야 그만둠니다

잘 못ᄒᄂᆫ 演說은 簡短흔 것이 조흔지라、그만ᄒ고 他人의 演說을 聽홉시다

如此흔 語調로 演說을 畢ᄒ면 좀 더 드럿스면 ᄒᄂᆫ 感動을 聽衆에게 與ᄒ야 影響이 隱然히 不少ᄒ니라

【번역】 **연설의 끝맺음**

연설을 마치고 연단을 내려올 때 주요 논점의 설명을 종결하고 즉시 연단을 내려와서 군더더기 말을 해서는 안 되며, 형식상의 연설은 형식상의 언어를 사용함이 필요하다. 예를 들면,

"재미있는 말이 많으나 시간이 부족하니, 나중에 기회가 있으면 다시 연설하겠습니다."

“하고 싶은 말이 많으나 연설을 잘하는 연사가 저의 뒤에 있어 제 연설이 얼른 끝나기를 기다리니, 제가 이것을 방해하는 것도 미안하여 그만둡니다.”

“잘 못하는 연설은 간단한 것이 좋기에, 그만하고 다른 사람의 연설을 들읍시다.”

이러한 어조로 연설을 마치면 좀 더 들었으면 하는 감동을 청중에게 주어 반응이 은연중에 적지 않을 것이다.

演說 사례

學術講習會의 演說

【학술1】 諸君、我國에 第一急히 獎勵홀 事業이 무엇임닛가、商業도 獎勵ᄒ여야 홀 것이오、工業도 獎勵ᄒ여야 홀 것이오、農業도 獎勵ᄒ여야 홀 것이지만은 本人은 敎育獎勵가 가장 焦眉의 急務로 思홈니다、大抵敎育이 無ᄒ면 愛國精神도 起홀 슈 업고、義勇奉公의 念도 生홀 슈 업고、그쑨 아니라、或은 職業을 怠ᄒ고 或은 惡人群中에 入ᄒ야 法網을 犯ᄒᄂ 者가 多홀 것이올시다、人類ᄂ 萬物의 靈長이라 ᄒ지만은 萬若敎有이 無ᄒ면 其靈長 되ᄂ 價値를 見홀 슈 업스리다

【번역】 학술 강습회의 연설

여러분, 우리나라에 제일 급하게 장려할 사업이 무엇입니까? 상업도 장려해야 할 것이고, 공업도 장려해야 할 것이며, 농업도 장려해야 할 것이지만, 본인은 교육의 장려가 가장 초미의 급선무로 생각합니다. 무릇 교육이 없으면 애국정신도 일어날 수 없고. 의용봉공義勇奉公[65]의 생각도 생길 수 없습니다. 그뿐만 아니라 직업을 소홀히 하기도 하고, 악인의 무리 안에 들어가서 법망에 걸리는 자도 많을

것입니다. '인간은 만물의 영장이다'라 하지만, 만약 교육이 없으면
그 영장이 되는 가치를 볼 수 없을 것입니다.

【학술2】 前年에 法國巴里大學校에서 一問題가 起ㅎ얏소. 그
것은 人을 赤兒時에 敎育을 조곰도 施치 아니 ㅎ고, 그되로 成
長케 ㅎ면 普通人類와 如히 人이 되겟ᄂ냐 아니 되겟ᄂ냐 ㅎ
ᄂ 問題요, 此問題에 對ㅎ야 議論이 紛紛ㅎ더니 人類와 如히
되겟다 ㅎᄂ 人이 多數가 되얏슴니다、 그러ㅎ면 其小兒가 成長
ㅎ야 言語는 何處의 言語를 用ㅎ겟ᄂ냐 ㅎᄂ 疑問이 更起ㅎ야
或은 獨逸語를 語ㅎ리라 ㅎᄂ 者도 有ㅎ고, 或은 梵語를 語ㅎ
리라 ㅎᄂ 者도 有ㅎ고, 아니、 英語겟지、 아니、 法語겟지、 노—
노—、 히야히야、 甲論乙駁에 議論이 紛紛ㅎ야 結局을 定치 못
ㅎ더니、 其中에 一人이 言ㅎ기를 此問題는 經驗치 못ㅎ야 何
人의 說을 贊成ㅎ여야 可홀지 知치 못ㅎ겟스니、 學術을 硏究
ㅎ기 爲ㅎ야 一次實地에 試驗ㅎ야 보는 것이 如何오 흔되、 滿
座諸人이 一致同意ㅎ야 經驗에 着手ㅎ기로 決定ㅎ얏슴니다、

【번역】 지난해 프랑스 파리대학교에서 한 문제가 제기되었습니다.
그것은 '사람을 갓난아이 때 교육을 조금도 시키지 않고 그대로 성
장하게 하면, 보통 인간과 같이 사람이 되겠는가? 안 되겠는가?' 하
는 문제입니다. 이 문제에 대하여 의론이 분분하더니 '인간과 같이
될 것이다'라는 사람이 다수였습니다. 그렇다면 '어린아이가 성장하
여 언어는 어디의 언어를 사용하겠는가?' 하는 의문이 다시 제기되

---

65) 의용봉공(義勇奉公): 의로운 용기로 공익을 위해 힘씀.

었습니다. '독일어를 말할 것이다'라는 사람도 있었고, '산스크리트 어를 말할 것이다'라는 사람도 있었으며, '아니, 영어겠지', '아니, 프 랑스어겠지', '노(No), 노(no), 히어(hear), 히어(hear)!' 갑론을박에 의론이 분분하여 결말을 정하지 못하였습니다. 그중에 어떤 사람이 말하였습니다. "이 문제는 경험하지 못하여 누구의 말에 찬성해야 좋을지 모르겠으니, 학술연구를 위해 한번 현장에서 시험해 보는 것 이 어떻습니까?" 자리를 가득 메운 모든 사람이 전원 찬성하여 경험 하는 일에 착수하기로 결정하였습니다.

【학술3】 그리흔 後에 金錢若干으로 乞人의 赤兒二人을 買得 흐야 其養育方法을 「아루쌕스」山麓에 獨居흐는 老婆*에게 附 托흐얏슴니다. 其老婆**가 附托을 受흐야, 아모조록 世上의 事 物을 見聞치 못흐게시리 一室에 閉籠흐고 每日牛乳와 豚肉과 鷄肉等으로 七年間을 養育흐얏슴니다. 其時에 巴里大學校에 셔는 그만 試驗을 執行흐는 것이 조켓다 흐야 「아루쌕스」山에 在흔 小兒를 道中에서 아모 것도 見聞치 못흐게시리 率來흐야 校中室에 닉여 노코 보니, 此二人의 童子는 笑치도 못흐고 泣 치도 못흐고 四方을 도라보더니, 一人은 「쌕―쌕―」라 語흐고 他一人은 「쿠―쿠―」라 語흘 쑨이오 他語는 無흐야슴니다. 何 故로 其口에서 如此흔 語만 出흐고 他語는 出치 아니 흐얏느냐 흐면, 養育을 受흔 老婆家의 豚와 鷄의 聲을 聞흐고 此에 慣흐 야 猪聲과 鷄聲이 先入主 되야 쩝이 性을 成흔 緣由올시다.

*姿, 안국선: 婆, 독도 수정

**姿, 안국선: 婆, 독도 수정

【번역】 그렇게 한 뒤에 약간의 돈으로 걸인의 갓난아이 두 명을 매수하여 그들의 양육 방법을 알프스 산기슭에 홀로 사는 할머니에게 부탁하였습니다. 그 할머니가 부탁을 수용하여 가급적 세상의 사물을 보고 듣지 못하게끔 한 방에 가두고, 매일 우유와 돼지고기와 닭고기 등으로 7년간을 양육하였습니다. 그 당시에 파리대학교에서는 '그만 시험을 집행하는 것이 좋겠다'라고 하여 알프스산에 있는 어린애를 도중에 아무것도 보고 듣지 못하게끔 데리고 와서 학교 안 교실에 내놓았습니다. 이 두 명의 아이는 웃지도 못하고 울지도 못하며 사방을 돌아보더니, 한 명은 '뿌뿌'라 말하고 다른 한 명은 '쿠쿠'라 말할 뿐이고 다른 말은 없었습니다. 무슨 까닭으로 그들의 입에서 이러한 말만 나오고 다른 말이 나오지 않았는가 하면, 양육을 수용한 할머니 집의 돼지와 닭의 소리를 듣고, 이에 익숙해져 돼지소리와 닭 소리가 선입견이 되어 습관이 천성을 이룬[66] 연유입니다.

【학술4】 巴里大學校의 講師덜이 言ᄒ기를 敎育이 無ᄒ면 人類라 言홀지라도 人類의 흉뉘도 뇌지 못ᄒ니 幼時의 敎育이 第一緊切혼 것이라고 滿座가 手를 拍ᄒ고 感覺ᄒ얏슴니다、此等은 極端의 說이올시다만은、엇지 ᄒ얏던지 人類의 敎育은 一

---

66) 습관이…이룬: 《서경》〈태갑 상(太甲上)〉에 "이 의롭지 못함은 습관이 성과 더불어 이루어진 것이니, 나는 의리를 따르지 않는 자들과 가까이 하지 않겠다.〔茲乃不義 習與性成 予弗狎于弗順〕"라고 한 구절에서 인용한 것이다. 이에 대해서 율곡은 "'습관이 성품과 더불어 이루어진다는 것〔習與性成〕'이란 학습이 쌓여서 공이 이루어지면 천성에서 나오는 것과 같다는 것이니, 이른바 '어려서 이루어진 것은 천성과 같고 습관은 자연과 같다〔少成若天性, 習慣如自然〕.'는 것이다. 여기에서 말한 천성이란 애당초 부여 받은 기질지성을 말한 것이지 본연지성(本然之性)을 말한 것이 아니다."라고 하였다.

日이라도 等閒히 ᄒ지 못ᄒᆯ 것이 分明ᄒ오이다. 그러ᄒᆫᄃᆡ, 至今諸君의 盡力으로 因ᄒ야 本會設立의 美擧가 有ᄒ니, 感謝ᄒ오이다. 우리 靑年의 智識을 開發ᄒ기 爲ᄒ야, 이 社會의 文明을 開進ᄒ기 爲ᄒ야, 一般國民의 愛國心을 獎勵ᄒ기 爲ᄒ야, 本會를 設立ᄒᆫ 것이니, 從此로ᄂᆞᆫ 我鄕에 遊食ᄒᄂᆞᆫ 民이 無ᄒ고, 惡人의 徒도 無ᄒ고, 忠君愛國ᄒᄂᆞᆫ 國民이 敎育中에셔 續續出來ᄒᆯ 줄을 確信ᄒ옵니다

【번역】 파리대학교의 강사들이 "교육이 없으면 '인간'이라 불리더라도 인간의 흉내를 내지 못하니, 어릴 때의 교육이 제일 중요한 것이다."라고 말하자, 장내에 꽉 찬 청중이 손뼉을 치고 인정하였습니다. 이런 것은 극단의 말이지만 어찌 되었든 인간의 교육은 하루라도 소홀하지 않아야 할 것이 분명합니다. 그런데 지금 여러분이 힘을 다하여 본회를 설립하였으니, 이는 아름다운 행동입니다. 감사합니다. 우리 청년의 지식을 계발하기 위해, 이 사회의 문명을 촉진하기 위해, 일반 국민의 애국심을 장려하기 위해 본회를 설립한 것입니다. 이제부터는 우리 고을에 무위도식하는 주민이 없고, 악인의 무리도 없으며, 임금께 충성하고 나라를 사랑하는 국민이 교육하는 가운데서 계속하여 나올 줄을 확신합니다.

落心을 戒ᄒᆞᄂᆞᆫ 演說

【낙심1】 本人은 國家將來에 對ᄒᆞ야 希望이 多ᄒᆞ오이다、 우리나라가 今日如此ᄒᆞᆫ 窮境에 陷ᄒᆞ야 萬斤力으로 死命을 壓ᄒᆞ고 千丈繩으로 全體를 縛ᄒᆞ야 頭를 擧치도 못ᄒᆞ고 四肢를 꼼작이지도 못ᄒᆞ게 되얏스니 誰ㅣ 此에 對ᄒᆞ야 落心치 아니ᄒᆞᆯ 者ㅣ 有ᄒᆞ오릿가、 그러나 落心은 自由를 得지 못ᄒᆞᆷ니다、 落心은 獨立의 回復을 妨碍ᄒᆞᄂᆞᆫ 惡魔ㅣ 올시다、 落心은 國家의 生脉을 아조 斷絶케 ᄒᆞᄂᆞᆫ 것이올시다、 同胞諸君이여、 虎에게 몰려갈지라도 精神만 차리라 ᄒᆞᄂᆞᆫ 俗語를 忘ᄒᆞ얏슴닛가、 우리나라가 今日如此ᄒᆞᆫ 困境을 當ᄒᆞᆯ지라도 國民이 落心치 말고、 더욱 奮發ᄒᆞ야 精神을 차려야 ᄒᆞᆯ 것이오 國家가 아조 ᄒᆞᆯ 슈 업ᄂᆞᆫ 地境에 至ᄒᆞ더라도 國民은 더욱 勃興ᄒᆞ야 元氣를 振勵ᄒᆞ여야 ᄒᆞᆯ 것이오、 同胞諸君이여 諸君이 一心并力ᄒᆞ야 如干困迫에 落心치 아니 ᄒᆞ고、 希望을 隨ᄒᆞ야 銳進ᄒᆞ면、 決斷코、 이 國家가 亡치 아니 ᄒᆞᆯ 것이올시다、

【번역】 낙심을 경계하는 연설

  본인은 국가 장래에 대한 희망이 많습니다. 우리나라가 오늘 이런 곤경에 빠져 만 근의 힘으로 생사가 억눌리고 천 길의 끈으로 온몸이 묶여 머리를 들지 못하고 사지를 꼼짝하지 못하게 되었으니, 누가 이것에 대하여 낙심하지 않을 수가 있겠습니까? 그러나 낙심은 자유를 얻지 못합니다. 낙심은 독립의 회복을 방해하는 악마입니다. 낙심은 국가의 생명줄을 아주 단절하는 것입니다. 동포 여러분, '범에게 물려 갈지라도 정신만 차려라.'라는 속담을 잊었습니까? 우리나라가 오늘 이러한 곤경을 당할지라도 국민이 낙심하지 말고 더욱 분발하여 정신을 차려야 할 것이고, 국가가 아무것도 할 수 없는 지경에 이르더라도 국민은 더욱 왕성하게 일어나 원기를 진작해야 할 것입니다. 동포 여러분, 여러분이 한마음으로 힘을 합쳐 조금 곤란하더라도 낙심하지 않고, 희망을 좇아 씩씩하게 나아가면 이 국가는 결단코 망하지 않을 것입니다.

【낙심 2】 本人은 同胞諸君에게 對ᄒ야 大聲으로 警告홀 一言이 有ᄒ니、卽 國民의 心을 奪치 못ᄒ면 其國을 滅치 못 ᄒᄂ니라 ᄒᄂ는 原則이올시다、諸君은 思ᄒ야 보시오、四千年을 잘 되나 못 되나 國家의 名義로 歷來ᄒ던 此朝鮮을、五百年을 傳來ᄒ면셔 國家로 團結ᄒ야 人民의 向國之誠이 堅固ᄒ 此韓國을、엇지 一朝一夕에 國家의 名義를 抹殺홀 슈 잇겟슴닛가、쏘 設使韓國이라 ᄒᄂ는 名義ᄭ지 업셔지ᄂ 日이면、아ー、愛國誠이 多ᄒ 우리 韓國同胞가 此를 默過ᄒ겟슴닛가、諸君이 엇지 彈丸을 避ᄒ랴 ᄒ며、我가 엇지 生을 願ᄒ겟슴닛가、

【번역】 본인은 동포 여러분에게 큰소리로 경고할 한마디 말이 있으니, 바로 '국민의 마음을 빼앗지 못하면 그 나라를 없애지 못한다.'라는 원칙입니다. 여러분은 생각해 보십시오. 4천 년을 잘 되든 못되든 국가의 이름으로 역대로 내려오던 이 조선을, 5백 년을 전해 내려오면서 국가로 단결하여 인민의 국가를 향한 의지[67]가 견고한

---

67) 인민의 국가를 향한 의지: 공화주의자로서 안국선의 면모가 드러난다. '誠'은 국

이 한국을, 어찌 짧은 시간에 국가의 이름을 말살할 수 있겠습니까? 또 설령 '한국'이라고 하는 이름까지 없어지는 날이면, 아! 나라를 사랑하는 마음이 많은 우리 한국 동포가 이것을 묵과하겠습니까? 여러분이 어찌 탄환을 피하려 하며, 우리가 어찌 살기를 원하겠습니까?

【낙심3】何國을 勿論ㅎ고 韓國을 倂呑ㅎ랴면 우리 人民을 全滅ㅎ기 前에는 倂呑치 못홀 쥴로 思ㅎ시오, 참 그렷소, 우리 韓國民族의 性質이 大端히 柔順ㅎ지만은 義理를 知ㅎ는 民族이기 씨문에, 義理를 爲ㅎ야 起ㅎ는 處에는 決코 死를 畏치 아니ㅎ는 民族이오, 아―, 同胞諸君이여、諸君이 萬若此性質을 變ㅎ야 義理도 不知ㅎ고 忠心도 未有혼 如犬人이 될 것 갓흐면、國家의 名義가 업셔지겟지만은、壯ㅎ고 大ㅎ도다、우리 國民이여、우리 國民은 決코 此性質을 變ㅎ는 國民이 아니올시다、韓國人民이 皆死ㅎ고 一人만 餘홀지라도 此一人이 무져 死ㅎ여야 國이 亡홀 것이오、一人이라도 餘存ㅎ고는 他國이 此國을 倂呑치 못홀 것이올시다、

【번역】 어느 나라를 막론하고, 한국을 병탄하려면 우리 인민을 전멸하기 전에는 병탄하지 못할 줄로 생각하십시오. 참으로 그렇습니다. 우리 한국 민족의 성질이 대단히 유순하지만 의리를 아는 민족이기에 의리를 위해 일어나는 곳에는 결코 죽기를 두려워하지 않는

___

민족입니다. 아! 동포 여러분, 여러분이 만약 이 성질을 바꿔 의리도
모르고 충심도 갖지 않은 개 같은 사람이 될 것 같다면, 국가의 이름
이 없어지겠지만 말입니다. 장하고 위대한 우리 국민이여, 우리 국
민은 결코 이 성질을 바꾸는 국민이 아닙니다. 한국 인민이 모두 죽
고 한 사람만 남을지라도 이 한 사람이 마저 죽어야 나라가 망할 것
이고, 한 사람이라도 남아 있고서는 다른 나라가 이 나라를 병탄하
지 못할 것입니다.

【낙심4】 落心치 마시오、如此히 高尚ᄒ고 尊重ᄒ 國民을 有
ᄒ 우리 韓國에、如此히 義務를 知ᄒᄂ 國民이、무엇을 落心ᄒ
것이 잇ᄉ오릿가、至今은 如何ᄒ 境遇에 至ᄒ얏던지 조곰도 落
心ᄒ 것이 無ᄒ오이다、但只 우리 國民이 此性質만 保存ᄒ고
此氣風만 培養ᄒ면、今日에ᄂ 設使一次滅亡ᄒ지라도、更히 回
復ᄒᄂ 日이 有ᄒ 것이올시다、諸君中에 萬若落心ᄒᄂ 者ㅣ
有ᄒ면、此人이 卽、國을 亡케 ᄒᄂ 人이올시다、諸君中에 萬
若子의 言을 信치 아니 ᄒᄂ 者ㅣ 有ᄒ면、此人이 卽、우리 國
民의 性質을 蔑視ᄒᄂ 人이올시다、

【번역】 낙심하지 마십시오. 이렇게 고상하고 존귀한 국민을 가진
우리 한국에, 이렇게 의무를 아는 국민이, 무엇을 낙심할 것이 있습
니까? 지금은 어떤 경우에 이르든지 조금도 낙심할 것이 없습니다.
다만 우리 국민이 이 성질만 보존하고 이 기풍만 배양하면, 오늘 설
령 한 번 멸망할지라도 다시 회복하는 날이 있을 것입니다. 여러분
중에 만약 낙심하는 사람이 있으면, 이 사람이 바로 나라를 망하게
하는 사람입니다. 여러분 중에 만약 제 말을 믿지 않는 자가 있으면,

이 사람이 바로 우리 국민의 성질을 멸시하는 사람입니다.

【낙심 5】 아ー、同胞諸君이여、諸君心中에 一個病痛이 伏在
ᄒ얏스니 此病痛을 拔去ᄒ시오、此ᄂᆞᆫ 無他라「ᄒᆞᆯ 슈 업다」ᄒᄂᆞᆫ
言이 是也올시다、諸君이여、ᄒᆞᆯ 슈 업다 ᄒᄂᆞᆫ 心을 心치 마시
오、ᄒᆞᆯ 슈 업다 ᄒᄂᆞᆫ 言을 言치 마시오、或은 言ᄒ기를、國勢가
此에 至ᄒ얏스니 諸葛亮이가 再生ᄒᆯ지라도 ᄒᆞᆯ 슈 업다 ᄒ니、
此ㅣ 落心으로 由ᄒ야 出ᄒᄂᆞᆫ 言이올시다 本人은 思ᄒ기를 至
今이라도 可히 ᄒᆞᆯ 슈 잇슴니다、決斷코 ᄒᆞᆯ 슈 업ᄂᆞᆫ 것이 아니올
시다、諸君이여、무삼 困難ᄒ 事를 當ᄒ던지、엇더ᄒ 悲境에 至
ᄒ던지、落心치 말고、아이고、ᄒᆞᆯ 슈 업다 ᄒᄂᆞᆫ 말을 口에 發치
마시오、自古로 成功ᄒ 者ᄂᆞᆫ ᄒᆞᆯ 슈 업다 ᄒᄂᆞᆫ 言을 發치 아니
혀슴니다、

【번역】 아! 동포 여러분, 여러분 마음속에 하나의 병통이 숨어 있으
니 이 병통을 뽑아 버리십시오. 이는 다름이 아니라 '할 수 없다'라
는 말이 바로 이것입니다. 여러분, '할 수 없다'라는 마음을 마음먹
지 마십시오. '할 수 없다'라는 말을 말하지 마십시오. 어떤 이가 "나
라의 형세가 여기에 이르렀으니 제갈량이 되살아날지라도 할 수 없
다."라고 하니, 이것은 낙심으로 말미암아 내뱉은 말입니다. 본인은
생각하건대, 지금이라도 너끈히 할 수 있습니다. 결단코 할 수 없는
것이 아닙니다. 여러분, 무슨 곤란한 일을 당하든지, 어떠한 슬픈 처
지에 이르든지 낙심하지 말고, '아이고, 할 수 없다'라는 말을 입에
꺼내지 마십시오. 예로부터 성공한 사람은 '할 수 없다'라는 말을 꺼
내지 않습니다.

【낙심6】前年日俄戰爭에 日本東鄕大將이 若干軍艦으로 鐵甕城 갓흔 旅順口를 攻入홀 時에 彈丸은 雨와 如히 降來ᄒ고, 敵勢는 漸漸堅固ᄒ야, 참홀 슈 업는 地境에 至ᄒ얏스되, 東鄕大將은 一番도 홀 슈 업다 ᄒ는 言을 其口에 出치 아니 ᄒ얏슴니다, 米國獨立戰爭에 英國軍勢가 大盛홈으로 華盛頓이 屢敗ᄒ야 困境에 當홈이 多ᄒ얏스되 一次도 홀 슈 업다 ᄒ는 言을 其口에 語치 아니 ᄒ얏슴니다, 元來 무삼 事業이던지 困難이 少無ᄒ고 總히 自初至終을 如意케 되는 事業은 無ᄒ야 中間에 困難을 當ᄒ는 時가 多혼즉 此困難을 忍ᄒ고 此困難을 勝ᄒ여야 成功홈니다, 此가 成功의 秘訣이니, 學校에 在혼 學生도 어려운 것을 忍ᄒ고 勝ᄒ여야 其業을 成홀 것이오, 田園에 在혼 農夫도 어려운 것을 忍ᄒ고 勝ᄒ여야 其食을 得홀 것이오, 戰場에 出혼 兵士도 어려운 것을 忍ᄒ고 勝ᄒ여야 其功을 奏홀 것이올시다, 어려운 것을 勝ᄒ고 事業을 成功ᄒ랴면, 그 困難을 當홀 時에 決斷코 落心치 말고, 아이고 홀 슈 업다 ᄒ는 語를 發ᄒ지 마시오,

【번역】 지난해 러·일전쟁에서 일본의 도고[68] 대장이 약간의 군함으로 철옹성 같은 여순항을 쳐들어갈 때, 탄환은 비처럼 쏟아지고 적국의 기세는 더욱더 견고하여 참으로 할 수 없는 지경에 이르렀습니다. 하지만 도고 대장은 한 번도 '할 수 없다'라는 말을 그 입에 꺼내지 않았습니다. 미국 독립전쟁에서 영국 군대의 형세가 크게 성

---

68) 도고: 일본의 해군 원수였던 도고 헤이하치로(東鄕平八郞, 1847~1934)를 말한다. 그는 러·일전쟁에서 연합함대 총사령장관에 취임하고 동해해전에서 발틱함대(Baltic Fleet)를 물리쳤다.

대하여 워싱턴이 누차 패배하여 곤경에 처함이 많았지만, 한 번도 '할 수 없다'라는 말을 그 입에 말하지 않았습니다. 원래 무슨 사업이든지 곤란이 조금도 없고 모두 처음부터 끝까지 뜻대로 되는 사업은 없어 중간에 곤란을 당하는 때가 많으니, 이 곤란을 참고 이 곤란을 이겨야 성공합니다. 이것이 성공의 비결입니다. 학교에 있는 학생은 어려운 것을 참고 이겨야 그 학업을 이룰 것이고, 전원에 있는 농부도 어려운 것을 참고 이겨야 그 식량을 얻을 것이며, 전쟁터에 나간 병사도 어려운 것을 참고 이겨야 그 공을 세울 것입니다. 어려운 것을 이기고 사업을 성공하려면, 그 곤란을 당할 때 결단코 낙심하지 말고, '아이고, 할 수 없다'라는 말을 꺼내지 마십시오.

【낙심7】 諸君이여、 무엇이던지 世上에 홀 수 업는 事는 無흔 줄로 覺晤흐시오、 挾泰山以超北海는 能히 홀 슈 업는 것이라 흐지만은、 諸君은 泰山을 挾*흐고 北海를 超흐는 것도 能히 홀 슈 잇다 思흐시오、 數百年前에 在흐야 千里音信을 瞬息間에 相通홀 슈 잇겟느냐 흐면 其時에 誰가 此를 能히 홀 슈 잇다고 言홀 者ㅣ 有흐얏겟슴닛가、 其時에 在흐야 觀흐면 此는 實로 不能흔 事올시다、 誰가 能히 홀 슈 잇다 흐얏겟슴닛가、 그러나 「후랑크린」은 思흐기를 世上에 못홀 事가 어듸 有흐리오、 千里音信을 瞬息間에 相通흐는 事도、 흐면 홀 슈 잇다 흐얏슴니다、 其結果로 電報가 發明되얏스니、 數百年前에 홀 슈 업던 事가 今日에는 홀 슈 잇게 되얏슴니다、

*狹, 안국선: 挾, 독도 수정

【번역】 여러분, 무엇이든지 세상에 할 수 없는 일은 없는 줄로 명

심하십시오. '태산을 끼고 북해를 뛰어넘는 것은 능히 할 수 없는 것'[69]이라 하지만, 여러분은 태산을 끼고 북해를 뛰어넘는 것도 능히 할 수 있다고 생각하십시오. 수백 년 전에 '천 리 소식을 순식간에 서로 통할 수 있겠는가?'라고 하면, 그 당시에 누가 '이것을 능히 할 수 있다'라고 말할 자가 있었겠습니까? 그 당시에 보면 이것은 진실로 불가능한 일입니다. 누가 '능히 할 수 있다'라고 하겠습니까? 그러나 프랭클린[70]은 '세상에 못 할 일이 어디 있겠는가?'라고 생각했습니다. 천 리 소식을 순식간에 서로 통하는 일도 '하면 할 수 있다'라고 하였습니다. 그 결과로 전보가 발명되었으니, 수백 년 전에 할 수 없던 일이 오늘날에는 할 수 있게 되었습니다.

【낙심8】 古昔에 在ᄒ야 吾人이 空中에 登홀 슈가 有ᄒ겟ᄂ냐 ᄒ면 其時에 誰가 能히 此를 홀 슈 잇다 ᄒ얏겟슴닛가, 그러나 西洋物理學者덜은 此도 硏究ᄒ면 能히 홀 슈 잇다 ᄒ야 其結果로 輕氣球가 發明되얏스니, 古昔에ᄂ 홀 슈 업다 ᄒ던 事가 今日에 至ᄒ야ᄂ 홀 슈 잇게 되얏슴니다, 今日에 在ᄒ야 挾泰

---

69) 태산을…것:《맹자·양혜왕》에 '할 수 없는 것〔不能〕'과 '하지 않는 것〔不爲〕'을 비교하는 문장에서 인용했다. 맹자는 '할 수 없는 것'은 '태산을 끼고 북해를 뛰어넘는 것'이라는 예를 들었고, '하지 않는 것'은 '어른을 위해 나뭇가지를 꺾는 것'이라는 예를 들었다.
＊안국선은 '할 수 없는 것'의 예를《맹자》에서 가져온 것일 뿐, 이 대목의 취지와는 다르다. 맹자는 할 수 있는데도 하지 않는 양혜왕의 왕으로서의 '책무'를 설명했다면, 안국선은 '의지'의 문제를 다루고 있다.
70) 프랭클린: 미국의 정치가·사상가·과학자인 벤자민 프랭클린(Benjamin Franklin, 1706~1790)을 말한다. 그는 인쇄 출판업자로 출발하여 신문·잡지 등을 출판했고, 자연과학 연구에도 힘을 써서 번개가 전기와 같은 것임을 입증했다. 1749년에 피뢰침을 발명하고, 뒤에 미국 독립운동에 참여하여 독립 선언문 기초 위원이 되었다.

山以超北海가 不能호 事이지만은、諸君의 氣像으로는 此도 能
히 홀 슈 잇다 호시오、今日 우리 韓國이 實로 홀 슈 업는 境遇
에 陷落호얏지만은、後日에 更히 홀 슈 잇는 機會에 到達홀 터
이니、諸君은 홀 슈 업다고 落心치 마시오

【번역】 오랜 옛날에 '우리가 공중에 오를 수 있겠는가?'라고 하면
그 당시에 누가 '능히 이것을 할 수 있다'라고 하였겠습니까? 그러
나 서양 물리학자들은 '이것도 연구하면 능히 할 수 있다'라고 하여
그 결과로 경기구[71]가 발명되었으니, 오랜 옛날에는 '할 수 없다'라
고 하던 일이 오늘날에 이르러서는 할 수 있게 되었습니다. 오늘날
에 태산을 끼고 북해를 뛰어넘는 일이 불가능한 일이지만, 여러분의
기상으로는 '이것도 능히 할 수 있다'라고 하십시오. 오늘날 우리 한
국이 진실로 할 수 없는 경우에 놓였습니다. 하지만 후일에 다시 할
수 있는 기회에 도달할 터이니, 여러분은 '할 수 없다'라고 낙심하지
마십시오.

【낙심9】 今日 우리 國家가 壓迫을 受호고 凌辱을 當홀지라
도、國民의 氣는 더욱 激호고 國民의 志는 더욱 堅호야 愈逼愈
激호고 愈壓愈動호야 泰山이 崩홀지라도 泰然自若호며 雷霆
이 擊홀지라도 毅然不撓호야 人의 逼壓을 當홀스록 더욱 激動
호야 人을 打勝치 못호면 休치 아니 호고 國을 爲호야 身을 挺
홈에 有進無退호고 視死如歸호야 目的을 達호 後에 乃已호는
精神이 堅固호야、諸君이 各其此精神으로 奮發호시면 何를 可

---

71) 경기구: 수소나 헬륨 따위의 가벼운 기체를 넣어서 공중에 띄우는 물건. 열기구.

히 患ᄒᆞ며 何를 足히 憂ᄒᆞ오릿가、

【번역】오늘날 우리나라가 압박을 받고 능욕을 당하더라도 국민의 기는 더욱 높아지고 국민의 뜻은 더욱 굳건합니다. 핍박할수록 더욱 높아지고 압박할수록 더욱 살아나서 태산이 무너질지라도 태연자약하며, 세찬 천둥벼락이 치더라도 의연히 동요하지 않아 다른 사람의 핍박과 압박을 당할수록 더욱 격동합니다. 다른 사람을 쳐서 이기지 못하면 쉬지 않고 나라를 위해 몸을 떨쳐 앞으로 나아가기만 하고 뒤로 물러남이 없으며, 죽는 일을 집으로 돌아가는 것처럼 여겨 목적을 이룬 뒤에야 비로소 그치는 정신이 견고하여 여러분이 각기 이 정신으로 분발하면 무엇을 두려워하며 무엇을 근심하리오?

【낙심10】 外國人이 萬若諸君을 對ᄒᆞ야 貴國에 軍艦이 有ᄒᆞ냐 問ᄒᆞ거던 多有ᄒᆞ다고 荅ᄒᆞ시오 其外人이 必然譏嘲ᄒᆞ야 言ᄒᆞ기를 貴國의 軍艦은 老敗不用ᄒᆞ는 揚武號一隻 쑨인딘、무삼 軍艦이 多有ᄒᆞ다고 誣言ᄒᆞ나냐 ᄒᆞ오리다、其時에 諸君은 如此히 荅ᄒᆞ시오、我邦國民腦膸中에 精神的軍艦이 各有ᄒᆞ야 幼者는 今에 開工을 始ᄒᆞ고 長者는 將次進水式을 行ᄒᆞᆯ 터인딘 此、開工ᄒᆞ는 軍艦이 造成되고 進水ᄒᆞ는 軍艦이 完全ᄒᆞ면 二千萬 隻軍艦이 我國에 有ᄒᆞᆯ지라 何國이 敢히 此를 抵敵ᄒᆞ리오、此 軍艦으로 太平洋上에 活動ᄒᆞ면 東洋의 海上權을 握ᄒᆞᆯ 者는 우리 大韓國인 쥴을 君이 不知ᄒᆞ나냐 荅ᄒᆞ시오、弄談으로만 如此히 放談ᄒᆞᆯ 것이 아니라、各其心中에 如此히 決心ᄒᆞ시고 期圖 ᄒᆞ시오

【번역】 외국인이 만약 여러분에게 '귀국에 군함이 있느냐?'라고 묻거든 '많이 있다'라고 대답하십시오. 그 외국인이 틀림없이 비웃어 말할 것입니다. "귀국의 군함은 낡고 부서져 쓸모가 없는 양무호[72] 한 척뿐인데, 무슨 군함이 많이 있다고 거짓으로 꾸며 말하는가?" 그때 여러분은 이렇게 대답하십시오. "우리 국민 뇌리에는 정신적 군함이 각각 있어 아이는 오늘에 착공을 시작하고 어른은 장차 진수식을 행할 것이다. 이 착공하는 군함이 만들어지고 진수하는 군함이 완전하면 2천만 척 군함이 우리나라에 있게 되니, 어느 나라가 감히 이것을 대적하리오? 이 군함으로 태평양 위에 활동하면 동양의 해상권을 장악할 자는 우리 대한국인 줄을 그대는 알지 못하는가?" 농담으로만 이렇게 거리낌이 없이 말할 것이 아니라, 각자 자신의 마음속에 이렇게 결심하고 꾀하십시오.

【낙심11】 아―、諸君이여、同胞諸이여、鍾路의 前日騷慘은 其原因이 實로 可歎흔 事이지만은 勇猛ㅎ고 壯大흔 우리 同胞가 外國 불노리만도 못흔 其銃聲에 落心ㅎ셧슴닛가、其銃聲以後로 敎育界도 落心ㅎ야 學校情況이 極히 零星ㅎ고、實業界도 落心ㅎ야 營業情況이 極히 凋殘ㅎ고、一般社會가 다 落心ㅎ야 振興ㅎᄂ 氣色이 無ㅎ니、如干 싹총 소리에 如此히 落心ㅎ면、萬若大砲聲이 有ㅎ얏더면 엇지 홀번 ㅎ얏슴닛가

【번역】 아! 여러분이여, 동포 여러분이여. 전날 종로의 떠들썩한 참상[73]은 그 원인이 정말로 탄식할 만한 일이지만, 용맹하고 장대한

---

72) 양무호(揚武號): 1903년 일본으로부터 구입한 증기선 무장 군함의 이름이다.

우리 동포가 외국 불놀이만도 못한 그 총성에 낙심하였습니까? 그 총성 이후로 교육계도 낙심하여 학교 상황이 극히 보잘것없고, 실업 계도 낙심하여 영업 상황이 극히 쇠잔하고, 일반 사회도 다 낙심하여 떨쳐 일어나는 기색이 없습니다. 조그만 딱총 소리에 이렇게 낙심하면, 만약 대포 소리가 났다면 어쩔 뻔하였습니까?

【낙심 12】 우리 大韓民族은 極히 柔順ᄒ지만은, 國家를 爲ᄒ야 命을 效ᄒᄂ 地에ᄂ 決코 死를 畏치 아니ᄒ고 生을 願치 아니ᄒᄂ 民族인줄로 知ᄒ니다, 如此ᄒ 民族을 指導ᄒᄂ 有志者도 亦是如此ᄒ 性質을 堅守ᄒ여야 홀 터인듸, 人民은 如許히 向國ᄒᄂ 誠心이 確固ᄒ야 平時에ᄂ 溫順辭讓ᄒ다가도 正義를 爲ᄒ야 拳을 揮ᄒᄂ 處에ᄂ, 百人이 共事ᄒ다가 九十九人이 大砲下에 斃ᄒ고 一人이 餘生홀지라도 其一人이 決코 當初의 目的을 變치 아니 ᄒ고 決코 落心치 아니 ᄒᄂ 人民이거늘, 此를 指導ᄒᄂ 一般社會의 有志者ᄂ 도로혀 今日形便을 悲觀的으로만 觀察ᄒ야 落心홈으로 各社會가 心灰意懶ᄒ야 振作ᄒᄂ 氣像이 少無ᄒ니, 아―, 諸君이여, 그리ᄒ지 마시오, 決코 落心치 마시고, 今日如此ᄒ 形便에 至홀스록 더욱 奮發ᄒ고, 더욱 振作ᄒ야 各社會各方面이 共히 有進無退케 ᄒ기를 切望홈니다

【번역】 우리 대한 민족은 극히 유순하지만, 국가를 위해 목숨을 바

---

73) 전날⋯참상: 1907년 일본에 의하여 대한제국 군대가 강제로 해산된 사건을 말하는 듯하다.

치는 처지에서는 결코 죽기를 두려워하지 않고 살기를 바라지 않는 민족인 줄로 압니다. 이러한 민족을 지도하는 뜻있는 자도 역시 이러한 성질을 굳게 지켜야 할 것입니다. 인민은 이와 같이 국가를 향한 참된 마음이 확고하여 평시에는 온순하고 겸손하다가도 정의를 위해 주먹을 휘두르는 처지에서는 백 명이 함께 일하다가 아흔아홉 명이 대포 아래에서 고꾸라지고 한 명만이 살아남을지라도, 그 한 명이 결코 당초의 목적을 변치 않고 결코 낙심하지 않는 인민입니다. 이를 지도하는 일반 사회의 뜻 있는 자는 도리어 지금의 형편을 비관적으로만 관찰하여 실망하고 의기소침하여 떨쳐 일어나는 기상이 조금도 없습니다. 아! 여러분이여, 그렇게 하지 마십시오. 결코 낙심하지 마십시오. 오늘 이러한 형편에 이를수록 더욱 분발하고 더욱 떨쳐 일어나, 각 사회 각 방면이 함께 앞으로 나아가기만 하고 뒤로 물러나지 않기를 간절히 바랍니다.

靑年俱樂部에서 ㅎ는 演說

【청년1】 只今 演說ㅎ신 辯士가 蘇秦、張儀의 雄辯으로 有益흔 말숨을 만히 ㅎ셧는듸、語訥ㅎ고 無識흔 本人이 雄辯多識흔 辯士의 後에 演說을 ㅎ미、諸君은 大端히 滋味가 無ㅎ겟습니다 (아니오、아니오、此는 聽衆의 聲이라) 譬喩ㅎ야 言홀진듼、조흔 果花酒를 飮흔 後에 써데썬 막갈리를 飮ㅎ는 것과 如ㅎ겟습니다 (아니오) 그러흔 故로 本人은 演說홀 슈 업다고 辭讓ㅎ얏

더니, 會長게셔 무엇이던지, 한 마듸 말슴ㅎ야달라 ㅎ시니, 演
說을 ㅎ랴흔즉 準備가 無ㅎ고, 아니ㅎ면 會長의 意를 背反ㅎ
는 것이 되겟고, 참 進退維谷이올시다, 그러나 本人은 奮發ㅎ
얏삼니다, 寧히 滿場諸君에게 耻笑를 受홀지언정 會長閣下의
厚意는 違背홀 슈 업다고 思ㅎ야 大奮發ㅎ고 演壇에 登來ㅎ얏
슴니다, 本人의 心에는 實로 演說을 흔 번 잘ㅎ야 諸君의 拍手
喝采를 得ㅎ랴ㅎ는 野心과 名譽心이 心中에서 火의 燃홈과 如
ㅎ오나 根本이 目不識丁ㅎ는 不學者이기 찟문에 홀 슈 업슴니
다, 아一, 諸君이여, 人類로 世上에 生ㅎ거던 不學者되지 마시
오, 無知識의 結果는 本人과 如히 赧顔이 如此ㅎ오이다, 無學
問의 結果는 本人과 如히 耻愧가 如此ㅎ오이다, 그러ㅎ나 大
奮發로 數語를 謹陳ㅎ야 諸君의 淸聽을 瀆코져 ㅎ오니 容恕ㅎ
시오 (謹聽謹聽) 얼골이 쓰듯ㅎ오이다만은 神聖흔 演壇을 드럼
히고, 말슴홀 것은 「狡猾이 失敗의 基」라 ㅎ는 問題올시다,

【번역】 청년 클럽에서 하는 연설

　지금 연설하신 변사가 소진과 장의[74]와 같은 웅변으로 유익한 말
씀을 많이 하셨는데, 어눌하고 무식한 본인이 달변이며 박식한 변사
의 뒤에 연설하여 여러분은 대단히 재미가 없겠습니다. ('아니오, 아
니오' 이것은 청중의 소리이다.) 비유하여 말하면 좋은 과실주를 마신
뒤에 쓰디쓴 막걸리를 마시는 것과 같다고 하겠습니다. (아니오) 그

---

74) 소진(蘇秦)과 장의(張儀): 춘추전국 시대에 변론으로 이름난 사람이다. 소진이
　　합종(合縱)의 설로 산동(山東)의 육국(六國)을 설득하여 힘을 합쳐서 진(秦)나라
　　에 항거하게 하자, 장의가 진 혜왕(秦惠王)을 도와 연횡(連橫)의 설로 육국을 설
　　득하여 종약(縱約)을 깨뜨리고 다 같이 진나라를 섬기게 하였다.

러므로 본인은 연설할 수 없다고 사양했더니, 회장께서 무엇이든지 한마디 말씀해달라고 하셨습니다. 연설하려 하니 준비가 안 되었고, 아니하면 회장의 뜻을 저버리는 것이 되어 참으로 진퇴유곡입니다. 그러나 본인은 분발하겠습니다. 차라리 자리를 가득 메운 여러분에게 멸시와 조소를 받을지언정 회장 각하의 후의를 저버릴 수 없다고 생각하여 크게 분발하고 연단에 올라왔습니다. 본인의 마음에는 정말로 연설을 한번 잘하여 여러분의 박수갈채를 받으려는 야심과 명예심이 마음속에서 불타오르는 듯하나 근본이 낫 놓고 기역 자도 모르는 배우지 못한 사람이기 때문에 그럴 수 없습니다. 아! 여러분, 인간으로 세상에 태어났거든 배우지 못한 사람이 되지 마십시오. 지식이 없는 결과는 본인처럼 이렇게 얼굴이 붉어질 것입니다. 그렇지만 크게 분발하여 몇 마디를 삼가 늘어놓아 여러분의 깨끗한 귀를 더럽히고자 하니 용서하십시오. (근청 근청) 얼굴이 화끈거리나 신성한 연단을 더럽히고 말씀드릴 것은 '교활함이 실패의 근본 원인이다'라고 하는 문제입니다.

【청년2】 古昔에 狡猾흔 猿이 有ㅎ얏슴이다, 猿이 一日은 其 親友되는 蟹와 道中에셔 相逢ㅎ얏는딕 …………… 하, 蟹와 猿間의 親友라 홈은 大端히 異常ㅎ지만은, 兩班의 夫人이 人力車軍이나 下人으로 與交ㅎ는, 事ㅣ有 …………… 아니, 이것은 失禮올시다, 神聖흔 靑年諸君前에서 如此흔 말씀은 홀 것이 아니올시다 …………… 如此히 適當치 못ㅎ게 交合ㅎ는 事가 人間에도 有흔즉 猿과 蟹가 셔로 朋友됨이 決코 異常흔 事가 아니올시다, (올소 올소) 猿과 蟹가 相逢ㅎ야, 오릭간만일식 그라, 아ㅡ, 엇지 그리 만날 슈 업나, 平安ㅎ신가, 나는 무고ㅎ

에만은 宅內도 다 一樣ᄒ신가、別故 업네、인ᄉ를 다ᄒ 後에 猿
이 蟹를 向ᄒ야 言ᄒ기를、오릭간만에 相逢ᄒ얏스니 餠이나 조
곰 믿드러 먹세 그랴、蟹가 答ᄒ기를、그거 조치、믿드러 먹세、
玆에 評議가 一決ᄒ야 猿과 蟹가 썩을 믿듭니다、그러ᄒ나 米
가 無ᄒ야 此를 엇지 ᄒ리오 ᄒ듸 猿이 言ᄒ기를、念慮치 말게
子에 心算이 有ᄒ다 ᄒ고 蟹를 다리고 同行ᄒ야 野에 出ᄒ니、
此時에 秋色이 野에 滿ᄒ고 黃稻가 金色과 如히 大野一面에
靡靡ᄒ지라、猿과 蟹가 時를 不移ᄒ고 米를 取ᄒ야 餠을 作ᄒ
얏습니다、

【번역】 옛날에 교활한 원숭이가 있었습니다. 원숭이가 하루는 자기
친구인 게와 도중에서 만났는데 ……[75] 하! 게와 원숭이 사이에 친
구라고 하는 것은 대단히 이상하지만, 양반의 부인이 인력거꾼이나
하인을 사귀는 일과 같습니다……아니, 이것은 실례입니다. 신성한
청년 여러분 앞에서 이러한 말씀은 할 것이 아닙니다. …… 이렇게
적당하지 못하게 어울리는 일이 세상에도 있으니, 원숭이와 게가 서
로 친구가 되는 것이 결코 이상한 일이 아닙니다. (옳소, 옳소) 원숭
이와 게가 만나서 "오래간만일세 그려.", "아! 어찌 그리 만날 수 없
나? 평안하신가?", "나는 무고하네만 댁내도 다 한결같은가?", "별고
없네." 인사를 다 한 뒤에 원숭이가 게를 향하여 말했다. "오래간만
에 만났으니 떡이나 조금 만들어 먹세 그려." 게가 대답했다. "그거
좋지. 만들어 먹세." 이에 의논이 하나로 결정되어 원숭이와 게가 떡

---

75) ……: 입에 올리기에 적당치 않고 신분이나 권위에 어울리지 않는 말을 할 때
　　생략법(parasiopesis)을 사용하여 말하지 않는 척 의도를 전달하는 침묵의 수사
　　학을 사용하고 있다.

을 만듭니다. 그러나 쌀이 없어 '이것을 어떻게 할까'라고 생각했는데, 원숭이가 "염려하지 말게. 나에게 심산이 있네."라고 하고, 게를 데리고 동행하여 들에 나갔습니다. 이때 가을빛이 들에 가득하고 누른 벼가 황금빛처럼 큰 들 한 면에 일렁거렸습니다. 원숭이와 게는 시간을 지체하지 않고 쌀을 가져다 떡을 만들었습니다.

【청년3】餠을 造成ㅎ야 가지고 蟹는 兩人이 滋味잇게 食ㅎ랴 ㅎ즉 猿이 言ㅎ기를、잠간 기다리게 子에 一計가 有ㅎ다 ㅎ더니、繁眼間其餠을、송도리쩨 가지고、高大흔 樹上으로 登ㅎ얏슴니다、蟹는 不意의 欺瞞을 當ㅎ야 憤ㅎ고 切痛히 녀기는듸、猿은 其餠을 示ㅎ면셔、아이고 만나、아이고 만나、ㅎ고、樹枝에서 喜躍ㅎ니 蟹는 其樹下에서 口를 開ㅎ고、힝여ㄴ 조곰 쥬싸 ㅎ고、쳐다보고 잇스되 猿은 조곰도 아니 쥬고 獨食ㅎ랴 흡니다、其猿의 行爲가 可憎ㅎ지 아니 ㅎ오닛가、(그놈 可憎흔 놈이오) 그러흔데 其樹梢가 折ㅎ얏던지、餠이 落ㅎ야 蟹의 前으로 落來ㅎ얏슴니다、(하ー조쏘) 蟹는 此를 見ㅎ고 喜不自勝ㅎ야 「이거、웬 썩이냐」ㅎ고……………… 俗語에 意外의 조흔 일을 보면 「이거 웬 썩이냐」ㅎ는 言이 此蟹에셔 始흔 것이오 (笑聲이 起ㅎ다) …………… 急히 其餠을 持ㅎ고 嚴間深穴로 入ㅎ얏소

【번역】떡을 만들어 가지고 게는 두 녀석이 맛있게 먹으려 했습니다. 원숭이가 "잠깐 기다리게. 하나의 계획이 있네."라고 하더니, 별안간 그 떡을 송두리째 가지고 높고 커다란 나무 위로 올라갔습니다. 게가 불의의 기만을 당하여 분하고 절통하게 여기는데, 원숭이

는 그 떡을 보이면서 "아이고, 맛있다. 아이고, 맛있다."라 하고, 나뭇가지에서 기뻐 날뛰었습니다. 게는 그 나무 아래에서 입을 벌리고 '행여나 조금이라도 주지나 않을까?' 하고 쳐다보고 있었지만, 원숭이는 조금도 주지 않고 혼자 먹으려 했습니다. 그 원숭이의 행위가 가증스럽지 않습니까? (그놈, 가증스런 놈이오.) 그런데 그 나뭇가지가 부러졌는지 떡이 떨어져 게 앞으로 왔습니다. (하! 좋소.) 게는 이것을 보고 기뻐서 어찌할 바를 몰라 "이거, 웬 떡이냐!" 하고 …… 속어에 의외의 좋은 일을 보면 "이거 웬 떡이냐?" 하는 말이 이 게에서 비롯된 것입니다. (웃는 소리가 났다.) …… 급히 그 떡을 가지고 바위 사이의 깊은 굴로 들어갔습니다.

【청년4】 猿은 樹上에셔 餠을 失ᄒ고 望斷ᄒ야 잇셧스나 餠의 後를 戀ᄒ야 降來ᄒ니, 발셔 蟹ᄂᆞᆫ 巖間深究裏에셔, 쎡쎡거리면셔 滋味잇게 餠을 食ᄒ거늘 猿이 蟹를 對ᄒ야 言ᄒ기를, 여보게 蟹公, 조곰만 ᄂᆡ보ᄂᆡ 쥬게, 爾不可獨食일세, 以前을 回想ᄒ면 其餠이 君과 我의 兩人이 共力ᄒ야 製作ᄒ 것이 아닌가, 米를 取ᄒ야 餠을 搗ᄒᆯ 時에 我의 力이 君의 力보다 尤大ᄒ얏네, 그러ᄒ 것을 君이 獨占흠은 法律이 不許ᄒᆯ 것일세, 君은 法律을 違反ᄒᄂᆞᆫ 것도 知치 못ᄒᄂᆞᆫ가 ᄒ고, 으르기도 ᄒ며, 달리기도 ᄒ야, 國會議員의 語法으로 蟹를 責ᄒ니, 蟹ᄂᆞᆫ 呵呵大笑ᄒ고 言ᄒ기를 法律을 違反ᄒ 者ᄂᆞᆫ 君이라, 誰가 몬져 共同을 破ᄒ고 契約을 違ᄒ얏ᄂᆞ뇨, 君이 予를 欺瞞ᄒ야 餠을 持ᄒ고 高樹枝上으로 登去ᄒ야 獨食ᄒ랴 ᄒ지 아니 ᄒ얏ᄂᆞ뇨, 今에 至ᄒ야 君이 予를 法律違反이라 ᄒ니, 可笑可笑라, 아이고 만나, ᄒ고 餠을 食ᄒᄆᆡ 猿이 怒氣를 不勝ᄒ야 暴力으로 其餠을

奪ᄒ랴 ᄒ나 巖間深穴에 可施ᄒᆯ 手段이 無ᄒ야 巖穴上에 跨坐
ᄒ고, 궁둥이로 巖石을 문지르거늘, 蟹가 此를 見ᄒ고 猿의 볼
깃작을 쇠집엇소, 猿이 깜작 놀라 다러나는 셔실에, 其 볼깃작
털이 쌔젓ᄂᆫᄃᆡ 只今도 猿의 볼깃작이 셸간 것은 其時에 蟹의게
쇠집혀서 毛가 다 쌔진 ᄭᅡ닥이오 (笑聲이 起ᄒ다) ᄯᅩ 蟹의 手足
에ᄂᆫ 只今도 毛가 多ᄒ니 此ᄂᆫ 其에 抓取ᄒᆫ 猿의 毛라 홉데다,
(笑聲이 又起)

【번역】 원숭이는 나무 위에서 떡을 잃고 바라던 일이 실패로 돌아
갔으나 떡의 뒷맛을 그리워하여 내려왔습니다. 벌써 게는 바위 사이
의 깊은 굴에서 쩍쩍거리며 맛있게 떡을 먹고 있었습니다. 원숭이가
게를 향해 말하기를 "여보게 해공蟹公, 조금만 내보내 주게. 자네는
혼자 먹을 수 없네. 이전을 돌이켜 생각하면 그 떡은 그대와 나 우
리 둘이 힘을 합하여 만든 것이 아닌가? 쌀을 가져다 떡을 찧을 때
나의 힘이 그대의 힘보다 더욱 컸네. 그러한 것을 그대가 독차지하
는 것은 법률이 승인하지 않을 것이네. 그대는 법률을 위반하는 것
도 알지 못하는가?"라고 하고 으르기도 하며 달래기도 하여 국회의
원의 어법으로 게를 질책했습니다. 게는 껄껄 크게 웃으며 말하기
를 "법률을 위반한 사람은 그대요. 누가 먼저 공동共同을 깨고 계약
을 어겼소? 그대가 나를 기만하여 떡을 가지고 높은 나뭇가지 위로
올라가서 혼자 먹으려 하지 않았소? 지금에 와서 그대가 나를 '법률
위반'이라 하니, 참으로 우스운 일이오. 아이고, 맛있다."라 하고 떡
을 먹었습니다. 원숭이가 노기를 이기지 못하여 폭력으로 그 떡을
빼앗으려 하였지만 바위 사이의 깊은 굴에 손쓸 수단이 없어 바위
굴 위에 걸터 앉아 궁둥이로 암석을 문지르니, 게가 이것을 보고 원

숭이의 볼기짝을 꼬집었습니다. 원숭이가 깜짝 놀라 달아나는 서슬에 그 볼기짝 떨이 빠졌는데, 지금도 원숭이의 볼기짝이 빨간 것은 그 당시에 게에게 꼬집혀서 털이 다 빠진 까닭입니다. (웃는 소리가 났다.) 또 게의 손발에는 지금도 털이 많으니, 이것은 움켜쥔 원숭이의 털이라고 합니다. (웃는 소리가 또 났다.)

【청년5】 共同을 破ᄒ고 利益을 獨占ᄒ랴 ᄒᄂᆞᆫ 者ᄂᆞᆫ 此猿과 如히 最後의 勝利를 得치 못ᄒᆞᆯ 쑨만 아니라, 身體에 傷을 受ᄒᄂᆞ니, 靑年諸君이여, 諸君은 社會의 利益을 爲ᄒᆞ야 盡力ᄒᆞᄂᆞᆫ 것이 決코 他人의 利益이 아니오 各其自己의 利益인 쥴을 思ᄒᆞ시오, 社會의 共同利益을 圖謀ᄒᆞ다가 私利를 貪ᄒᆞ야 共同을 破ᄒ고 利益을 獨專코ᄌ ᄒᆞ면 其最後의 結果ᄂᆞᆫ 利益이 無ᄒᆞ고 損害가 多ᄒᆞᆫ 것이 常例올시다, 쏘 諸君은 人을 欺瞞ᄒᆞ면 災害가 必有ᄒᆞᆫ 것을 思ᄒᆞ시오, 人을 欺ᄒᆞ야 一時의 利益을 得ᄒᆞᆯ지라도 其時에 得ᄒᆞᄂᆞᆫ 利益이 將來에 受ᄒᆞᄂᆞᆫ 災害에 比ᄒᆞ야 極히 少少ᄒᆞᆫ 것이올시다,

쏘 諸君은 狡猾手段이 失敗를 自招ᄒᆞᄂᆞᆫ 것인 쥴 思ᄒᆞ시오, 方今世上에ᄂᆞᆫ 奸狡ᄒᆞᆫ 小人輩가 勢를 執ᄒᆞ고 權을 得ᄒᆞ야 正直ᄒᆞᆫ 君子를 壓倒ᄒᆞᄂᆞᆫ 事ㅣ 有ᄒᆞ나 此가 實로 國家를 亡케 ᄒᆞ고 社會를 腐케 ᄒᆞᄂᆞᆫ 基因이올시다, 그러ᄒᆞᆫ즉 諸君은 아모조록 狡猾手段을 避ᄒᆞ고 正當ᄒᆞᆫ 氣像을 培養ᄒᆞ야 社會와 國家에 對ᄒᆞᆫ 義務를 盡ᄒᆞᆯ 것이오, 萬若狡猾手段을 用ᄒᆞ다가는 猿의 볼깃작이 되오리다, 今日社會의 形狀에 對ᄒᆞ야 말슴ᄒᆞ고 십흔 事가 多ᄒᆞ오나, ᄒᆞᆯ 쥴 모로는 演說은 聽衆의 厭氣를 生케 ᄒᆞᄂᆞᆫ 것이니 그만두겟슴니다 (拍手大喝采)

【번역】 공동을 깨뜨리고 이익을 독차지하려 하는 자는 이 원숭이와 같이 최우의 승리를 얻지 못할 뿐만 아니라, 신체에 상처를 입을 것입니다. 청년 여러분, 여러분은 사회의 이익을 위하여 진력하는 것이 결코 타인의 이익이 아니고, 각기 자기의 이익인 줄을 생각하십시오. 사회 공동의 이익을 도모하다가 개인의 이익을 탐하여 공동을 깨뜨리고 독차지하려고 하면 그 최후의 결과는 이익이 없고 손해가 많은 것[76]이 다반사입니다. 또 여러분은 남을 기만하면 재해가 반드시 있다는 것을 생각하십시오. 남을 속여 일시의 이익을 얻을지라도 그 당시에 얻는 이익이 장래에 받는 재해에 비하여 극히 작은 것입니다.

또 여러분은 교활한 수단이 실패를 자초하는 것일 줄 생각하십시오. 바야흐로 지금 세상에는 간교한 소인배가 형세를 잡고 권력을 얻어 정직한 군자를 압도하는 일이 있습니다. 이것은 실로 국가를 망하게 하고 사회를 부패하게 하는 근본 원인입니다. 그러하니 여러분은 아무쪼록 교활한 수단을 피하고 정당한 기상을 배양하여 사회와 국가에 대한 의무를 다할 것입니다. 만약 교활한 수단을 사용하다가는 원숭이의 볼기짝이 될 것입니다. 오늘날 사회의 모습에 대하여 말하고 싶은 사항이 많지만, 할 줄 모르는 연설은 청중의 기분을 불쾌하게 하는 것이니, 그만두겠습니다. (크게 손뼉을 치고 소리를 질렀다.)

---

76) 사회 … 많은 것: 사익과 공익이 충돌할 때 공익을 중시해야함을 설파하고, 공동의 것을 사적으로 독점하는 일을 문제삼고 있는 대목이다. 안국선의 공화주의적 성격을 분명히 보여주며, 다음 해인 1908년 출간된 《금수회의록》으로 이어지는 내용을 확인할 수 있다.

政府의 政策을 攻擊ᄒᄂ 演說

【정부1】 아一、諸君*이여、本人도 現政府에 服從ᄒᄂ 大韓臣民이올시다、政府의 施政ᄒᄂ 方針이 直接으로 一般臣民의게 利害關係가 有ᄒ 緣由로、臣民은 其施政方針의 如何를 隨ᄒ야 此를 討論ᄒᆯ 수 잇겟슴니다、政府의 施政ᄒᄂ 政治가 本人에게도 直接으로 利害關係가 有ᄒ온즉、本人도 政府施政에 對ᄒ야 可히 泯默치 못ᄒᆯ 事가 有ᄒ면 此를 討論ᄒᆯ 수 잇ᄂ 줄로 思ᄒᆷ니다、諸君은 言ᄒ시오、現政府施政方針에 對ᄒ야 臣民된 者가 此를 攻擊ᄒ야 政府의 反省을 求ᄒᄂ 것이 可ᄒᆷ닛가、此를 默過ᄒᄂ 것이 可ᄒᆷ닛가、쏘 諸君은 言ᄒ시오、現政府의 政策이 國家와 國民의 幸福을 保維或增進ᄒᆯ 수가 有ᄒᆷ닛가、無ᄒᆷ닛가、(업소) 本人은 現政府의 如此ᄒ 政策이 國家의 獨立과 國民의 幸福을 決코 增進치 못ᄒᆯ 줄로 思ᄒᆷ니다、增進ᄒ기ᄂ 姑舍ᄒ고、現今의 狀態도 保維ᄒ지 못ᄒ야 國家의 獨立은 漸漸 업셔지고、國民의 塗炭은 日日尤甚ᄒᆯ 것이오、本人의 所見으로만 如此ᄒᆯ 쑨 아니라、諸君의 意思도 應當本人과 同一ᄒ시리다、(同感同感)

*諸吾, 안국선: 諸君, 독도 수정

【번역】 **정부의 정책을 공격하는 연설**

아! 여러분, 본인도 현정부에 복종하는 대한의 신민입니다. 정부의 시정하는 방침이 직접 일반 신민에게 이해관계가 있는 연유로, 신민은 그 시정방침이 어떤가에 따라 이것을 토론할 수 있습니다.

정부의 시정하는 정치가 본인에게도 직접 이해관계가 있으니, 본인도 정부의 시정에 대하여 침묵해서는 안 되는 일이 있으면 이것을 토론할 수 있는 줄로 생각합니다. 여러분은 말하십시오. 현정부의 시정방침에 대하여 신민된 자가 이를 공격하여 정부의 반성을 구하는 것이 옳습니까? 이것을 묵과하는 것이 옳습니까? 여러분은 말하십시오. 현정부의 정책이 국가와 국민의 행복을 지키고 유지하거나 혹 증진할 수가 있습니까? 없습니까? (없소) 본인은 현정부의 이러한 정책이 국가의 독립과 국민의 행복을 결코 증진하지 못할 줄로 생각합니다. 증진하기는 고사하고 현재의 상태도 지키거나 유지하지 못하여 국가의 독립은 점점 멀어지고, 국민의 도탄은 날마다 더욱 심할 것입니다. 본인의 소견으로만 이러할 뿐만 아니라 여러분의 의사도 응당 본인과 같을 것입니다. (동감 동감)

【정부2】 그러ᄒ나、諸君이여、諸君은 幸히 現政府大臣이 甚히 困難ᄒ 地位에 居ᄒ을 思ᄒ야 此ᄂ 容恕ᄒ시오、本人도 此를 知ᄒᄇ니다、此를 知ᄒᄂ 故로 本人은 現政府를 大端히 불상히 녀김니다 現政府大臣덜이 其本心인즉 國家의 獨立을 完全히 回復ᄒ고 國民의 幸福을 多大히 增進ᄒ고 십흔 마음이 有ᄒ을、本人은 確信ᄒᄇ니다、現政府大臣덜도 應當思量이 有ᄒ오리다、如何히 ᄒ면 國家의 獨立을 鞏固케 ᄒ며、如何히 ᄒ면 國民의 幸福을 增進케 ᄒ며、如何히 ᄒ면 社會의 文明을 發達케 홀고 ᄒᄂ 思量이 必有ᄒ리다、政府大臣에게 如此ᄒ 思量이 有ᄒ을、本人은 知ᄒᄇ니다、그러면 諸君이 本人다려 問ᄒ실 것이오、現政府大臣덜이 如此ᄒ 思想을 有ᄒ면、엇지ᄒ야 其 思想ᄒᄂ 바를 實行치 못ᄒᄂ냐 問ᄒ시리다、그것은 무슴 緣由

인고 ᄒ니、無他라 節制를 受ᄒᄂᆫ 處가 有ᄒ야 任意로 施政치
못ᄒᄂᆫ 緣由라 ᄒ겟슴니다、

【번역】 그렇지만 여러분, 여러분은 다행히 현정부 대신이 매우 곤
란한 위치에 있음을 생각하여 이것을 용서하십시오. 본인도 이것을
압니다. 이것을 알기 때문에 본인은 현정부를 대단히 불쌍히 여깁니
다. 현정부 대신들이 그 본심은 국가의 독립을 완전히 회복하고 국
민의 행복을 아주 크게 증진하고 싶은 마음이 있음을 본인은 확신
합니다. 현정부 대신들도 응당 헤아릴 줄 압니다. 어떻게 히면 국가
의 독립을 공고하게 하며, 어떻게 하면 국민의 행복을 증진시키며,
어떻게 하면 사회의 문명을 발달하게 할까? 하는 것을 헤아릴 줄 알
고 있음이 분명합니다. 정부 대신들이 이렇게 헤아릴 줄 안다는 것
을 본인은 압니다. 그러면 여러분이 본인에게 물으실 것입니다. 현
정부 대신들이 이러한 생각이 있으면 어찌하여 그 생각하는 바를
실행하지 못하느냐 물으실 것입니다. 그것은 무슨 연유인가 하니,
다른 것이 아니라 제약을 받는 것이 있어 마음대로 시정하지 못하
는 연유라 하겠습니다.

【정부3】 卽今政府大臣이 其思想ᄒᄂᆫ 바를 實行ᄒ랴 ᄒ지만
은 其思想ᄒᄂᆫ 것딕로 實行홀 能力이 無ᄒ오이다、譬論홀진딘
民法上의 妻가 權利享有의 能力은 有ᄒ나 權利行使의 能力은
制限됨과 恰似ᄒᆷ니다、그러ᄒᆫ 故로 現內閣이 甚히 困難ᄒᆫ 地
位에 居ᄒ야 間於齊楚ᄒᆫ 境遇쯤 되엿슴니다、一便으로ᄂᆫ 某處
의 勸告가 有ᄒ고 一便으로ᄂᆫ 國民의 輿論이 有ᄒ야 彼를 從
치 아니 ᄒ면 有形의 害가 至ᄒ겟고 此를 顧치 아니 ᄒ면 無形

의 辱을 見ᄒ리니, 實로 左右兩難ᄒ 境遇에 在ᄒᄆ니다, 그러ᄒ
데 現內閣은 無形의 辱은 조곰 聽ᄒᆯ지언정 有形의 害를 避ᄒ
여야 ᄒ겟다 ᄒ고, 此는 顧치 아니 ᄒ더라도 彼는 不可不從ᄒ
여야 ᄒ겟다ᄒ야, 其思量에 違反되는 政策을 施ᄒ는 것이올시
다, 아ー、諸君이여、諸君이 本人과 共히 現政府의 此政策을
反對ᄒ는 것은 常事어니와、此政策을 施ᄒ는 現內閣諸大臣의
良心도 此政策은 反對ᄒ는 것이올시다, (올쏘ー拍手)

【번역】 지금 정부 대신이 그 생각하는 바를 실행하려 하지만 그 생각하는 것대로 실행할 능력이 없습니다. 비유하자면 민법상의 아내가 권리를 향유할 능력이 있으나 권리를 행사할 능력은 제한됨과 흡사합니다. 그렇기 때문에 현내각이 매우 곤란한 위치에 있어 간어제초[77]의 경우쯤 되었습니다. 한편으로는 모처의 권고가 있었고 한편으로는 국민의 여론이 있었습니다. 저것을 따르지 않으면 유형의 해가 이를 것이고 이것을 돌보지 않으면 무형의 욕을 당할 것이니, 실로 진퇴양난의 경우에 처해 있습니다. 그런데 현내각은 무형의 욕은 조금 들을지언정 유형의 해를 피해야겠다고 하고, 이것은 돌보지 않더라도 저것은 따르지 않을 수 없다고 하여 그 생각에 위반되는 정책을 펼치는 것입니다. 아! 여러분, 여러분이 본인과 함께 현정부의 이 정책을 반대하는 것은 당연한 일이거니와, 이 정책을 펼치는 현내각 여러 대신의 양심도 이 정책은 반대하는 것입니다. (옳소! 박수)

---

77) 간어제초(間於齊楚): 약자가 강자들 틈에 끼어서 괴로움을 겪음을 이르는 말. 중국의 주나라 말엽 등(滕)나라가 제나라와 초나라 사이에 끼어서 괴로움을 겪었다는 데서 유래한다.

【정부4】 아—、內閣大臣이여、自己思量에 違背ᄒᆞᄂᆞᆫ 政策을 施ᄒᆞᄂᆞᆫ 現內閣이여、此政策을 施ᄒᆞ야 國家의 獨立이 鞏固히 될 슈 업ᄂᆞᆫ 것을、번연히 知ᄒᆞ면셔、此政策을 施ᄒᆞ야 國民의 幸福이 增進될 슈 업ᄂᆞᆫ 것을、번연히 知ᄒᆞ면셔、此政策을 施ᄒᆞ야 社會의 文明이 發達될 슈 업ᄂᆞᆫ 쥴을 번연히 知ᄒᆞ면셔、不得已ᄒᆞ야 此를 施行ᄒᆞ니、現內閣이 政策上에 無能力홈을 自示ᄒᆞᆫ 것이오、또 不信任홈을 自現ᄒᆞᆫ 것이올시다、如此히 不信任ᄒᆞᆫ 政府가 如此히 無能力ᄒᆞᆫ 政策을 行ᄒᆞ니、아—、불상ᄒᆞ도다、우리 人民이여、우리 人民이 如此ᄒᆞᆫ 無能力의 政策을 施ᄒᆞᄂᆞᆫ 不信任의 政府를 奉戴ᄒᆞ고야、幸福을 得코ᄌᆞ ᄒᆞᆫ덜 得ᄒᆞᆯ 슈 잇겟솜닛가、獨立을 望ᄒᆞᆫ덜 望ᄒᆞᆯ 슈 잇겟솜닛가、文明을 見코ᄌᆞ ᄒᆞᆫ덜 見ᄒᆞᆯ 슈 잇겟솜닛가、아—、同胞諸君이여、即今 우리 韓國의 獨立이 如何히 되엿솜닛가、即今 우리 國民의 現情況이 如何히 되엿솜닛가、또 即今 우리 社會의 狀態가 如何히 되엿솜닛가、

【번역】 아! 내각 대신이여, 자기 생각에 위배되는 정책을 펼치는 현 내각이여, 이 정책을 펼쳐 국가의 독립이 공고하게 될 수 없는 것을 분명히 알면서, 이 정책을 펼쳐 국민의 행복이 증진될 수 없는 것을 분명히 알면서, 이 정책을 펼쳐 사회의 문명이 발달될 수 없는 줄을 분명히 알면서 부득이하여 이것을 시행하니, 현내각이 정책상 무능력함을 스스로 보여주는 것입니다. 또 신임할 수 없음을 스스로 드러낸 것입니다. 이렇게 신임할 수 없는 정부가 이렇게 무능력한 정책을 행하니, 아! 불쌍하도다, 우리 인민이여. 우리 인민이 이러한 무능력한 정책을 펼치는 신임할 수 없는 정부를 떠받들면서 행복을

얻고자 한들 얻을 수 있겠습니까? 독립을 바란들 바랄 수 있겠습니까? 문명을 보고자 한들 볼 수 있겠습니까? 아! 동포 여러분, 지금 우리 한국의 독립이 어떻게 되었습니까? 지금 우리 국민의 현정황이 어떻게 되었습니까? 또 지금 우리 사회의 상태가 어떻게 되었습니까?

【정부5】諸君이 萬若思를 回ᄒ야 國家의 受ᄒᄂ 逼壓을 思ᄒ시면、國民의 受ᄒᄂ 塗炭을 思ᄒ시면、쏘 社會의 當ᄒᄂ 困難을 思ᄒ시면、諸君은 맛당히 起ᄒ야 現政府를 反對ᄒ 것이올시다、諸君은 맛당히 如此無能力ᄒ고 不信任ᄒ 內閣을 更迭ᄒ야 極히 能力이 完全ᄒ고 信任이 厚ᄒ 內閣을 組織ᄒ기를 望ᄒ 것이올시다、諸君이여、諸君이여、불상ᄒ고 可憐ᄒ 우리 同胞諸君이여、如此히 無能力ᄒ고 不信任ᄒ 政府를 奉戴ᄒ 緣由로 今日에 如此히 悲慘ᄒ 境遇를 遭遇ᄒ얏스니、諸君은 現政府政策의 可否가 如何타고 思ᄒ심닛가、諸君은 國家의 獨立도 願치 아니 ᄒ며 幸福도 望치 아니 ᄒ며、文明도 期치 아니 ᄒ닛가、諸君이 萬若獨立을 願ᄒ며、幸福을 望ᄒ며 文明을 期ᄒ시면、엇지 如此無能力ᄒ 政府의 政策을 默過ᄒ 슈 잇스오릿가、本人은 敢히 政府를 攻擊치 아니 ᄒᄂ니다、

【번역】 여러분이 만약 생각을 돌려 국가가 받는 핍박을 생각하면, 국가가 받는 도탄을 생각하면, 또 사회가 당하는 곤란을 생각하면 여러분은 마땅히 일어나서 현정부를 반대할 것입니다. 여러분은 마땅히 이러한 무능력하고 신임할 수 없는 내각을 경질하여 극히 능력이 완전하고 두텁게 신임할 수 있는 내각을 조직하기를 바랄 것

입니다. 여러분, 여러분이여, 불쌍하고 가련한 우리 동포 여러분. 이러한 무능력하고 신임할 수 없는 정부를 떠받들고 있는 연유로 지금 이러한 비참한 경우를 당하였으니, 여러분은 현정부 정책의 잘잘못에 대해 어떻다고 생각하십니까? 여러분은 국가의 독립도 원하지 않으며 행복도 바라지 않으며 문명도 기대하지 않습니까? 여러분이 만약 독립을 원하며 행복을 바라며 문명을 기대하면 어찌 이러한 무능력한 정부의 정책을 묵과할 수 있겠습니까? 본인은 감히 정부를 공격하지 않겠습니다.

【정부6】 그러나 政府의 政策이 우리 國家의 獨立을 害ᄒ고, 우리 國民의 幸福을 破ᄒ고, 우리 社會의 文明을 阻홈에 至ᄒ야는 決코 緘口홀 슈 업슴니다(올쏘—)(아니오, 아니오) 아니라 ᄒ는 諸君이여, 諸君도 獨立을 不願ᄒ며, 幸福을 不望ᄒ며, 文明을 不圖홀 理는 無홀 터인즉, 그러면, 諸君은 方今 우리 國家의 獨立이 完全ᄒ 쥴로 思ᄒ심닛가, 諸君은 卽今 우리 國民의 當ᄒ 情況을 幸福으로 思ᄒ심닛가, 쏘 諸君은 現政府의 此 政策이 能히 우리 國民의 希望ᄒ는 獨立과 幸福과 文明을 與홀 쥴로 思ᄒ심닛가, 아니올시다, 아니올시다, 아니올시다, 此政策이 決코 우리 國民의 希望을 達홀 슈 업슴니다, 此政策은 必然코 無能力ᄒ 結果로 不得已ᄒ야 出ᄒ 것이올시다, 無能力ᄒ 故로 우리는 信任치 아니홈니다, 諸君이여, 諸君이 萬若獨立을 望ᄒ고 幸福을 願ᄒ고 文明을 期ᄒ시는 諸君이면, 本人의 言을 反對치 아니 ᄒ시리이다, (拍手)

【번역】 그러나 정부의 정책이 우리 국가의 독립을 해치고, 우리 국

민의 행복을 깨뜨리고, 우리 사회의 문명을 방해함에 이르러서는 결코 입을 다물 수 없습니다. (옳소!) (아니오, 아니오) '아니다' 하는 여러분, 여러분도 독립을 원하지 않으며 행복을 바라지 않으며 문명을 추구하지 않을 리는 없을 터이니, 그러면 여러분은 조금 전까지 우리 국가의 독립이 완전할 줄로 생각하셨습니까? 여러분은 바로 지금 우리 국민이 당한 상황을 행복으로 생각하십니까? 또 여러분은 현정부의 이런 정책이 능히 우리 국민이 희망하는 독립과 행복과 문명을 가져다줄 줄로 생각하십니까? 아닙니다, 아닙니다, 아닙니다. 이런 정책은 결코 우리 국민의 희망을 이룰 수 없습니다. 이런 정책은 필연코 무능력한 결과로 부득이해서 나온 것입니다. 무능력하기에 우리는 신임할 수 없습니다. 여러분, 여러분이 만약 독립을 바라고 행복을 원하고 문명을 기대하는 여러분이라면, 본인의 말을 반대하지 않을 것입니다. (박수)

斷烟演說

【금연 1】 本人은 貧寒흔 一個書生이올시다, 賢明ㅎ시고 博識ㅎ신 諸君前에 出ㅎ야 演說ㅎ랴 ㅎ는 것이 實로 不敢ㅎ오나, 諸君은 利害를 分別ㅎ는 知識이 有ㅎ신 諸君이시오, 諸君은 害가 有흔 事를 除斥ㅎ고 益이 有흔 事를 力行ㅎ랴 ㅎ는 勇氣가 有ㅎ신 諸君이심을 本人이 確知ㅎ는 故로 敢히 一言을 陳述ㅎ야 淸聽을 仰煩ㅎ옵닌다, (謹聽謹聽) 本人은 諸君

의 第一 嗜好ㅎ시ᄂᆞᆫ、…………… 美人과 同等으로 嗜好ㅎ시
ᄂᆞᆫ、…………… 或은 美女보다 더 好愛ㅎ시ᄂᆞᆫ、烟草에 就ㅎ야
暫間說明ㅎ오리다 或은 烟草를 忘憂草라 ㅎ야 愛喫ㅎ고、或은
烟草를 趣味가 多흔 것이라 ㅎ야 愛喫ㅎᄂᆞᆫ딕、國債報償의 斷
烟同盟이 有ㅎ되 世人이 恒言ㅎ기를 酒ᄂᆞᆫ 可히 斷ㅎ겟스나 烟
草ᄂᆞᆫ 斷키 不能ㅎ다 ㅎ니、아마 諸君이 烟草와 美女ᄂᆞᆫ 禁ᄒᆞᆯ 슈
업ᄂᆞᆫ 듯ㅎ오이다、

【번역】 금연 연설

　본인은 가난한 서생에 불과합니다. 기실 현명하고 박식한 여러분
앞에 나와 감히 연설할 수 없으나, 여러분은 이로움과 해로움을 분
별하는 지식이 있는 분들입니다. 여러분은 해로움이 있는 일을 물리
치고 이로움이 있는 일을 힘써 행하려 하는 용기가 있는 사람들임
을 본인도 확실히 알기에, 감히 한 말씀을 드려 맑은 귀를 번거롭게
하고자 합니다. (삼가 듣다, 삼가 듣다) 본인은 여러분이 가장 즐기고
좋아하는, …… 미인과 마찬가지로 즐기고 좋아하는, …… 어떤 이
는 미녀보다 더 좋아하고 사랑하는, …… 연초에 대하여 잠깐 설명
하겠습니다. 어떤 이는 연초를 '망우초'[78]라고 하여 피는 것을 즐기
고, 어떤 이는 연초를 흥취와 재미가 많은 것이라 하여 피는 것을 즐
깁니다. 국채보상의 단연동맹[79]이 있지만 세상 사람이 늘 말하기를

---

78) 망우초: '근심을 잊는 풀'이라는 뜻으로, 담배의 별칭이다.
79) 국채보상의 단연동맹: 대구의 광문사(廣文社) 부사장인 서상돈(徐相敦, 1851~
　　1913)은 1907년 1월 29일 대동광문회 특별회에서 국채 1300만원을 갚아 국권
　　을 회복하자는 취지를 발의하고, 즉석에서 800원을 의연금으로 내놓았다. 그가
　　발의한 내용에 "우리 이천만 동포가 담배를 석 달만 끊고 그 대금을 다달이 한
　　사람마다 이십 전씩만 수합하면 그 빚을 갚을 것이다."라고 하였다.

‘술은 끊을 수 있겠으나 연초는 끊을 수 없다’라고 하니, 아마 여러 분은 연초와 미녀는 금할 수 없는 듯합니다.

【금연2】 此ㅣ 兩者는 世界各國에 嗜好치 아니 ㅎ는 者ㅣ 無 ㅎ오리다, 勿論, 本人도 嗜好홀 듯ㅎ오이다, 如此히 世界各國 의 多數가 一般嗜好ㅎ는 것인즉, 決코 害가 有홀 理致가 無홀 듯ㅎ나, 其實은 害毒이 大端ㅎ니다, 獨逸의 醫學博士 伯林大 學敎授 「쌕워이횔」이라 ㅎ는 人의 說을 據흔즉, 烟草의 烟을 口中에 오리 含置ㅎ는 것이 有害ㅎ니, 此는 胃에 流入홀 念慮 가 有ㅎ고, 空腹에 喫烟홈이 不可ㅎ니, 此는 中毒의 念慮가 最 多ㅎ고, 飮酒時에 吸烟홈이 不可ㅎ니, 此는 「니코징」이 「알골」 에 溶解ㅎ야 胃中에 入ㅎ면 消化器를 破傷홀 憂慮가 有ㅎ고, 肉食홀 時에 喫烟홈이 不可ㅎ니, 담빈진과 肉精의 性質은 水 火의 相克과 如흔 故로 大端히 害毒을 遺ㅎ고, 또 咳嗽時에 喫 烟홈이 不可ㅎ고, 濕氣가 有흔 烟草를 喫홈이 不可ㅎ고, 品質 이 粗惡흔 烟草를 喫홈이 不可ㅎ니, 此는 品質이 粗惡ㅎ면 毒 을 含홈이 亦多흔 緣由ㅣ라ㅎ고

【번역】 이 둘은 세계 각국에서 즐기고 좋아하지 않는 사람이 없습 니다. 물론, 본인도 즐기고 좋아할 것 같습니다. 이처럼 세계 각국의 다수가 일반적으로 즐기고 좋아하는 것이니, 결코 해로운 이유가 없 을 듯합니다. 하지만 사실은 해독이 대단합니다. 독일의 의학박사이 자 베를린대학 교수 푸워이횔[80]이라는 사람의 주장에 근거하면 “연

---

80) 푸워이횔: 인물 미상.

초의 연기를 입속에 오래 머금고 있는 것이 유해하니, 이는 위에 유입될 염려가 있고, 공복에 끽연하는 것이 옳지 않으니, 이는 중독의 염려가 가장 크며, 음주할 때 흡연함이 옳지 않으니, 이는 니코틴이 알코올에 용해되어 위 안에 들어가 소화기를 상하게 할 우려가 있고, 육식할 때 끽연함이 옳지 않으니 담뱃진과 육정(肉精)[81]의 성질은 물·불이 상극인 것처럼 대단한 해독을 남기며, 또 기침할 때 끽연이 옳지 않고, 습기가 있는 연초를 피는 것이 옳지 않으며, 품질이 조악한 연초를 피는 것도 옳지 않으니, 이는 품질이 조악하면 또한 독을 많이 함유하기 때문이다."라고 합니다.

【금연3】 此外에도 喫烟의 不可흔 緣由가 多흐나、此를 長陳흐면 返히 諸君의 心氣를 害홀가 恐흐야 그만둡니다、아— 烟草는 喫흐고 십지만은 害毒이 可畏오、美女가 可愛나 瘡毒이 可畏니、아— 此世萬事는 総히 辛酸흔 것이지만은、人生이 利害를 分別홀 能力이 少흔지、情慾이 動흐는 處에는 害毒도 不顧흐는지、아— 諸君이여、一時의 愉快를 爲흐다가 終身의 害毒을 受흐는 것이 實로 愚痴의 甚흔 것인 쥴을 思흐시오、

【번역】 이 밖에도 끽연의 불가한 연유가 많지만, 이것을 길게 진술하면 도리어 여러분의 심기를 해칠까 두려워 그만둡니다. 아! 연초는 피고 싶으나 해독이 두렵고, 미녀는 사랑할 만하나 매독이 두려운 것입니다. 아! 이 세상의 모든 일은 전부 시고 매운 것입니다. 하지만 사람이 살아가면서 이로움과 해로움을 분별할 능력이 적은지,

---

81) 육정(肉精): 고기를 뜨거운 물에 끓이면 위에 뜨는 지방 성분을 말한다.

정욕이 동할 때 해독도 살펴보지 않는지, 아! 여러분, 일시의 쾌락을 위해 종신의 해독을 받는 것을 큰 어리석음이라고 여기십시오.

【금연4】 烟草와 美女만 害가 有ᄒ다 ᄒᄂ 것이 아니올시다. 무엇이던지 人이 愛好ᄒᄂ 것은 害毒이 皆有ᄒ고, 人이 厭忌ᄒᄂ 것은 利益이 隨有ᄒ 것이올시다. 보시오. 汗을 流ᄒ야 勞働ᄒ기ᄂ 何人이 此를 好ᄒ릿가만은 此를 忍爲不怠ᄒ면 利益이 多ᄒ 것이오, 酒를 飮ᄒ고 女를 抱ᄒ야 烟草를 口에 薰ᄒ기ᄂ 誰가 此를 厭ᄒ릿가만은 此를 嗜好ᄒ면 心이 放湯ᄒ야 先祖傳來의 財産도 暫時뿐이오, 名譽를 損ᄒ고 生命을 害ᄒ 것은 鏡을 對ᄒ야 見ᄒ보다 더 分明ᄒ오. 諸君이여, 諸君은 賢明ᄒ신 諸君이라. 利害를 能히 分別ᄒ야 害를 斥ᄒ고 利를 取ᄒᄂ 勇猛이 有ᄒ시니, 諸君은 烟草의 害를 知ᄒᄂ 同時에 酒의 害도 知ᄒ고, 女의 害도 知ᄒ고, 人의 가장 愛好ᄒᄂ 것은 總히 害가 有ᄒ을 知ᄒ고, 人이 厭忌ᄒᄂ 것은 總히 益이 有ᄒ을 知ᄒ시오.

【번역】 연초와 미녀만 해가 있는 것이 아닙니다. 무엇이든지 사람이 사랑하고 좋아하는 것은 해독이 있고, 사람이 싫어하고 꺼려하는 것에도 이익이 뒤따르는 법입니다. 보십시오. 땀을 흘려 노동하는 것을 누가 좋아하리오마는, 이것을 참고 게을리하지 않으면 이익이 많습니다. 술을 마시며 여자를 품고 연초를 입에 태우는 것을 누가 싫어하리오마는, 이것을 즐기고 좋아하면 마음이 방탕하여 선조의 재산도 잠시일 뿐입니다. 명예를 잃고 생명을 해할 것은 거울을 보는 것보다 더 분명합니다. 여러분, 여러분은 현명한 분들이기에 이

로움과 해로움을 충분히 분별하여 해로움을 물리치고 이로움을 취하는 용맹함을 가지고 있습니다. 여러분은 연초의 해로움을 아는 동시에 술의 해로움도 알고 여자의 해로움도 알며, 사람이 가장 애호하는 것에는 전부 해가 있음을 알고, 사람이 싫어하고 꺼리는 것에 모두 이로움이 있음을 아십시오.

學校의 學徒를 勸勉ᄒᄂᆫ 演說

【학교1】 妙ᄒ고、어엽쑤고、사랑스러운、靑年學徒諸君이여、予ᄂᆫ 諸君을 어엽비 여기고、사랑흠니다、諸君은 將來 우리 國家의 獨立을 完全히 回復홀 英雄덜이올시다、故로 予ᄂᆫ 諸君을 尊敬흠니다、諸君은 將來 우리 社會의 文明을 燦然히 發進홀 志士올시다、故로 予ᄂᆫ 諸君을 사랑흠니라、諸君은 將來 우리 國民의 幸福을 爲ᄒ야 事業을 만히 ᄒ실 일군이올시다、故로 予ᄂᆫ 諸君을 어엿쎄 녀김니다、아— 學徒諸君이여、將來에 如此ᄒᆫ 모든 責任을 負擔ᄒ신 諸君이여、諸君이 此責任을 盡ᄒ고、此事業을 成ᄒ랴면、如何히 ᄒ여야 成功홀는지 思ᄒ야 보셧슴잇가、諸君이 萬若此를 아직 思치 못ᄒ고、諸君이 萬若 밋처 此를 知치 못ᄒ셔셔 予를 向ᄒ야 如何히 ᄒ면 將來의 如此ᄒᆫ 事業을 成就ᄒ겟ᄂ냐고 問ᄒ시면、予ᄂᆫ、極히 簡單ᄒ고 容易ᄒᆫ 言으로 荅ᄒ겟슴니다、

【번역】 학교의 학도를 권면하는 연설

　젊고 어여쁘며 사랑스러운 청년학도 여러분, 저는 여러분을 어여뻐 여기고 사랑합니다. 여러분은 장래 우리 국가의 독립을 완전히 회복할 영웅들입니다. 그러므로 저는 여러분을 존경합니다. 여러분은 장래 우리 사회의 문명을 찬란하게 일으키고 나아가게 할 지사들입니다. 그러므로 저는 여러분을 사랑합니다. 여러분은 장래 우리 국민의 행복을 위하여 일을 많이 할 일꾼입니다. 그러므로 저는 여러분을 어여뻐 여깁니다. 아! 학도 여러분, 장래에 이러한 모든 책임을 짊어진 여러분, 여러분이 이 책임을 다하고 이 일을 이루려면 어떻게 해야 성공할는지 생각해 보았습니까? 여러분이 만약 이것을 아직 생각하지 못하고, 여러분이 만약 이것을 알지 못하여 저에게 '어떻게 하면 장래의 이러한 일을 성취하겠냐?'라고 물어보면, 저는 매우 간단하고 쉬운 말로 대답하겠습니다.

【학교2】 但只、一言으로 答ᄒ겟슴니다、無他라、工夫를 잘ᄒ면 되ᄂ니라고 答하겟슴니다、工夫를 잘ᄒ시오、熱心으로 工夫ᄒ시오、힘써서 工夫ᄒ시오、學問은 諸君으로 하야금 무삼 事業이던지 成功케 ᄒᄂ 有力ᄒ 顧問官이올시다、學問은 諸君을 正道로 指示ᄒᄂ 引導者올시다、學問은 諸君의 處事를 幇助ᄒᄂ 補佐員이올시다、諸君이 國家의 大事業을 成ᄒ야 責任을 盡ᄒ랴면 如此ᄒ 顧問官과 如此ᄒ 引道者와 如此ᄒ 補佐員을 得ᄒ여야 ᄒ 터이니、諸君이 顧問官이ᄂ 補佐員이ᄂ 引導者를 求ᄒ 時에 學問이 無ᄒ 者로 求ᄒ 理ᄂ 決코 無ᄒ듯ᄒ오、必然코 學識이 有餘ᄒ 者를 求ᄒ리니 然則其人을 求흠이 아니라、其人의 知識을 求흠이올시다、그러ᄒ진딘 顧問官된 其人이 顧

問官이 아니라、其人의 腦裏에 在흔 學問이 實로 顧問官이올
시다、

【번역】 그냥 한마디로 대답하겠습니다. 다름이 아니라, '공부를 잘
하면 된다'라고 대답하겠습니다. 공부를 잘하십시오. 열심히 공부하
십시오. 힘써서 공부하십시오. 학문은 여러분을 무슨 사업이든지 성
공하게 하는 힘 있는 고문관입니다. 학문은 여러분을 바른길로 지시
하는 인도자입니다. 학문은 여러분의 일 처리를 도와주는 보좌원입
니다. 여러분이 국가의 대사업을 이루도록 책임을 다하려면, 이러한
고문관과 이러한 인도자와 이러한 보좌원을 얻어야 할 터이니, 여
러분이 고문관이나 보좌원이나 인도자를 찾을 때 학문이 없는 사람
을 찾을 이유는 결단코 없을 듯합니다. 필연코 학식이 풍부한 사람
을 찾을 것입니다. 그렇다면, 그 사람을 찾는 것이 아니라, 그 사람
의 지식을 찾는 것입니다. 그러할진대, 고문관은 고문관이 된 그 사
람이 아니라, 사실 그 사람의 뇌리에 있는 학문입니다.

【학교3】 諸君이여 將來의 大事業을 成흐야 大英雄이 되실 諸
君이여、眞實흔 顧問官을 得흐시오、眞實흔 顧問官은 學問이
올시다、適當흔 指導者를 得흐시오、適當흔 指導者는 學問이
올시다〈、〉正直흔 補佐員을 得흐시오、正直흔 補佐員은 學問
이올시다、아— 今日은 學問世界올시다、一擧手와 一投足이
總히 學問에 係흐야 學問이 無흔 人은 無用흔 人이올시다、學
問이 無흔 社會는 衰退흠니다、大聲으로 諸君을 向흐야 勸告
흐노니、學問을 務흐시오、엇지흐얏던지 工夫 잘 흐시오、朋友
가 誘흐야 無用흔 學問이니、흐지 말라 흐더라도、聽치 마시고

學校에 來ᄒ시오, 父母가 止ᄒ야 天主學이니, ᄒ지 말라 ᄒ더
라도, 學校에 徃ᄒ시오, 學校에 通學ᄒ야 入費가 夥多홀지라
도, 此를 惜치 말고 通學ᄒ시오, 他事를 營爲ᄒ야 數千金이 當
塲에 싱긴다 홀지라도, 此를 排斥ᄒ고 學校를 退치 마시오, 家
勢가 貧寒ᄒ야 糊口홀 方策이 無홀지라도, 艱難을 忍耐ᄒ고
學問을 務ᄒ시오, 아― 諸君이여, 如此히 諸君을 向ᄒ야 學問
ᄒ라고 勸告홀 時에 更히 誠心으로 勸勉홀 事ㅣ 數件이 有ᄒ
오이다

【번역】 여러분, 장래의 대사업을 이루어 대영웅이 되실 여러분, 진실한 고문관을 얻으십시오. 진실한 고문관은 학문입니다. 알맞은 지도자를 얻으십시오. 알맞은 지도자는 학문입니다. 정직한 보좌원을 얻으십시오. 정직한 보좌원은 학문입니다. 아! 지금은 학문의 세계입니다. 손 한 번 들고 발 한 번 옮기는 것이 전부 학문에 관계되어 학문이 없는 사람은 쓸모없는 사람입니다. 학문이 없는 사회는 쇠퇴합니다. 큰소리로 여러분을 향해 권고하니, 학문에 힘쓰십시오. 어찌 되었든지 공부를 잘하십시오. 친구가 꾀어서 '쓸모없는 학문이니 하지 마라'고 하더라도 듣지 말고 학교에 오십시오. 부모가 제지하여 '천주학이니 하지 마라'고 하더라도 학교에 가십시오. 학교에 다니는 비용이 매우 많을지라도 이를 아까워 말고 학교에 다니십시오. 다른 일을 꾸려 나가 수천 금이 당장에 생긴다고 할지라도 이를 배척하고 학교를 떠나지 마십시오. 살림살이가 가난하여 입에 풀칠할 방도가 없을지라도 어려움을 인내하고 학문에 힘쓰십시오. 아! 여러분, 이렇게 여러분을 향해 학문을 하라고 권고할 때 다시 성심으로 권면할 일이 몇 건이 있습니다.

【학교4】 第一은 忍耐性을 養홀 事이니、諸君은 忍耐性을 養
ᄒ시오、世上萬事에 困難치 아니 ᄒ 事ᄂᆫ 一個도 無ᄒ오이다、
무삼 事業이던지 進行ᄒᄂᆫ 中間에、許多ᄒᆫ 困難이 生ᄒ야 其
人으로 하야금、아이고 ᄒ 슈 업서、ᄒᄂᆫ 言을 發케 홈니다、如
此ᄒᆫ 困難을 當ᄒ야 其人이 萬若其事業을 中止ᄒ면、其事業
은 成功치 못ᄒᄂᆫ 것이오、萬一其人이 此難을 忍耐ᄒ고、百折
不撓ᄒ야 進行ᄒ면 終末에ᄂᆫ 期於히 成功됩니다、諸君이 只今
學校를 出ᄒ야 何事를 營爲ᄒ던지、困難은 必隨홈니다、하믈
며 國家와 社會의 大業을 成ᄒ랴면、人端히 困難ᄒᆫ 境遇를 頻
逢ᄒ리다、故로 諸君은 忍耐性을 養ᄒ시오、무삼 事이던지、어
려운 일이거던、ᄎᆷ으시오、學校에 來홀 時에 雨가 降ᄒ고 風이
吹ᄒ야 行步가 難홀지라도、ᄎᆷ고 來ᄒ시오、秋夜寒燈에 書案
을 對ᄒ야 睡魔가 來侵ᄒ야 讀書가 難홀지라도、ᄎᆷ고 讀ᄒ시
오、敎場에 久坐ᄒ야、몸이 쇠이고、허리가 시여서、先生의 誨
訓을 聽키 難홀지라도、ᄎᆷ고 聽ᄒ시오、學校에 在홀 時부터 무
삼 事이던지、困難ᄒ고、厭ᄒ고、굿츤코、셩가신 事이거던、ᄎᆷ
고 ᄎᆷ어 勝ᄒ시오、如此히 忍耐性을 養ᄒ면、如何ᄒᆫ 困難이 至
홀지라도 屈치 아니 ᄒ고、能히 其目的을 達ᄒ리니、忍耐가 成
功의 秘術이올시다

【번역】 첫 번째는 참을성을 기르는 일이니, 여러분은 참을성을 기
르십시오. 세상만사에 곤란하지 않은 일은 하나도 없습니다. 무슨
사업이든지 진행하는 중간에 허다한 곤란이 발생하여 그 사람에게
'아이고 할 수 없어'라는 말을 표현하게 합니다. 이러한 곤란을 당하
여 그 사람이 만약 그 사업을 중지하면 그 사업은 성공하지 못하는

것입니다. 만일 그 사람이 이런 어려움을 인내하고 백절불요하여 진행하면 종말에는 기어이 성공합니다. 여러분이 지금 학교를 나가서 어떤 일을 꾸려 나가든지 곤란은 반드시 뒤따라옵니다. 하물며 국가와 사회의 대업을 이루려면 대단히 곤란한 경우를 자주 만날 것입니다. 그러므로 여러분은 참을성을 기르십시오. 무슨 일이든지 어려운 일이라도 참으십시오. 학교에 올 때 비가 내리고 바람이 불어 걷기 어려울지라도 참고 오십시오. 가을밤 썰렁한 등잔불에 책상을 마주하여 지독한 졸음이 밀려와서 책 읽기 어려울지라도 참고 읽으십시오. 가르치는 곳에 오래 앉아 몸이 꼬이고 허리가 시큰거려 선생의 가르침을 듣기 어려울지라도 참고 들으십시오. 학교에 있을 때부터 무슨 일이든지 곤란하고 싫고 귀찮고 성가신 일이든지 참고 참아 이겨내십시오. 이러한 참을성을 기르면 어떠한 곤란이 이를지라도 굽히지 않고 충분히 그 목적을 달성할 것이니, 인내가 성공의 비결입니다.

【학교5】 第二는 勇敢흔 氣를 發홀 事이니、諸君이여、諸君은 勇氣를 發ᄒ시오、勇猛흔 氣가 無ᄒ면 畏怯心이 多ᄒ야 何事던지 成치 못홈니다、諸君은 恒常勇毅果敢ᄒ게 身을 持ᄒ시고、恒常勇毅果敢ᄒ게 心을 執ᄒ시오、只今國家의 모돈 事業이 勇猛흔 人을 待홈니다、諸君은 恒常勇敢흔 心을 持ᄒ야 他人에게 負치 안켓다 ᄒ는 心을 養ᄒ시오、試驗을 經ᄒ야 他人의 後에 落ᄒ거던、忿흔 줄을 思ᄒ시오、運動홀 時에 他人을 不及ᄒ거던、奮發ᄒ시오、아— 果敢ᄒ신 우리 靑年同胞여、諸君은 勇氣를 發ᄒ야 活潑흔 氣像을 作ᄒ시오、妍美흔 衣服과 高價의 履冠을 去ᄒ고、麤粗흔 衣服과 廉價의 履冠으로、貴家子

弟의 態度를 棄ᄒ고 靑年學生의 將來有爲ᄒ 人이 되시오, 貴
公子의 態度로는 英雄이 無ᄒ오이다, 貴公子家에는 豪傑이 生
치 아니 홉니다

【번역】 두 번째는 용감한 기운을 내는 일이니, 여러분이여, 여러분은 용기를 내십시오. 용맹한 기운이 없으면 두려움이 많아 무슨 일이든지 이루지 못합니다. 여러분은 항상 용감하고 굳세며 담대하게 몸을 유지하고, 항상 용감하고 굳세며 담대하게 마음을 잡으십시오. 지금은 국가의 모든 사업이 용맹한 사람을 기다립니다. 여러분은 항상 용감한 마음을 가져 다른 사람에게 지지 않겠다는 마음을 기르십시오. 시험을 치르고 다른 사람의 뒤에 처지거든 분한 줄을 생각하십시오. 운동할 때 다른 사람에 미치지 못하면 분발하십시오. 아! 담대한 우리 청년 동포여, 여러분은 용기를 내어 활발한 기상을 만드십시오. 곱고 아름다운 옷과 값비싼 신발과 모자를 버리고 거친 옷과 값싼 신발과 모자를 착용하십시오. 귀한 집 자식의 태도를 버리고 청년 학생으로서 장래에 큰일을 할 사람이 되십시오. 귀공자의 자세로는 영웅이 될 수 없습니다. 귀공자 집안에는 호걸이 나오지 않습니다.

【학교6】 懦弱ᄒ 人이 엇지 事業을 成ᄒ겟슴닛가, 勇敢ᄒ 人이라야 能히 勇敢ᄒ 事業을 成홀 것이올시다, 非常ᄒ 人이라야 能히 非常ᄒ 事業을 遂行ᄒ겟슴니다, 諸君은 勇毅果敢ᄒ 諸君이 되시오, 學課中에 至難ᄒ것이 有홀지라도, 諸君은 思ᄒ기를 我에게 難ᄒ 것이 何에 有ᄒ리오 ᄒ시오, 算術에 難解ᄒ 問題가 有ᄒ거던, 諸*은 思ᄒ기를 此亦人이 解ᄒᄂ 것이니

我가 엇지 解치 못ㅎ리오 ㅎ고 勇氣를 發ㅎ시오, 勇氣가 無ㅎ 면 將來의 事業은 姑舍ㅎ고 現今의 工夫도 못홀 것이올시다、

*諸, 안국선: 諸君, 독도 수정

【번역】 겁 많고 나약한 사람이 어찌 사업에 성공하겠습니까? 용감한 사람이라야 능히 용감한 사업에 성공할 것입니다. 비상한 사람이라야 능히 비상한 사업을 수행합니다. 여러분은 용감하고 굳세며 담대한 여러분이 되십시오. 학과 중에 매우 어려운 것이 있을지라도 여러분은 생각하기를 '나에게 어려운 것이 어찌 있으리오'라고 하십시오. 산술에 풀기 어려운 문제가 있으면 여러분은 생각하기를 '이 또한 사람이 푸는 것이니, 내가 어찌 풀지 못하리오'라고 하고 용기를 내십시오. 용기가 없으면 장래의 사업은 고사하고 현재의 공부도 못할 것입니다.

【학교7】 第三은 勤勉心을 起홀 事이니、諸君은 무삼 事에던지 勤勉ㅎ시오, 工夫도 勤히 ㅎ고, 運動이라도 勤히 ㅎ고, 하다 못히 行步식지라도 勤히 ㅎ야, 時間을 虛送치 마시오, 他人의 事라도 勤히 ㅎ고, 我의 事라도 勤히 ㅎ고, 小흔 事에도 勤히 ㅎ고, 大흔 事에도 勤히 ㅎ야, 暫時라도 懶怠心은 苗가 發치 못ㅎ게 ㅎ시오, 懶怠가 諸君의 進步ㅎ는 前路를 阻塞ㅎ는 至大흔 障害物이올시다、懶怠가 諸君의 目的ㅎ는 事業을 妨害ㅎ는 魔鬼올시다、아— 무섭습니다、世上에 第一 무서운 것은 懶怠라 ㅎ는 것인딕, 此ㅣ 懶怠가 能히 人을 以ㅎ게 ㅎ며、此ㅣ 懶怠가 能히 國을 衰케 흠니다、諸君이여、懶怠를 避ㅎ시오, 懶怠를 良友로 知ㅎ야 相從ㅎ다가는、큰일ㄴ오리다、暫時라도 懶치

마시고 勤務ᄒ시오, 홀 일이 업거던, 庭에 下ᄒ야 草를 除ᄒ시
오, 友를 訪ᄒ야 無用閒談으로 時間을 虛送치 마시오, 如此훈
것은 自己一身만 懶怠케 되는 것이 아니라, 他人의 勤勉을 妨
碍ᄒ고 延ᄒ야 社會의 事業을 障害ᄒ는 것이올시다, 아— 諸
君이여, 諸君이 엇지 社會에 有害훈 人이 되겟슴닛가, 諸君은
恒常思ᄒ시되 我가 將來에 此國家와 此社會의 事業을 擔當홀
터이라고 各其自信ᄒ시오, 如此히 自信ᄒ는 以上에는 懶怠치
아니ᄒ여야만 ᄒ겟슴니다, 諸君이여 무삼 事에던지 勤勉ᄒ시
오,

【번역】 세 번째는 근면한 마음을 일으키는 일입니다. 여러분은 무
슨 일이든지 근면하십시오. 공부도 부지런히 하고, 운동이라도 부
지런히 하며, 하다못해 걷는 것이라도 부지런히 하여 시간을 헛되
이 보내지 마십시오. 다른 사람의 일이라도 부지런히 하고, 나의 일
이라도 부지런히 하며, 작은 일에도 부지런히 하고, 큰일에도 부지
런히 하여, 잠시라도 나태한 마음의 싹이 나지 못하게 하십시오. 나
태가 여러분의 진보하는 앞길을 막는 아주 큰 장애물입니다. 나태
가 여러분이 목적하는 사업을 방해하는 마귀입니다. 아! 무섭습니
다. 세상에 제일 무서운 것은 '나태'라고 하는 것인데, 이 나태가 능
히 사람을 망하게 하며, 이 나태가 능히 나라를 쇠약하게 합니다. 여
러분이여, 나태를 피하십시오. 나태를 좋은 벗으로 알아 친하게 지
내다가는 큰일 납니다. 잠시라도 게으르지 말고 부지런히 힘쓰십시
오. 할 일이 없으면 뜰에 내려가서 풀을 뽑으십시오. 친구를 찾아가
서 쓸데없이 한가로운 대화로 시간을 헛되이 보내지 마십시오. 이런
것은 자기 한 몸에만 나태하게 되는 것이 아니라, 다른 사람의 근면

을 방애하고, 이어서 사회의 사업을 방해하는 것입니다. 아! 여러분이여, 여러분이 어찌 사회에 유해한 사람이 되겠습니까? 여러분은 항상 생각하되 '내가 장래에 이 국가와 이 사회의 사업을 담당할 것이다'라고 각자 자신하십시오. 이렇게 자신감을 가지는 한 나태하지 말아야 합니다. 여러분이여, 무슨 일이든지 근면하십시오.

【학교8】 上述흔 數件를 諸君이 銘心ᄒ야, 어렵고, 굿츠코, 성가신 것을 忍耐ᄒᄂ는 것과 무엇이던지 못흘 것이 업다고 勇氣를 發ᄒᄂ는 것과、恒常 무삼 事예던지 勤히 ᄒ야 懶怠의 苗가 心田에 生치 못ᄒ게 흘 것을 銘心ᄒ야、學校에 在ᄒᄂ는 今日부터 此를 每日實行ᄒ시오、그리ᄒ면 學業도 能히 成就ᄒ고 將來社會上에 立ᄒ야 何種事業이던지 失敗업시 能히 成功ᄒ오리다、無用ᄒ고 滋味업는 言辯으로 너무 오리 陳述ᄒ면、諸君으로 하야금 厭氣가 生흘가 恐ᄒ야 그만둠니다

【번역】 위에서 말한 몇 가지를 여러분이 명심하여, 어렵고 귀찮고 성가신 것을 인내하는 것과 무엇이든지 못할 것이 없다고 용기를 내는 것과, 항상 무슨 일이든지 부지런히 하여 나태의 싹이 마음의 밭에 자라지 못하게 할 것을 명심하여 학교에 있는 오늘부터 이것을 매일 실행하십시오. 그리하면 학업도 능히 성취하고 장래 사회에서 어떤 종류의 사업이든지 실패 없이 능히 성공할 것입니다. 쓸모없고 재미없는 언변으로 오래 말하면 여러분에게 싫증이 나게 할까 두려워 그만둡니다.

婦人會에셔 ᄒᆞᄂ 演說

【부인 1】 社會의 基礎ᄂᆞᆫ 婦人社會에셔 始ᄒᆞᄂᆞᆫ 것이올시다、此座에 會集ᄒᆞ신、여러 婦人은 一般女子社會를 指導啓發ᄒᆞ시ᄂᆞᆫ 地位에 方居ᄒᆞ시니、本人의 言을 待치 아니 ᄒᆞ고 知悉ᄒᆞ오리다만은、여러 貴重ᄒᆞ신 婦人이 如此히 會集ᄒᆞ신 座席에 叅列ᄒᆞᆫ 以上은、本人의 名譽心을 爲ᄒᆞ야셔도 一言이 無ᄒᆞᆯ 슈 업스오이다、그러나 本人이 本人의 意思를 陳述ᄒᆞ야 諸婦人의 清聽을 仰煩ᄒᆞᆯ 時에、本人이 몬져 諸婦人게 請求ᄒᆞᆯ 一言이 有ᄒᆞᆷ니다、此ᄂᆞᆫ 無他라、本人의 性質은 心中에 有ᄒᆞᆫ 事를 隱諱치 못ᄒᆞ고 摘發直言ᄒᆞᄂᆞᆫ 病痛이 有ᄒᆞᆫ 故로 必然코 言語間에 失禮ᄒᆞᄂᆞᆫ 事ㅣ 有ᄒᆞᆯᄂᆞᆫ지 未知ᄒᆞ오니、請컨ᄃᆡ 諸婦人은 容恕ᄒᆞ시오

【번역】 **부인회에서 하는 연설**

　사회의 기초는 부인사회에서 비롯되는 것입니다. 이 자리에 모이신 여러 부인은 모든 여자사회를 지도하고 계발하시는 지위에 바야흐로 있으니, 본인의 말을 기다리지 않고 죄다 알 것이지만은, 여러 귀중하신 부인이 이처럼 모이신 좌석에 참여한 이상은 본인의 명예심을 위해서라도 한마디 안 할 수 없습니다. 그러나 본인이 본인의 의사를 진술하여 여러 부인의 맑은 귀를 번거롭게 할 때, 본인이 먼저 여러 부인에게 부탁드릴 한마디가 있습니다. 이것은 다름이 아니라, 본인의 성질은 마음속에 있는 일을 숨기지 못하고 들춰내어 직언하는 병통이 있기에 필연코 말하는 사이에 실례하는 일이 있는지 모르니, 청컨대 여러 부인은 용서하십시오.

【부인2】今日 우리 韓國의 婦人社會가 前日에 比ᄒᆞ면 大端히
進步되얏습니다、婦人의 會도 有ᄒᆞ고 女子의 學校도 有ᄒᆞ야、
慈善事業이라던지、敎育事業이라던지、其外에 모든 조흔 事業
이 次次設施되야 國家와 社會에 利益을 及홈이 多大ᄒᆞᆫ 것은
一般히 感謝ᄒᆞᄂᆞᆫ 바올시다、如此히 感謝ᄒᆞ고 優美ᄒᆞᆫ 事業을
進行ᄒᆞ시ᄂᆞᆫ、여러 婦人은、必然코 各其腦中에 高尙ᄒᆞ고 尊重
ᄒᆞᆫ 思想이 應有ᄒᆞ리다、우리 韓國의 女子가 五百年以來를 習
慣ᄒᆞᆫ 弊風을 如何히 ᄒᆞ야 一切掃去홀고 ᄒᆞᄂᆞᆫ 思想이 必有ᄒᆞ오
리다、果然 여러 婦人이、다 如此ᄒᆞᆫ 思想이 有ᄒᆞ시면、果然 여
러 婦人이、다 우리 大韓女子의 舊風을 改良ᄒᆞ려 ᄒᆞᄂᆞᆫ 思想이
有ᄒᆞ시면、…………… 아― 本人은 直言ᄒᆞ오리다、……………
此處에 會集ᄒᆞ신 諸婦人이 率先ᄒᆞ야 其弊風되ᄂᆞᆫ 事를 行치 아
니 ᄒᆞ여야 홀 것이올시다

【번역】 금일 우리 한국의 부인사회가 예전에 비하면 대단히 진보되
었습니다. 부인의 모임도 있고 여자학교도 있어 자선사업이라든지
교육사업이라든지, 그 밖에 모든 좋은 사업이 점차 시행되어 국가와
사회에 많은 이익을 미치는 것은 모두가 감사하는 바입니다. 이처럼
감사하고 매우 훌륭한 사업을 진행하는, 여러 부인은 필연코 각기
머릿속에 고상하고 존중하는 생각이 응당 있을 것입니다. 우리 한
국의 여자는 '오백 년 동안 익숙해진 폐해가 많은 풍습을 어떻게 하
면 모두 쓸어 버릴까?' 하는 생각이 반드시 있을 것입니다. 과연 여
러 부인이 다 이러한 생각이 있으면, 과연 여러 부인이 다 우리 대한
여자의 묵은 풍습을 개량하려 하는 생각이 있으면, …… 아! 본인은
직언하겠습니다, …… 이곳에 모인 여러 부인이 솔선하여 그 폐해가

많은 풍습을 행하지 않아야 할 것입니다.

【부인3】 原來、他人의 惡行을 訓戒ㅎ는 사람은、自己가 몬져 其惡行을 行치 아니 ㅎ여야 홀 것이 아니오닛가、他人을 向ㅎ야 舊俗을 改ㅎ라고 勸告ㅎ는 사름은、自己가 몬져 其舊俗을 改ㅎ여야 홀 것이 아니오닛가、아— 本人은 遺憾ㅎ오이다、此處에 會集ㅎ신 諸婦人中에도 尙히 舊俗을 改치 못혼 婦人이 多有ㅎ심을、本人은 遺憾히 녀김니다、此에 出席ㅎ신 여러 婦人은 前에 無ㅎ던 慈善事業을 着手ㅎ시고 前에 未聞ㅎ던 敎育事業을 熱心ㅎ셔셔、우리 韓國의 女子로 ㅎ야곰 舊日의 風俗을 改ㅎ고 文明의 地域으로 入ㅎ게 ㅎ랴 ㅎ시는 婦人덜이산딕、卽、此에 會集ㅎ신 諸婦人은 如此히 優美ㅎ고 高尙혼 思想을 持有ㅎ신 婦人덜이신딕、……………… 아— 遺憾홈니다、遺憾홈니다、……………… 俄時에 本人이 入來홀 時에 見혼즉、門外門前에、웬 帳獨轎*와 轎軍이 그리 多ㅎ오닛가、또 彼壁上에 掛혼 장옷이 엇지 그리 多ㅎ오닛가、

*長獨轎, 안국선: 帳獨轎, 독도 수정

【번역】 원래 다른 사람의 악행을 훈계하는 사람은 자기가 먼저 그 악행을 행하지 않아야 할 것이 아닙니까? 다른 사람을 향하여 낡은 풍속을 고치라고 권고하는 사람은 자기가 먼저 그 낡은 풍속을 고쳐야 할 것이 아닙니까? 아! 본인은 유감입니다. 이곳에 모인 여러 부인 중에도 아직도 낡은 풍속을 고치지 못한 부인이 많이 있음을 본인은 유감스럽게 여깁니다. 여기에 출석한 여러 부인은 이전에 없었던 자선사업을 착수하고, 이전에 듣지 못했던 교육사업에 열심히

해서 우리 한국의 여자로 하여금 옛날의 풍속을 고치고 문명의 지역으로 들어가게 하려는 부인들입니다. 즉, 여기에 모인 여러 부인은 이렇게 매우 훌륭하고 고상한 생각을 지닌 부인들인데, …… 아! 유감입니다, 유감입니다, …… 좀 전에 본인이 들어올 때 본 것으로 말하면, 문밖과 문 앞에 웬 장독교[82]와 가마꾼이 그리 많습니까? 또 저 벽 위에 걸린 장옷이 어찌 그리 많습니까?

【부인 4】 아— 高尙ᄒ시고 優美ᄒ신 여러 婦人이여、只今本人이 一言을 請問ᄒ노니、우리 韓國의 婦人을 爲ᄒ야 第一弊瘼되ᄂ 風俗이 무엇이오닛가、更言홀진된、우리 韓國의 女子ᄂ 人으로 知치 아니 ᄒ고 閨裡에 禁錮ᄒ야 女子社會가 不起케 ᄒ 第一原因이 무엇이오닛가、우리나라의 내외ᄒᄂ 法이 第一弊風이 아니오닛가、內外法이 女子로 ᄒ야곰 門外를 不出케 ᄒ 唯一原因이 아니오닛가、그러면 此에 會集ᄒ신 諸婦人은 女子社會의 舊俗을 改良ᄒ시랴 홀 時에 優先急히 內外ᄒᄂ 法을 解除ᄒ여야 ᄒ실 것이올시다、또 여러 婦人게셔 他人을 勸ᄒ야 內外ᄒᄂ 舊風을 改ᄒ라 ᄒ시랴면、여러 婦人게셔 몬져 內外ᄒᄂ 風俗을 根本的으로 革袪ᄒ여야 홀 것이올시다、

【번역】 아! 고상하고 매우 훌륭한 여러 부인이여, 지금 본인이 우리 한국의 부인을 위해 한마디 묻겠사오니, 제일 고치기 어려운 풍속

---

82) 장독교: 가마의 하나. 뒤는 전체가 벽이고, 양옆에 창을 내었으며, 앞쪽에는 들
   창처럼 된 문이 있고, 뚜껑은 둥긋하게 마루가 지고 네 귀가 추녀처럼 되어 있
   다. 바닥은 살을 대었는데 전체가 붙박이로 되어 있어 다른 가마처럼 떼었다 꾸
   몄다 하지 못한다.

이 무엇입니까? 다시 말하면, 우리 한국의 여자를 사람으로 알지 않고 규방 속에 감금하여 여자사회가 일어나지 못하게 한 첫 번째 원인이 무엇입니까? 우리나라의 내외[83]하는 법이 첫 번째 폐해가 많은 풍습이 아닙니까? 그러면 여기에 모인 여러 부인은 여자사회의 낡은 풍속을 개량하려 할 때 우선 급히 내외하는 법을 풀어 없애야 할 것입니다. 또 여러 부인께서 다른 사람에게 권하여 내외하는 낡은 풍습을 고치려면, 여러 부인께서 먼저 내외하는 풍속을 근본적으로 없애야 할 것입니다.

【부인5】 그러훈디、內外法이 大端히 嚴格ᄒᆞ야 女子ᄂᆞᆫ 終身禁錮를 當ᄒᆞᆫ 罪囚와 如히 閨裡에 被囚ᄒᆞ야 外出을 不得홈이 原則이 되고、或時不得已ᄒᆞ야 外出ᄒᆞᆯ 時에ᄂᆞᆫ、富貴家의 女子ᄂᆞᆫ 四輪轎ᄂᆞ 帳獨轎*를 乘ᄒᆞ고、貧賤家의 女子ᄂᆞᆫ 장옷이ᄂᆞ 치마를 씨니、此等諸物은 內外法으로 因ᄒᆞ야 世上에 在ᄒᆞᆫ 것이올시다、如此히 內外ᄒᆞ기를 爲ᄒᆞ야 ᄉᆡᆼ긴 物件을、여러 婦人계셔、至今ᄭᆞ지 此를 仍用ᄒᆞ시니、여러 婦人덜이 舊俗을 改良ᄒᆞ시랴ᄒᆞᄂᆞᆫ 本旨가 何에 在ᄒᆞ오닛가、무엇을 爲ᄒᆞ야 大明天地 발근 日月을 잔뜩 가리고 단기심닛가、왜、今日ᄀᆞᆺ지 조흔 日氣 조흔 길에、장옷 벗고 和暢ᄒᆞ게 步行으로 來ᄒᆞ시지 못ᄒᆞ고、갑갑ᄒᆞ게 頭와 顏을 잔뜩 가리고 來ᄒᆞ심닛가、왜、갑갑ᄒᆞ게 무엇을 타고 오심닛가、그 타고 단기시ᄂᆞᆫ 浮費를 貯蓄ᄒᆞ야 學校事業이ᄂᆞ 慈善事業에 寄附ᄒᆞ시면、얼마큼 조케슴닛가、

* 長獨轎, 안국선: 帳獨轎, 독도 수정

---

83) 내외: 남녀의 역할과 지위를 엄격하게 구분하는 것.

【번역】 그렇다면 내외법이 대단히 엄격하여 여자는 종신금고를 당한 죄수와 같이 규방 속에 갇혀 외출하지 못함이 원칙이 되고, 혹시 부득이하여 외출할 때 부귀한 집안의 여자는 사륜교나 장독교를 타고, 빈천한 집안의 여자는 장옷이나 치마를 쓰니, 이와 같은 여러 가지 물건들은 내외법으로 말미암아 세상에 있는 것입니다. 이처럼 내외하기 위해 생긴 물건을 여러 부인께서 지금까지 그대로 사용하니, 여러 부인이 낡은 풍속을 개량하려 하는 근본적인 취지가 어디에 있습니까? 무엇을 위해 대명천지 밝은 일월을 잔뜩 가리고 다니십니까? 왜, 오늘같이 좋은 날씨 좋은 길에 장옷 벗고 화창하게 보행으로 오지 않고, 갑갑하게 머리와 얼굴을 잔뜩 가리고 오십니까? 왜, 갑갑하게 무엇을 타고 오십니까? 그 타고 다니는 쓸데없는 비용을 저축하여 학교사업이나 자선사업에 기부하면 얼마나 좋겠습니까?

【부인6】 아― 有志ᄒ신 여러 婦人이여、몬져 장옷을 廢止ᄒ시오、치마 씨고 단기는 것을 廢止ᄒ시오、其次에는 쏘 타고 단기는 것을 改良ᄒ여야 ᄒ겟슴니다。그러ᄒ되 至今 우리가、社會文明에 從事ᄒ랴면、婦人이시던지、男子덜이던지、勿論ᄒ고、다、발 벗고 나셔서 熱心으로 ᄒ여야 되지、言論으로만 ᄒ고 表面으로만 ᄒ 것 갓ᄒ면 決斷코 되지 못ᄒ 것이올시다。막버리군이 勞役에 服務ᄒ는 것과 恰似ᄒ야、발 벗고 소믹 것고 그리고셔 일을 ᄒ여야지、冠을 戴ᄒ고 履를 穿ᄒ고셔 일을 ᄒ랴면 되겟슴닛가、決斷코 될 슈 업슴니다。至今 우리가 婦人과 男子를 勿論ᄒ고 社會文明에 從事ᄒ는 일군이 되랴면、아조 일군의 模樣을 차리고 나셔야지、以前과 如히 內外는 內外되로 ᄒ고、타고 단길 것은 다 타고 단기고、便히 안져셔 目的을

達ᄒ랴면、決斷코 아니 됨니다、

【번역】 아! 뜻을 가진 여러 부인이여, 먼저 장옷을 폐지하십시오. 치마 쓰고 다니는 것을 폐지하십시오. 그다음에는 또 타고 다니는 것을 개량해야 할 것입니다. 그렇다면 지금 우리가 사회 문명에 종사하려면 부인이든 남자이든 논할 것 없이 다 발 벗고 나서서 열심히 해야 하지, 말로만 하고 겉으로만 할 것 같으면 결단코 되지 못할 것입니다. 막벌이꾼이 노역에 복무하는 것과 흡사하여 발 벗고 소매 걷고 그렇게 일을 해야지, 갓을 쓰고 신발을 신고 일을 하려면 되겠습니까? 결단코 될 수 없습니다. 지금 우리가 부인과 남자를 논할 것도 없이 사회 문명에 종사하는 일꾼이 되려면, 아주 일꾼의 모양을 차리고 나서야지 이전과 같이 내외는 내외대로 하고, 타고 다닐 것은 다 타고 다니고, 편히 앉아서 목적을 달성하려 하면 결단코 안 됩니다.

【부인7】 自古로 國을 利케 ᄒ고 民을 益케 ᄒᆫ 人은、其事業을 進行ᄒᆯ 時에 無盡困難을 經歷ᄒᆫ 것이오、便安히 成事ᄒᆫ 사름은 一人도 無ᄒᆷ니다、請컨딘 注意ᄒ시오
　本人은 此에 會ᄒ신 諸婦人게 對ᄒ야 將來에 希望을 多屬ᄒᆷ니다、우리 韓國의 女子社會가 此에 會ᄒ신 諸婦人의 力으로 因ᄒ야 文明되야、一般社會의 發達ᄒᄂᆫ 基礎가 될 쥴을 確信ᄒᄂᆫ 同時에、愚見을 陳述ᄒ야 敢히 諸婦人의 參考를 作ᄒᆷ니다

【번역】 예로부터 나라를 이롭게 하고 백성에게 도움이 되는 사람

은, 그 사업을 진행할 때 무진 곤란을 두루 겪은 것이고, 편안하게 일을 이룬 사람은 한 사람도 없습니다. 청컨대 주의하십시오.

본인은 여기에 모인 여러 부인에게 장래의 희망을 많이 걸고 있습니다. 우리 한국의 여자사회가 여기에 모인 여러 부인의 힘으로 문명[84]되어 사회 전체가 발달하는 기초가 될 것이라 확신하는 동시에, 제 소견을 진술하여 감히 여러 부인이 참고하도록 하였습니다.

運動에 對흔 演說

【운동1】 諸君、大事業을 成코즈 ᄒᄂᆞᆫ 者ᄂᆞᆫ 大準備를 要흔다 ᄒᄂᆞᆫ 格言을、本人은 寢ᄒᆞ나 醒ᄒᆞ나 起ᄒᆞ나 坐ᄒᆞ나 忘却치 아니 ᄒᄂᆞᆫ 座右銘이올시다、諸君이 다 將來에 大事業을 成ᄒᆞ랴고 其必要흔 知識을 只今準備ᄒᆞ시ᄂᆞᆫ 터인즉、諸君은 熟思ᄒᆞ야 보시오、學問이 암만 多흘지라도 其學問을 느어두ᄂᆞᆫ 器가 完全치 못ᄒᆞ야 破損ᄒᄂᆞᆫ 地境에 至ᄒᆞ면 其學問을 何處에다 置ᄒᆞ겟슴닛가、身體가 懦弱ᄒᆞ야 病魔가 頻侵ᄒᆞ면 其學問이 雖多흔덜 무엇ᄒᆞ겟슴닛가、經天緯地ᄒᄂᆞᆫ 才識이 有흘지라도 其身體만 死亡ᄒᆞ면 其才識도 此와 同時에 消滅흘 것이올시다、그러흔즉 諸君은 知識을 느어둘 그릇을 튼튼ᄒᆞ게 ᄒᆞ시오、不可不身體가 强健ᄒᆞ여야 ᄒᆞ겟슴니다、身體의 强健을 만히 準備ᄒᆞ시오、

---

84) 문명: 문화적으로 개방되고 진보되는 것.

【번역】 운동에 대한 연설

여러분, "큰 사업을 이루고자 하는 사람은 큰 준비가 필요하다."라는 격언은, 본인이 자나 깨나 앉으나 서나 잊어버리지 않는 좌우명입니다. 여러분이 다 장래에 큰 사업을 이루려고 필요한 지식을 지금 준비할 터이니, 여러분은 심사숙고하십시오. 학문이 아무리 많을지라도, 그 학문을 넣어두는 그릇이 완전하지 못하여 파손되는 지경에 이르면 그 학문을 어디에다 두겠습니까? 신체가 나약하여 병마가 자주 찾아오면 그 학문이 많은들 무엇을 하겠습니까? 천하를 경영하고 국정을 다스릴 재능과 식견이 있더라도 그 신체가 죽으면 그 재능과 식견도 이와 동시에 사라져 없어질 것입니다. 그러므로 여러분은 지식을 넣어둘 그릇을 튼튼하게 하십시오. 반드시 신체가 강건해야 합니다. 신체의 강건을 많이 준비하십시오.

【운동2】 予가 今日에 如此히 壯健흔 體格을 得흔 것은 全然히 運動의 效果올시다、予가 幼時에는 大端히 虛弱ᄒ야、小學校時代에는 一日의 學課가 身體에 堪치 못ᄒ야 醫員의 注意로 半日式만 工夫ᄒ고 歸來ᄒ던 그러케 弱흔 사름이올시다、小學校를 卒業ᄒ고 中學校에 入흔 後로는 專히 身體를 强健케 ᄒ기는 運動이 不可缺흘 것으로 知ᄒ야 每日運動ᄒ기를 한 學科와 如히 ᄒ얏습니다、至今도 每日此學科는 廢치 아니 ᄒ고、쏘 老年에 至흘지라도 中止치 아니 흘 마음이올시다、或은 言ᄒ기를 運動은 工夫에 妨害되는 것이라 ᄒ나、此는 運動本來의 趣意를 誤解ᄒ고 言ᄒ는 것이니 予의 意見은 正反對올시다、健全흔 精神은 健全흔 身體에 具備되는 것이라 ᄒ는 格言이 有ᄒ니、運動ᄒ기에 學業이 減ᄒ얏다던지、運動ᄒ기에 學課가 劣

等되얏다던지, ᄒᄂᆫ 言은 不知者의 言이올시다, 運動이라 ᄒᄂᆫ
것은 智識을 容ᄒᄂᆫ 器를 堅固케 ᄒᄂᆫ 方法이오니, 此를 泛然
히 知ᄒ야는 不可ᄒ오이다

【번역】 내가 오늘 이렇게 건장한 체격을 얻은 것은 완전히 운동의
효과입니다. 내가 어렸을 때 대단히 허약하여 소학교 때에는 하루의
학습 과정을 신체가 감당하지 못하고, 의원의 주의로 한나절만 공부
하고 돌아오던 그렇게 약한 사람이었습니다. 소학교를 졸업하고 중
학교에 들어간 뒤로는 오로지 신체를 강건하게 하기는 운동이 없어
서는 안 됨을 알고 매일 운동하는 것을 한 과목처럼 여겼습니다.[85]
지금도 매일 이 과목은 그만두지 않고, 또 노년에 이를지라도 중지
하지 않을 마음입니다. 어떤 이는 '운동은 공부에 방해되는 것이다.'
라고 하지만, 이것은 운동 본래의 취지를 오해하고 말하는 것이니,
나의 의견은 정반대입니다. "건전한 정신은 건전한 신체에 갖춰지
는 것이다."[86]라는 격언이 있습니다. 운동 때문에 학업이 부진하거
나 운동 때문에 학습 과정이 열등하였다는 말은 알지 못하는 사람
의 말입니다. '운동'이라 하는 것은 지식을 담는 그릇을 견고하게 하

---

85) 운동하는…여겼습니다: 안국선의 호가 '농구실주인弄球室主人'인 이유가 여기
　　에서 알 수 있다. 황성기독교청년회(皇城基督教青年會, YMCA)의 창설 책임자이
　　자 초대 간사였던 필립 질레트(Gillette, Phillip L., 吉禮泰)가 1907년 처음으로 황
　　성 YMCA 회원들에게 농구를 소개하고 지도했다. 안국선은 이듬해 YMCA에
　　서 4차례 연설을 했고, 1910년에는 청년회관의 운동실 건립을 위한 수금위원
　　으로 활동하는 등 YMCA 활동에 적극적으로 참여하고 있었다. 이즈음 안국선이
　　YMCA에서 농구를 배웠고, 그 영향으로 자신의 호 '농구실주인'을 지었을 가능
　　성이 높다.
86) 건전한…것이다: 고대 로마의 시인 데키무스 유니우스 유베날리스(Decimus
　　Junius Juvenalis, 55년경~140년경)의 풍자시 모음집 10권 5번 시에 들어있는 구
　　절이다. 원문은 '건강한 신체에 건강한 정신(Mens sana in corpore sano)'이다.

는 방법이니, 이것을 예사롭게 알아서는 안 됩니다.

【운동3】 身體를 强健케 ᄒ랴면 第一注意홀 것이 每日 먹ᄂ
食物이올시다、子의 處地로ᄂ 조곰 過ᄒ지만은 肉食을 만히 ᄒ
ᄂ 것이 조코、西洋料理가 미오 조코、酒와 煙草ᄂ 嚴禁홀 것
이오、다만 葡萄酒의 良美ᄒ 것은 조곰식 ᄒᄂ 것이 無妨ᄒ고
間食과 군것질을 決코 ᄒ지 말어야 ᄒ고、特別히 諸君에게 勸
홀 것은 冷水浴이올시다、冷水浴은 엇더케 ᄒᄂ 것인고 ᄒ니、
무朝에 洗面홀 時에 手巾을 冷水에 浸濯ᄒ야 全身을 문지르ᄂ
것이오、미오 조흔 것이오、大端히 有益ᄒ 것이오、子ᄂ 十年前
부터 始ᄒ야 今日에 至ᄒ기ᄭ지 一日도 廢ᄒ 事가 無ᄒ얏습니
다、心臟에 病이 無홀 以限은 終身토록 廢치 아니 ᄒ고、每朝
에 冷水浴으로 一學科를 作홀 싱각이올시다、

【번역】 신체를 강건하게 하려면 첫째 주의할 것이 매일 먹는 음식
입니다. 나의 처지로는 조금 과하지만 육식을 많이 하는 것이 좋고,
서양요리가 매우 좋으며, 술과 담배는 엄금해야 합니다. 다만 좋은
포도주를 조금씩 마시는 것은 무방하고, 간식과 군것질을 결코 먹
어서는 안 되며, 특별히 여러분에게 권할 것은 냉수욕입니다. 냉수
욕은 어떻게 하는 것인가 하면, 이른 아침에 세수할 때 수건을 찬물
에 적셔 온몸을 문지르는 것입니다. 매우 좋은 것이고, 대단히 유익
한 것입니다. 나는 10년 전부터 시작하여 오늘에 이르기까지 하루
도 그만둔 일이 없습니다. 심장에 병이 없는 이상 몸을 마칠 때까지
그만두지 않고 아침마다 냉수욕으로 한 과목을 만들 생각입니다.

【운동4】 또 子는 睡寢을 五時間主義올시다、五時間만 寢息ᄒ
면 直時起動ᄒᄆ니다、그러나 試驗前이나、運動會의 前日은 一
時間이나 或二時間을 加寢ᄒ기로 定ᄒ얏소、予는 運動이라 ᄒ
는 運動은 모다 ᄒ야보앗소、近日은 乘馬를 工夫ᄒᄆ니다 外國
셔도 學生덜이 端艇競爭이라던지、行ᄒᆯ 時에는 一週日이ᄂ 二
週日前부터 此를 練習ᄒ고 或은 肉類를 一切不食ᄒ고 白粥을
用ᄒ는 者ㅣ 有ᄒ나、白粥은 人生의 身體를 强壯케 ᄒ는 것이
못되오、競爭의 種類를 依ᄒ야는 或、白粥이 必要ᄒ 時도 有ᄒ
겟지만은、設使必要ᄒ다 ᄒᆯ지라도 一時의 用意쑨이지、其効能
이 永久히 保全치는 못ᄒ는 것이올시다、또 一週日이라던지、
二週日이라던지、練習ᄒ는 것도 必要ᄒ지만은、此亦一時의 効
能을 得ᄒᆷ에 不過ᄒ 것이올시다、또 或은 競走ᄒᆯ 臨時에 足을
馴ᄒ기 爲ᄒ야 塲內를 走廻ᄒ는 者ㅣ 有ᄒ니、此는 一時의 激
烈ᄒ 運動을 試ᄒ야 도로혀 其身體를 害ᄒ는 者라、故로 如此
ᄒ 一時的의 激烈ᄒ 運動은 益이 無ᄒ고 害가 多ᄒ 것이올시
다、

【번역】 또 나는 수면에 대해 5시간 원칙이 있습니다. 5시간만 자면
즉시 일어나 활동합니다. 그러나 시험 전이나 운동회 전날은 1시간
이나 2시간을 더 자기로 정했습니다. 나는 운동이란 운동은 모두 해
보았습니다. 요즘은 승마를 공부합니다. 외국에서도 학생들이 보트
경기를 벌일 때는 1주일이나 2주일 전부터 이것을 연습하고, 어떤
경우는 육류를 일절 먹지 않고 흰죽을 먹는 사람이 있지만, 흰죽은
삶에서 신체를 강건하게 하는 것이 못됩니다. 경기의 종류에 따라
간혹 흰죽이 필요한 때도 있겠지만, 설령 필요하다고 할지라도 일시

의 목적일 뿐이지, 그 효능이 영구히 보전되지는 못하는 것입니다. 또 1주일이나 2주일 연습하는 것도 필요하지만, 이 또한 일시의 효능을 얻는 것에 불과합니다. 혹은 달리기 경기가 임박하여 발을 길들이기 위해 장내를 돌며 뛰는 사람이 있으니, 이것은 일시의 격렬한 운동을 시도하여 도리어 자기의 신체를 해치는 것입니다. 그러므로 이러한 일시의 격렬한 운동은 이익이 없고 해로움이 많은 것입니다.

【운동5】 子는 只今練習을 아니 ㅎ고도 高跳를 홀지라도 普通人보다 以上을 跳홀 것이오, 競走를 홀지라도 數週間練習흔 諸君에게 負치 아니 홀 싱각이올시다, 쏘 子는 如何흔 運動을 ㅎ던지, 運動흔 後에 決코 疲勞를 覺ㅎㄴ 事가 無ㅎ니, 競爭흔 其翌日이ㄴ 他日이ㄴ 조곰도 다르지 아니 ㅎ오이다, 子가 大學校에 入ㅎ던 其年의 事올시다만은, 運動會에서 行ㅎㄴ 諸種競技를 一種도 遺漏치 아니 ㅎ고 ㅎ야보앗소, 他人들은 每度替代ㅎ야 新手가 出來ㅎㄴ듸 子一人은 十八種競技를 모다 ㅎ얏습니다, 其時에 思ㅎ기ㄴ 諸種競技를 一種도 遺漏치 아니 ㅎ고 總히 ㅎ야 보ㄴ 것이닛까, 勝者의 地位에ㄴ 立키 難ㅎ다 ㅎ얏더니, 其結果ㄴ 意外에 十八個優勝賞牌를 一日에 得ㅎ얏습니다,

【번역】 나는 지금 연습하지 않고도 높이뛰기를 할지라도 보통 사람보다 이상을 뛸 것이고, 달리기 경기를 할지라도 몇 주간 연습한 여러분에게 지지 않을 것이라 생각합니다. 또 나는 어떠한 운동을 하더라도 운동한 뒤에 결코 몸살이 나거나 피로를 느끼는 일이 없으

니, 경기한 이튿날이나 다른 날에도 조금도 다르지 않습니다. 내가 대학교에 들어가던 그해[87]의 일입니다만, 운동회에서 행하는 여러 종목의 경기를 한 종목도 빠뜨리지 않고 해 보았습니다. 다른 사람들은 매번 교체하여 새로운 선수가 출전했는데, 나 혼자만은 18종목의 경기를 모두 했습니다. 그때 '모든 종목의 경기를 한 종목도 빠뜨리지 않고 다 해 보는 것이기에 승자의 지위에는 서기 어려울 것이다.'라고 생각했는데, 그 결과는 의외로 18개의 우승 상패를 하루에 얻었습니다.

【운동6】 今日은 如此히 健壯훈 此身이지만은、少年時代를 回顧ᄒ면、極히 虛弱훈 一個兒童으로 一日의 學課가 身體에 過ᄒ다 ᄒ야 醫員의 注意로 半日式만 工夫ᄒ던 此身이올시다、그러ᄒᄃᆡ 至今은 如何ᄒ오닛가、健全ᄒ고 坯 健全ᄒ야 如何훈 人에게던지 負치 아니 ᄒ게 되얏스니、此ᄂ 다 運動의 結果올시다、每日學課와 如히 勤히 훈 運動의 効驗이올시다、予가 萬若運動을 泛然히 視之ᄒ얏더면、依然히 一個虛弱多病훈 人이 되얏슬 것이오、請컨ᄃᆡ 諸君도 學問을 勤勉ᄒᄂ 同時에 運動을 恒常注意ᄒ야 怠치마시오、俗語에 身外無物이라 ᄒᄂ 言이 運動ᄒ라고 諸君을 敎ᄒᄂ 言인줄 思ᄒ시고、우리 韓國靑年이、다 健全ᄒ고 活潑훈 丈夫가 되야 國家의 堅固훈 柱礎가 되기를 懇切히 祝望홈니다。

---

87) 그해: 안국선은 1895년 관비 유학생으로 일본에 건너가 도쿄 전문학교(東京專門學校) 정치과에서 공부하고 1899년 귀국했다. 아마도 이 기간의 어느 해인 듯하다.

【번역】 오늘은 이렇게 건장한 이 몸이지만, 소년 시절을 회고하면 한낱 매우 허약한 아동으로 하루의 학습 과정이 신체에 지나치다고 하여 의원의 주의로 한나절만 공부하던 이 몸입니다. 그렇지만 지금은 어떠합니까? 건강하고 온전하며 또 건강하고 온전하여 어떠한 사람에게도 지지 않게 되었으니, 이것은 다 운동의 결과입니다. 매일의 학습 과정과 이렇게 부지런히 한 운동의 효험입니다. 내가 만약 운동을 예사롭게 여겼다면, 예전처럼 한낱 허약하고 병치레가 잦은 사람이 되었을 것입니다. 청컨대 여러분도 학문에 힘쓰는 동시에 운동에도 항상 유념하고 게을리하지 마십시오. 속어에 "몸 외에 다른 것이 없다."라는 말이 운동하라고 여러분을 가르치는 말인 줄 생각하고, 우리 한국 청년들이 다 건강하고 온전하며 활발한 대장부가 되어 국가의 견고한 주춧돌이 되기를 간절히 바랍니다.

비판정본·원문대역

금슈회의록(禽獸會議錄)

서언

개회 취지

제1석: 어미에게 먹이를 되물어 주어 효도하다. (까마귀)

제2석: 여우가 호랑이의 위세를 빌리다. (여우)

제3석: 개구리가 우물 안에서 바다를 말하다. (개구리)

제4석: 입에는 꿀이 있고 배 속에는 칼이 있다. (벌)

제5석: 창자가 없는 공자. (게)

제6석: 윙윙거리며 이리저리 날아다니다. (파리)

제7석: 가혹한 정치는 호랑이보다 무섭다. (호랑이)

제8석: 둘이 갔다가 둘이 오다. (원앙)

폐회

금슈회의록 목ᄎ

* 구밀북검, 안국션: 구밀복검, 독도 수졍

【번역】 금수회의록 목차

서언

개회 취지

제1석: 어미에게 먹이를 되물어 주어 효도하다. (까마귀)

제2석: 여우가 호랑이의 위세를 빌리다. (여우)

제3석: 개구리가 우물 안에서 바다를 말하다. (개구리)

제4석: 입에는 꿀이 있고 배 속에는 칼이 있다. (벌)

제5석: 창자가 없는 공자. (게)

제6석: 윙윙거리며 이리저리 날아다니다. (파리)

제7석: 가혹한 정치는 호랑이보다 무섭다. (호랑이)

제8석: 둘이 갔다가 둘이 오다. (원앙)

폐회

셔언(序言)

【서언 1】 머리를 들어 하늘을 우러러 보니 일월과 셩신이 쳔츄의 빗츨 일치 아니ᄒ고 눈을 써셔 ᄯᅡᄒᆞᆯ 굽어보니 강희와 산악이 만고에 형상을 변치 아니 ᄒ도다 어ᄂ 봄에 곳치 퓌지 아니ᄒ며 어ᄂ 가을에 입히 ᄯᅥ러지ᄽ 아니 ᄒ리오 우쥬는 의연히 빅듸에 ᄒᆫ걸 ᄀᆺ거늘 사름의 일은 엇지ᄒ야 고금이 다르뇨 지금 셰샹 사름을 슬펴보니 이닯고 불샹ᄒ고 탄식ᄒ고 통곡 ᄒᆞᆯ만ᄒ도다 젼인의 말숨을 듯던지 력ᄉ를 보던지 녯적 사름은 량심이 잇서 텬리를 순죵ᄒ야 하ᄂ님ᄭᅴ 갓가왓거늘 지금 셰샹은 인문이 결단나셔 도덕도 업셔지고 의리도 업셔지고 렴치도 업셔지고 졀기도 업셔져셔 사름마다 더럽고 흐린 풍랑에 ᄲᅡ지고 헤여나올출 몰나셔 왼 셰샹이 다악ᄒᆫ고로 그르고 올흠을 분변치 못ᄒ야 악독ᄒ기로 유명ᄒᆫ 「도척」이 ᄀᆺᄒᆫ 도적놈은 쳥텬 빅일에 ᄉ마를 달녀 왕궁 국도*에 횡힝ᄒ되 사름이 보고 이샹히녁이지 아니ᄒ고 「안ᄌ」ᄀᆺ치 착ᄒᆫ 사름이 루항에 잇셔셔 ᄒᆫ 도시락 밥을 먹고 ᄒᆫ 표쥬박 물을 마시며 간난을 견듸지 못ᄒ되 ᄒᆫ 사름도 불샹히 녁이지 아니ᄒ니 슬프다 착ᄒᆫ 사름과 악ᄒᆫ 사름이 격구루 되고 츙신과 역적이 밧고엿도다

* 극도, 안국선: 국도(國都), 독도 수정

【번역】 머리를 들어 하늘을 우러러보니 해와 달과 별들이 천추의 빛을 잃지 않고, 눈을 떠서 땅을 굽어보니 강과 바다와 산악이 만고에 형상이 변하지 않았다. 어느 봄에 꽃이 피지 않으며, 어느 가을에 잎이 떨어지지 않으리오. 우주는 의연하게 백 세대에 한결같은데 사람의 일은 어찌하여 고금이 다른가? 지금 세상 사람을 살펴보니 애달프고 불쌍하며 탄식하고 통곡할 만하도다. 옛사람의 말씀을 듣거나 역사를 보면 옛날 사람은 양심이 있어 천리를 순종하여 하나님과 가까웠다. 하지만 지금 세상은 인문人文이 결딴나서 도덕도 없어지고 의리도 없어지며, 염치고 없어지고 절개도 없어져서 사람마다 더럽고 흐린 풍랑에 빠지고 헤어 나올 줄 모른다. 온 세상이 다 악하기 때문에 그름과 옳음을 분별하지 못하여 악독하기로 유명한 도척[1] 같은 도적놈은 맑게 갠 대낮에 네 필의 말이 끄는 수레를 달려 왕궁과 도성에 날뛰는 것을 보고도 이상하게 여기는 사람이 없다. 안자[2] 같은 착한 사람이 누추한 시골에서 한 도시락의 밥을 먹고 한 표주박의 물을 마시며 가난을 견디지 못함에도 불쌍히 여기는 사람이 한 사람도 없다. 슬프구나, 착한 사람과 악한 사람이 거꾸로 되고 충신과 역적이 바뀌었도다.

【서언2】 이긋치 텬리에 어긔여지고 덕의가 업서셔 더럽고 어둡고 어리석고 악독ᄒᆞ야 금슈만도 못ᄒᆞᆫ 이 셰상을 쟝ᄎᆞᆺ 엇지ᄒᆞ면 됴흘고 나도 ᄯᅩᄒᆞᆫ 인간에 ᄒᆞᆫ 사름이라 우리 인류사회가 이긋치 악ᄒᆞ게 됨을 근심ᄒᆞ야 미양 셩현의 글을 닑어 셩현의 ᄆᆞ음

---

1) 도척(盜跖): 춘추시대 노(魯)의 대도(大盜)이다. '도'는 도적이고, '척'은 그의 이름이다. 그는 백이와 같은 선인(善人)과 대비되는 악인의 대표적 인물로 거론되었다.
2) 안자(顔子): 공자(孔子)의 수제자인 안회(顔回)를 말한다.

을 본밧으려 흐더니 맛춤 셔챵에 곤히든 잠이 츈풍에 니릭힌 바
되매 유흥을 금치 못흐야 죽쟝마혜로 록슈를 쓰르고 청산을 차
져셔 흔 곳에 다ゝ르니 ᄉ면에 긔화요초는 우거졋고, 시내물 소
리는 죵ゝ흐야 인적이 고요흔데 흰 구롬 푸른 슈풀 ᄉ이에 현판
흐나히 달녓거늘 ᄌ셰히 보니 다셧 글ᄌ를 크게 쎳스되 금슈회
의소라 흐고 그엽헤 문뎨를 걸엇ᄂ듸 인류를 론박홀 일이라 흐
엿고 쏘 광고를 붓쳣ᄂ듸 하늘과 짜ᄉ이에 무슴 물건이던지 의
견이 잇거든 의견을 말흐고 방텽을 흐려거든 방텽흐되 다 각기
ᄌ유로흐라 흐엿ᄂ듸 그 곳에 모힌 물건은 길즘싱 늘즘싱 버러
지 물고기 풀 나무 돌 등물이 다 모혓더라

【번역】 이같이 천리에 어그러지고 도덕과 신의가 없어서 더럽고 어
두우며 어리석고 악독하여 금수만도 못한 이 세상을 장차 어찌하
면 좋을까? 나도 인간이며 한 사람이라 우리 인류사회가 이같이 악
하게 됨을 근심하여 매번 성현의 글을 읽어 성현의 마음을 본받으
려 하였다. 마침 서재 창가에 곤히 든 잠이 봄바람에 빠져〔泥濁〕 흥
겨움을 금치 못하여 죽장망혜3)로 녹수綠水를 따르고 청산을 찾아서
한 곳에 다다랐다. 사방에 옥처럼 고운 풀에 핀 구슬같이 아름다운
꽃〔琪花瑤草〕4)이 우거졌고 시냇물 소리는 쫑알대고 인적이 고요한데,
흰 구름과 푸른 숲 사이에 현판 하나가 달려 있다. 자세히 보니 다섯
글자를 크게 썼는데 '금수회의소'라고 하고, 그 옆에 문제를 걸었는
데 '인류를 논박할 일'이라 하였다. 또 광고를 붙였는데 '하늘과 땅

---

3) 죽장망혜(竹杖芒鞋): 대지팡이와 짚신이란 뜻으로, 먼 길을 떠날 때의 아주 간편
   한 차림새를 이르는 말이다.
4) 기화요초(琪花瑤草): 옥처럼 고운 풀에 핀 구슬같이 아름다운 꽃.

사이에 무슨 물건이든지 의견이 있거든 의견을 말하고, 방청하려거든 방청하되 다 각기 자유로 하라.'라고 하였다. 그곳에 모인 물건은 길짐승·날짐승·버러지·물고기·풀·나무·돌 등과 같은 물건이 다 모였더라.

【서언3】 혼ᄌᆞ 미음으로 가만이 싱각ᄒᆞ야보니 대뎌 사름은 만물지즁에 ᄀᆞ쟝 귀ᄒᆞ고 뎨일 신령ᄒᆞ야 텬디의 화육*을 도으며 하ᄂᆞ님을 딕신ᄒᆞ야 세상 만물의 금슈 초목ᄭᅵ지라도 다 맛하다스리ᄂᆞᆫ 권능이 잇고 쏘 사름이 만일 패악ᄒᆞᆫ 일이 잇스면 쳔히녁여 금슈ᄀᆞᆺᄒᆞᆫ 힝위라 ᄒᆞ며 사름이 만일 어리셕고 ᄒᆞᄂᆞᆫ 일이 업스면 초목**ᄀᆞᆺ치 아모 싱각도 업ᄂᆞᆫ 물건이라고 욕ᄒᆞᄂᆞ니 그러면 금슈 초목은 쳔ᄒᆞ고 사름은 귀ᄒᆞ며 금슈 초목은 아무것도 모로고 사름은 신령ᄒᆞ거늘 지금 셰상은 밧고여셔 금슈 초목이 도로혀 사름의 무도패덕ᄒᆞᆷ을 공격ᄒᆞ랴 ᄒᆞ니 괴샹ᄒᆞ고 붓그럽고 절통 분ᄒᆞ야 여럿던 입을 다물지도 못ᄒᆞ고 정신업시 셧더니

* 화휵, 안국선: 화육, 독도 수정

** 촌목, 안국선: 초목, 독도 수정

【번역】 혼자 마음속으로 가만히 생각해 보았다. 무릇 사람은 만물 가운데 가장 귀하고 제일 신령하여 천지의 화육化育[5]을 도우며, 하나님을 대신하여 세상 만물의 금수와 초목까지도 다 맡아서 일을 처리하는 권능이 있고, 또 사람이 만일 패악한 일이 있으면 천하게 여겨 '금수 같은 행위'라고 하며, 사람이 만일 어리석고 하는 일이

---

5) 화육(化育): 천지자연의 이치로 만물을 길러 자라게 함.

없으면 '초목같이 아무 생각도 없는 물건'이라고 욕한다. 그러면 금
수와 초목은 천하고 사람은 귀하며 금수와 초목은 아무것도 모르고
사람은 신령한데, 지금 세상은 바뀌어 금수와 초목이 도리어 사람의
무도하고 패덕함을 공격하려 한다. 괴상하고 부끄러우며 매우 원통
하고 분하여 열었던 입을 다물지 못하고 정신없이 서 있었다.

기회취지(開會趣旨)

【개회1】 별안간 뒤에셔 무어시 와락 쎠다밀며 어셔 드러갑시
다 시간 되엿소 ㅎ고 밧비 드러가는 셔셜에 나도 쓰라 드러가셔
방텽셕에 안져보니 각식 귈즘싱 늘즘싱 모든 버러지 물고기 등
물이 쑤역쑤역 드러와셔 그안에 쎅ㅅㅎ게 셔고 안젓는듸 모힌
물건은 형ㅅ식ㅅ이나 좌석은 졔ㅅ 창ㅅㅎ데 쟝ㅊ 기회ㅎ랴는지
규측 방망이 소릭가 쏙ㅅ나더니 회장인듯흔 흔 물건이 머리에
는 금식이 찬란흔 큰관을 쓰고 몸에는 오식이 령롱흔 의복을 닙
은 이샹흔 틱도로 회장셕에 올나셔셔 흔번 읍ㅎ고 위의 가 엄숙
ㅎ고 형용이 단정ㅎ게 싹 셔셔 여러 회원을 딕ㅎ야 ㅎ는 말이

【번역】 개회 취지

  별안간 뒤에서 무엇이 와락 떠밀며 "어서 들어갑시다, 시간 되었
소."라고 하였다. 바삐 들어가는 서슬에 나도 따라 들어가서 방청석
에 앉아보니, 각종 길짐승·날짐승·모든 버러지·물고기 등과 같은
물건이 꾸역꾸역 들어와서 그 안에 빽빽하게 서거나 앉았다. 모인
물건은 형형색색이나 좌석은 몸가짐이 위엄있고 질서정연하였다〔濟
濟蹌蹌〕. 장차 개회하려는지 규칙 방망이[6] 소리가 '똑똑' 나더니, 회

---

6) 규칙 방망이: 회의를 맡은 사람이 개회나 폐회 등을 선언할 때 탁자를 두드리는

장인 듯한 한 물건이 머리에는 금빛이 찬란한 큰 관을 쓰고 몸에는 오색이 영롱한 의복을 입은 이상한 태도로 회장석에 올라섰다. 그러고선 한번 인사하고 위의가 엄숙하고 형용이 단정하게 딱 서서 회원에게 말했다.

【개회 2】 여러분이여 내가 지금 여러분을 쳥ᄒᆞ야 만고에 업던 일대 회의를 열 째에 흔마디 말슴으로 기회취지를 베플랴 ᄒᆞ오니 즈미잇게 드러쥬시기를 ᄇᆞ라오

　대뎌 우리들이 거쥬ᄒᆞ야 사는 이 셰샹은 당초브터 잇던 거시 아니라 지극히 거륵ᄒᆞ시고 지극히 젼능ᄒᆞ신 하ᄂᆞ님ᄭᅴ셔 조화로 ᄆᆞ드신 거시라 셰계만물을 창조ᄒᆞ신 조화쥬를 곳 하ᄂᆞ님이라 ᄒᆞᄂᆞ니 일만 리치의 쥬인 되시는 하ᄂᆞ님ᄭᅴ셔 셰계를 ᄆᆞ드시고 쏘 만물을 ᄆᆞ드러 각싴물건이 셰샹에 싱기게 ᄒᆞ셧스니 이굿치 ᄆᆞ드신 목뎍은 그 영광을 나타내여 모든 싱물노 ᄒᆞ여곰 인즈흔 은덕을 베프러 영원흔 힝복을 밧게ᄒᆞ랴 홈이라 그런고로 셰샹에 잇는 모든 물건은 사름이던지 즘싱이던지 초목이던지 무슴 물건이던지 다 귀ᄒᆞ고 쳔흔 분별이 업슨즉 엇던거슨 놉고 엇던거슨 ᄂᆞᆺ다홀 리치가 잇스리오

【번역】 "여러분, 내가 지금 여러분을 초청하여 만고에 없던 큰 회의를 연 때에 한마디 말씀으로 개회의 취지를 말하려 하오니, 재미있게 들어주시기를 바랍니다. 대저 우리가 거주해서 사는 이 세상은 당초에 있던 것이 아니라 지극히 거룩하시고 지극히 전능하신 하나

<hr>

기구인 의사봉을 말한다.

님께서 조화로 만드신 것입니다. 세계 만물을 창조하신 조화주를 곧 '하나님'이라 하나니, 모든 이치의 주인 되시는 하나님께서 세계를 만드시고, 또 만물을 만들어 각종 물건이 세상에 생기게 하였으니, 이같이 만드신 목적은 그 영광을 나타내어 모든 생물이 인자한 은덕을 베풀어 영원한 행복을 받게 하려는 것입니다. 그렇기에 세상에 있는 모든 물건은 사람이든지 짐승이든지 초목이든지 무슨 물건이든지 다 귀하고 천한 분별이 없으니, '어떤 것은 높고 어떤 것은 낮다'라고 할 이치가 있겠습니까.

【개회3】 다 각각 텬디의 긔운을 틋고 싱겨셔 이 세샹에 사는 거신즉 다 각기 텬디 본릭의 리치만 좃차셔 하ᄂ님의 뜻대로 본분을 직히고 ᄒ편으로는 제 몸의 힝복을 누리고 ᄒ편으로는 하ᄂ님의 영광을 나타낼지니 그 즁에도 사름이라 ᄒ는 물건은 당초에 하ᄂ님이 믄드실 째에 특별이 령혼과 도덕심을 너허셔 다른 물건과 다르게 ᄒ셧신즉 사름들은 더욱 하ᄂ님의 뜻을 순죵ᄒ야 텬리졍도를 직히고 착ᄒ 힝실과 아름다온 일노 하ᄂ님의 영광을 나타내여야 홀 터인듸 지금 셰샹 사름의 ᄒ는 힝위를 보니 그 ᄒ는 일이 모다 악ᄒ고 부졍ᄒ야 하ᄂ님의 영광을 나타내기는 고샤ᄒ고 도로혀 하ᄂ님의 영광을 더럽게 ᄒ며 은혜를 비반ᄒ야 졔반악증이 만토다

【번역】 다 각각 천지의 기운을 타고 생겨서 이 세상에 사는 것이니, 다 각기 천지 본래의 이치만 좇아서 하나님의 뜻대로 본분을 지키며, 한편으로는 제 몸의 행복을 누리고 한편으로는 하나님의 영광을 나타내야 합니다. 그중에서도 '사람'이라고 하는 물건은 당초에 하

나님이 만드실 때 특별히 영혼과 도덕심을 넣어서 다른 물건과 다르게 하셨으니, 사람들은 더욱 하나님의 뜻을 순종하여 천리와 정도를 지키고 착한 행실과 아름다운 일로 하나님의 영광을 나타내어야 할 것입니다. 지금 세상 사람의 하는 행위를 보니, 하는 일이 모두 악하고 부정하여 하나님의 영광을 나타내기는 고사하고, 도리어 하나님의 영광을 더럽게 하며 은혜를 배반하여 여러 가지 악한 증세가 많습니다.

【개회 4】 외국 사름의게 아첨흐야 벼슬만 흐려 흐고 제 나라이 다 망흐던지 제 동포가 다 죽던지 불고흐는 역적놈도 잇스며 님군을 속이고 빅셩을 해롭게 흐야 나라일을 결단내는 쇼인놈도 잇스며 부모는 즈식을 스랑치 아니 흐고 즈식은 부모를 효도로 셤기지 아니 흐며 형뎨감에 직물노 인연흐야 골육샹잔흐기로 일삼고 부부간에 음란흔 싱각으로 화목지 아니 흔 사름이 만흐니 이곳흔 인류의게 됴흔 령혼과 뎨일 귀하다 흐는 특권*을 줄 거시 무어시오

*틀권, 안국선: 특권, 독도 수정

【번역】 외국 사람에게 아첨하여 벼슬만 하려 하고 자기의 나라가 다 망하든지 자기의 동포가 다 죽든지 돌아보지 않는 역적 놈도 있으며, 임금을 속이고 백성을 해롭게 하여 나랏일을 결딴내는 소인 놈도 있으며, 부모는 자식을 사랑하지 않고 자식은 부모를 효도로 섬기지 않으며, 형제간에 재물로 말미암아 골육상잔을 일삼고 부부간에 음란한 생각으로 화목하지 않은 사람이 많으니, 이와 같은 인류에게 좋은 영혼과 제일 귀하다고 하는 특권[7]을 줄 것이 무엇이오?

【개회5】 하ᄂᆞ님을 셤기던 텬ᄉᆞ도 악ᄒᆞᆫ 힝실을 ᄒᆞ다가 쩌러져셔 마귀가 된 일이 잇거든 ᄒᆞ믈며 사ᄅᆞᆷ이야 더 말ᄒᆞᆯ 것 잇소 태고적 민 처음에 사ᄅᆞᆷ을 내실 적에는 령혼과 덕의심을 주서셔 만물 즁에 데일 귀ᄒᆞ다 ᄒᆞᄂᆞᆫ 특권을 주셧스되 뎌희들이 그 권리를 내여ᄇᆞ리고 그 셩품을 일허ᄇᆞ리니 몸은 비록 사ᄅᆞᆷ의 형샹이 그대로 잇슬지라도 만물 즁에 ᄀᆞ쟝 귀ᄒᆞ다 ᄒᆞᄂᆞᆫ 인류의 ᄌᆞ격은 잇다 ᄒᆞᆯ 수가 업소

【번역】 하나님을 섬기던 천사도 악한 행실을 하다가 떨어져서 마귀가 된 일[8]이 있는데, 하물며 사람이야 더 말할 것이 있겠습니까. 태고적 맨 처음에 사람을 내실 적에는 영혼과 덕의심[9]을 주셔서 만물 중에 제일 귀하다고 하는 특권을 주셨습니다. 하지만 자기들이 그 권리를 내다 버리고 그 성품을 잃어버리니, 몸은 비록 사람의 형상이 그대로 있을지라도 만물 중에 가장 귀하다고 하는 인류의 자격은 있다고 할 수 없습니다.

【개회6】 여러분은 금슈라 초목이라 ᄒᆞ야 사ᄅᆞᆷ보다 쳔ᄒᆞ다 ᄒᆞ나 하ᄂᆞ님이 뎡ᄒᆞ신 법대로 힝ᄒᆞ야 긔ᄂᆞᆫ 쟈ᄂᆞᆫ 긔고 ᄂᆞᄂᆞᆫ 쟈ᄂᆞᆫ 늘고 굴에셔 사ᄂᆞᆫ 쟈ᄂᆞᆫ 깃드림을 침노치 아니 ᄒᆞ며 깃드린 쟈ᄂᆞᆫ 굴을 쎅앗지 아니 ᄒᆞ고 봄에 싱겨셔 가을에 죽으며 여름에 나와

---

7) 특권: 만물 중에 인간만이 오직 귀하다는 '만물의 영장'이라는 특권을 말한다.

8) 하나님을…일: 기독교 신앙에서는 원래 하나님을 따르던 천사들이 죄를 짓고 타락하여 악마나 마귀가 된다고 여긴다. 가장 잘 알려진 '타락천사'로는 하나님에 대항하여 군대를 일으켰다가 지옥으로 떨어진 루시퍼(Lucifer)가 있다.

9) 덕의심(德義心): 덕의를 소중히 여기고 그대로 행하고자 애쓰는 마음.

서 겨을에 드러가니 하느님의 법을 직히고 텬디 리치대로 힝ᄒ
야 정도에 어김이 업슨즉 지금 여러분 금슈 초목과 사름을 비
교ᄒ야 보면 사름이 도료혀 늣고 쳔ᄒ며 여러분이 도로혀 귀ᄒ
고 놉흔 디위에 잇다 홀 수 잇소 사름들이 이ᄀᆺ치 제 ᄌ격을 일
코도 거만흔 ᄆᆞ음으로 오히려 만물 즁에 제가 ᄀ쟝 귀ᄒ다 놉다
신령ᄒ다 ᄒ야 우리 족속 여러분을 멸시ᄒ니 우리가 엇지 그 횡
포를 밧으리오

【번역】 여러분은 '금수'와 '초목'이라 하여 사람보다 천하다고 하지
만, 하나님이 정하신 법대로 행하여 기어다니는 것은 기어다니고 날
아다니는 것은 날아다니며, 굴에서 사는 것은 깃들인 곳을 침노치
않고 깃들인 것은 굴을 빼앗지 않으며, 봄에 생겨서 가을에 죽고 여
름에 나와서 겨울에 들어가니, 하나님의 법을 지키고 천지의 이치대
로 행하여 정도에 어긋남이 없습니다. 여러분, 지금 금수 초목과 사
람을 비교하여 보면, 사람이 도리어 낮고 천하며 여러분이 도리어
귀하고 높은 지위에 있다고 할 수 있습니다. 사람들이 이같이 자신
의 자격을 잃어버려도 거만한 마음으로 오히려 '만물 중에 자기가
가장 귀하고 높으며 신령하다'라고 하여 우리 족속 여러분을 멸시하
니, 우리가 어찌 그 횡포를 받겠습니까.

【개회7】 내가 여러분의 ᄆᆞ음을 찬성ᄒ야 하느님ᄭ 알외고 본
회의를 소집ᄒ엿ᄂᄃ 이 회의에셔 결의홀 안건은 세 가지 문뎨
가 잇소
　　뎨일　사름된 쟈의 칙임을 의론ᄒ야 분명히 홀 일
　　뎨이　사름의 힝위를 들어셔 올코 그름을 의론홀 일

뎨삼 지금 셰샹 사름 즁에 인류즈격이 잇는 쟈와 업는 쟈를
　　　됴사홀 일

이 세가지 문뎨를 토론ᄒ야 여러분과 사름의 관계를 분명히
ᄒ고 사름들이 여젼히 악ᄒ 힝위를 ᄒ야 회기치 아니 ᄒ면 그
동물의 사름이라 ᄒ는 일홈을 쎄앗고 이등마귀라 ᄒ는 일홈을
주기로 하ᄂ님ᄭᅴ 샹쥬홀 터이니 여러분은 이쯧을 본밧아 이 회
의에셔 결의ᄒ 일을 진힝ᄒ시기를 ᄇ라옵ᄂ이다

회장이 기회췌지를 연셜ᄒ고 회장셕에 안지니 ᄒ 모퉁이에
셔 우렁찬 소리로 회장을 부르고 니러셔셔 연단으로 올나간다

【번역】 내가 여러분의 마음을 찬성하여 하나님께 아뢰고 본 회의를
소집하였는데, 이 회의에서 결의할 안건은 세 가지 문제가 있소.
　첫째: 사람 된 자의 책임을 의론하여 분명히 할 일
　둘째: 사람의 행위를 들어서 옳고 그름을 의론할 일
　셋째: 지금 세상 사람 중에 인류의 자격이 있는 자와 없는 자를 조
　　　사할 일

이 세 가지 문제를 토론하여 여러분과 사람의 관계를 분명히 하고
사람들이 여전히 악한 행위를 하여 회개하지 않으면 그 동물의 '사
람'이라 하는 이름을 빼앗고 '이등 마귀'[10]라는 이름을 주기로 하나
님께 상소할 터이니, 여러분은 이 뜻을 본받아 이 회의에서 결의한
일을 진행하시기를 바랍니다."

회장이 개회 취지를 연설하고 회장석에 앉으니, 한 모퉁이에서 우
렁차게 회장을 부르고 일어서서 연단으로 올라간다.

---

10) 이등 마귀: 루시퍼와 같은 천사가 타락하면 '일등 마귀'라 하고, 사람이 타락하
　면 '이등 마귀'라고 하는 듯하다.

뎨일셕 반포의효 (가마귀) (反哺之孝)

【까마귀1】 후록고투를 입어서 젼신이 쇠가마코 쏭구란 눈이 말동말동흔데 물 흔잔 조곰 마시고 연셜을 시쟉흔다

　　나는 가마귀올셰다 지금 인류에 뒤흐야 소회를 진슐흘 터인데 반포의효라 흐는 문뎨를 가지고 잠간 말슴흐겟소 사름들은 만물 즁에 제가 뎨일이라 흐지마는 그 힝실을 슬펴볼 디경이면 다 텬리에 어긔여져서 흐나도 기 취흘 거시 업소 사름들의 올치 못흔 일을 모도 다 들러 말슴흐려면 너무 지리흐겟기에 다만 사름들의 불효흔 거슬 가지고 말슴흘 터인데 녯날 동양 셩인들이 말슴흐기를 효도는 덕의 근본이라 효도는 일빅 힝실의 근원이라 효도는 텬하를 다스린다 흐엿고 예수교 계명에도 부모를 효도로 셤기라 흐엿스니 효도라 흐는 거슨 즈식 된 쟈가 고연흔 직분으로 당연히 힝흘 일이올시다

【번역】 제1석: 어미에게 먹이를 되물어 주어 효도하다〔反哺之孝〕(까마귀)[11]

---

11) 까마귀: 사토 구라타로(佐藤橇太郎)의 《禽獸會議人類攻擊》에는 제목에 '제1석 동쪽 구름에 사는 갈까마귀(第一席 東雲の鴉)', 본문에 '동쪽 구름에 사는 새벽 갈까마귀(東雲の曉鴉)'라고 기술했다. 이는 갈까마귀뿐만 아니라, 다른 동물들도 활동하는 장소나 시기에 기반하여 기술하는 형태를 취하였다. 이와는 달리, 안

프록코트[12]를 입어서 전신이 새까맣고 똥그란 눈이 말똥말똥한데, 물 한 잔을 조금 마시고 연설을 시작한다.

"나는 까마귀입니다. 지금 인류에 대하여 소회를 진술할 터인데, '반포의 효'라는 문제를 가지고 잠깐 말씀하겠습니다. 사람들은 '만물 중에 자신이 제일이다'라고 하지마는, 그 행실을 살펴볼 지경이면 다 천리에 어긋나서 하나도 그 취할 것이 없소. 사람들의 옳지 못한 일을 모두 다 들어 말하려면 너무 지루하기에 사람들의 불효한 행위만을 가지고 말하겠습니다. 옛날 동양 성인들은 '효도는 덕의 근본이다.'[13], '효도는 온갖 행실의 근원이다.',[14] '효도는 천하를 다스린다.'[15]라고 했습니다. 예수교 계명誠命[16]에도 '부모를 효도로 섬겨라.'라고 하였으니, '효도'라는 것은 자식 된 자의 본연한 직분으로 당연히 행할 일입니다.

【까마귀 2】 우리 가마귀의 족속은 먹을 거슬 물고 도라와서 어

국선은 본문의 내용인 '효도'와 관련하여 까마귀와 관련된 反哺之孝를 들어 제목으로 삼았는데, 독자들에게 주제를 암시하는 복선의 역할을 한다.

12) 프록코트(frock coat): 남자용의 서양식 예복의 하나로, 보통 검은색이며 저고리 길이가 무릎까지 내려온다.

13) 효도는…근본이다: 《효경(孝經)》〈개종명의(開宗明義)〉에 나오는 구절로, 공자는 "효는 덕의 근본이요, 가르침이 말미암아 나오는 곳이다.〔夫孝德之本也 敎之所由生也〕"라고 하였다.

14) 효도는…근원이다: 정현(鄭玄)이 《논어》에 주석하여 "효는 온갖 행실의 근본이다.〔鄭注論語云 "孝爲百行之本"〕"라고 하였다.

15) 효도는…다스린다: 《효경》〈삼재(三才)〉에 "효는 하늘의 법칙이고 땅의 도리이다.〔夫孝 天之經也 地之義也〕"라고 하였다. 안국선은 이 구절을 '효도는 천하를 다스린다'라고 풀이하였다.

16) 계명(誠命): 종교에서 반드시 지켜야 할 조건. 개신교 십계명 중 "네 부모를 공경하라."는 제5계명이다.

버이를 기르며 효성을 극진히 ᄒ야 망극ᄒᆫ 은혜를 갑하셔 하ᄂ님이 뎡ᄒ신 본분을 직히여 ᄌᄌ손손이 쳔만디를 ᄂ려가도록 가법을 변치 아니 ᄒᄂ는 고로 녯젹에 「빅락쳔」이라 ᄒᄂ는 사름이 우리를 ᄀᄅ쳐 새즁에 「증ᄌ」라 ᄒ엿고 본초강목에는 ᄌ됴라 닐ᄏ럿스니 「증ᄌ」라 ᄒᄂ는 량반은 부모의게 효도 잘ᄒ기로 유 명ᄒᆫ 사름이오 ᄌ됴라 ᄒᄂ는 ᄯᅳᆺ은 ᄉ랑ᄒᄂ는 새라 홈이니 부모는 ᄌ식을 ᄉ랑ᄒ고 ᄌ식은 부모의게 효도홈이 하ᄂ님의 법이라 우리는 그 법을 직히고 어긔지 아니 ᄒ거늘 지금 셰샹 사름들 은 말ᄒᄂ는 거슬 보면 낫낫치 효ᄌ ᄀᆺᄒ되 실샹 ᄒᄂ는 힝실을 보 면 쥬식잡기에 침혹ᄒ야 부모의 ᄯᅳᆺ을 어긔며 형뎨간에 지물도 닷토아 부모의 ᄆᆞ음을 샹케 ᄒ며 제 ᄒᆫ몸만 싱각ᄒ고 부모가 주 리되 도라보지 아니 ᄒ고 녀편네는 학식이라고 조곰 잇스면 쥬 져넘은 ᄆᆞ음이 싱겨셔 온화유슌ᄒᆫ 부덕을 니져ᄇ리고 싀집가셔 는 싀부모 보기를 아모 것도 모로ᄂ는 어리셕은 물건ᄀᆺ치 디졉ᄒ 고 심ᄒ면 원슈ᄀᆺ치 뮈워ᄒ기도 ᄒ니 인류사회에 효도 업셔짐 이 지금 셰샹보다 더 심홈이 업도다 사름들이 일빅힝실의 근본 되ᄂ는 효도를 아지 못ᄒ니 다른 거슨 더 말홀 것 무엇 잇소

【번역】 우리 까마귀 족속은 먹을 것을 물고 돌아와서 어버이를 기 르고 효성을 극진히 하여 망극한 은혜를 갚으며, 하나님이 정하신 본 분을 지켜 자자손손이 천만 대를 내려가도록 집안의 법도를 바꾸지 않습니다. 그러므로 옛적에 '백낙천[17]'이라는 사람이 우리를 가리켜

---

17) 백낙천(白樂天): 당나라 시인 백거이(白居易, 772~846)를 말한다. 그의 자(字)가
    낙천(樂天)이다.

'새 중에 증자다.'[18]라고 하였습니다. 《본초강목》에는 '자조慈鳥'[19]라 일컬었으니, '증자'라는 양반은 부모에게 효도를 잘하기로 유명한 사람입니다. '자조'라는 뜻은 '사랑하는 새'라는 것이니, 부모는 자식을 사랑하고 자식은 부모에게 효도함이 하나님의 법입니다. 우리는 그 법을 지키고 어기지 않거늘, 지금 세상 사람들은 말하는 것을 보면 낱낱이 효자 같습니다. 하지만 실제로 하는 행실을 보면 주색잡기酒色雜技에 아주 빠져서 부모의 뜻을 어기고 형제간에 재물을 놓고 다투어 부모의 마음을 상하게 하며, 자기 한 몸만을 생각하고 부모가 굶주리는데 돌아보지 않습니다. 여편네는 학식이라도 조금 있으면 주제넘은 마음이 생겨서 온화하고 유순한 부녀자의 덕행을 잊어버리고, 시집가서는 시부모 보기를 아무것도 모르는 어리석은 물건처럼 대접하며, 심하면 원수같이 미워하기도 하니, 인류사회에 효도가 없어짐이 지금 세상보다 더 심한 적이 없습니다. 사람들이 온갖 행실의 근본이 되는 효도를 알지 못하니, 다른 것은 더 말할 것이 무엇이 있겠습니까.

---

18) 새…증자다: 증자(曾子)는 공자의 제자 가운데 효자로 이름이 높았던 증삼(曾參)을 말한다. 백거이는 〈자오야제(慈鳥夜啼)〉에서 어미 잃은 까마귀의 효성을 노래하였다. "효성스러운 까마귀가 그 어미 잃고, '까옥까옥' 슬픈 소리 토하누나. 밤낮으로 날아가지 않고, 해가 지나도록 옛 숲을 지키네. 밤이면 밤마다 한밤중에 우니, 듣는 이 눈물로 옷깃을 적시네.……효성스러운 까마귀여, 효성스러운 까마귀여! 새 가운데 증삼이로다.〔慈鳥失其母 啞啞吐哀音 晝夜不飛去 經年守故林 夜夜夜半啼 聞者爲沾襟……慈鳥復慈鳥 鳥中之曾參〕"라고 하였다.《古文眞寶前集 卷3》

19) 자조(慈鳥): 새끼가 어미에게 먹이를 날라다 주는 '인자(仁慈)한 새'라는 뜻인데, 본래는 '자오(慈鳥)'라고 한다. 《본초강목(本草綱目)》〈자오(慈鳥)〉에 "까마귀가 처음 나면 60일 동안은 어미가 먹이를 물어다 먹이고, 자라나면 새끼가 어미에게 먹이를 60일 동안 물어다 먹인다."라고 하였다.

【까마귀 3】 우리는 텬셩이 효도를 쥬쟝ᄒᆞᄂᆞᆫ 고로 츌텬지효셩 잇ᄂᆞᆫ 사름이면 우리가 감동ᄒᆞ야 「로ᄅᆡᄌᆞ」를 도아서 죵일토록 그 부모를 즐겁게 ᄒᆞ야 주며 「증ᄌᆞ」의 갓 우에 모혀셔 효ᄌᆞ의 아름다온 일홈을 천츄에 젼케 ᄒᆞ엿고 ᄯᅩ 우리가 효도만 극진ᄒᆞᆯ 쑨 아니라 ᄌᆞ고이ᄅᆡ로 ᄉᆞ긔에 빗난 일이 ᄒᆞᆫ두 가지가 아니 오니 대강 말슴ᄒᆞ오리다

【번역】 우리는 천성이 효도를 주장합니다. 그러므로 하늘이 낸 효성〔出天之孝誠〕이 있는 사람이면 우리가 감동하여 노래자[20]를 도와서 종일토록 그 부모를 즐겁게 하여 주었으며, 증자의 갓 위에 모여서[21] 효자의 아름다운 이름을 오랜 세월 동안에 전하게 하였습니다. 또 우리가 효도만 극진할 뿐만 아닙니다. 옛날부터 지금까지 역사책에 빛난 일이 한두 가지 아니니, 대강 말하겠습니다.

【까마귀 4】 우리가 ᄶᅦ를 지여 논밧ᄒᆞ로 ᄂᆞ려갈 ᄶᅢ 곡식을 헤ᄒᆞᄂᆞᆫ 버러지를 업시려고 가것마ᄂᆞᆫ 사름들은 미련ᄒᆞᆫ ᄉᆡᆼ각에 그 곡

---

20) 노래자(老萊子): 춘추시대 초(楚)나라의 은사(隱士)이다. 그는 일흔 살이 되어서도 어버이를 즐겁게 해 드리기 위해 색동옷을 입고 재롱을 떨고, 일부러 마루에 물을 뿌려 놓고 미끄러져서 어린애처럼 울기도 하고, 새를 희롱하며 장난을 치기도 하였다고 한다.

21) 증자의…모여서: 증자가 외밭에서 김을 매다가 잘못하여 뿌리를 베자 아버지인 증석(曾晳)이 노하여 막대기로 증자의 등을 후려쳤다. 증자가 한참 동안 의식을 잃었다가 깨어나서는 벌떡 일어나 증석에게로 가서 "아버지께서 저를 가르치느라고 힘을 쓰셨는데 괜찮으신지요?" 하고, 자신의 방으로 물러가서 가야금을 타며 노래를 불렀는데, 이는 증석에게 자신이 건강하다는 것을 보여주려는 의도였다. 이는 《공자가어(孔子家語)》에 나오는 내용인데, 복무기(伏無忌)의 《고금주(古今注)》에 "증자가 외밭에서 김을 매자, 까마귀가 관에 내려앉았다."라고 하였다.

식을 파먹는 줄노 아는도다 셔양 칙력 일쳔팔빅칠십ᄉ년의 미
국 됴류학ᄉ 「셰이루」라 ᄒᄂᆞᆫ 사름이 우리 가마귀 족속 이쳔이
빅오십팔 마리를 잡아다가 비를 가르고 오장을 쯰내여 히부ᄒ
여 보고 말ᄒ기를 가마귀는 곡식을 해ᄒ지 아니 ᄒ고 곡식에 해
되ᄂᆫ 버러지를 잡아먹ᄂᆞᆫ다 ᄒ엇스니 우리가 곡식밧헤 가ᄂᆫ 거
ᄉᆫ 곡식에 리가 되고 해가 되지 아니 ᄒᄂᆞᆫ 거슨 분명ᄒ고 ᄯᅩ 우
리가 밤즁에 우ᄂᆫ 거슨 공연히 우ᄂᆫ 거시 아니오 나라에셔 법령
이 아름답지 못ᄒ야 빅셩이 도탄에 침륜ᄒ야 텬하에 큰 병화가
니러날 징죠가 잇스면 우리가 아니 울 ᄲᅢ에 울어셔 사름들이 ᄭᅵ
닷고 허믈을 곳쳐셔 셰샹이 태평무ᄉ ᄒ기를 희망ᄒ고 권고흠
이오

【번역】 우리가 떼를 지어 논밭으로 내려갈 때 곡식을 해하는 버러
지를 없애려고 가는데, 사람들은 미련한 생각에 그 곡식을 파먹는
줄로 압니다. 서기 1874년에 미국 조류학자 '피에르'[22]라고 하는 사
람이 우리 까마귀 족속 2258 마리를 잡아다가 배를 가르고 오장을
꺼내 해부하고 '까마귀는 곡식을 해하지 않고 곡식에 해가 되는 버
러지를 잡아먹는다.'라고 하였으니, 우리가 곡식밭에 가는 것은 곡
식에 이익이 되고 해가 되지 않는 것은 분명합니다. 또 우리가 밤중
에 우는 것은 공연하게 우는 것이 아닙니다. 나라에서 법령이 아름

---

22) 피에르: 스미스소니언 자연사 박물관(Smithsonian National Museum of Natural
History) 소속 조류학자인 피에르 루이스 쥬이(pierre louis jouy)를 말한다. 그
는 1883년 9월부터 1885년 4월까지 서울 미공사관에 근무하며 우리나라의 미
술품을 수집하는 일도 하였다.

답지 못하여 백성이 도탄에 빠지고 천하에 큰 병화兵禍[23)]가 일어날 징조가 있으면, 아무도 울지 않을 때 우리가 울어서 사람들이 깨닫고 허물을 고쳐서 세상이 태평하고 무사하기를 희망하고 권고하기 위함입니다.

【까마귀 5】 고소성 한산〻에서 들은 너머가고 셔리 친 밤에 쇠북을 쥬둥이로 쏘아 소리를 내서 대망의게 죽을 거슬 살녀준 은혜를 갑헛고 한나라 「광무데」*가 아홉 살 되엿슬 째에 그 부모는 「왕망」의 란리에 죽고 「광무데」** 혼〻 다라날〻 날이 져무러 길을 일헛거늘 우리들이 가서 인도ᄒ엿고 연태〻 「단」이 진나라에 볼모 잡혀 잇슬 찍에 우리가 머리를 희게 ᄒ야 그 나라로 도라가게 ᄒ엿고 「진문공」***이 「기〻츄」를 차지려고 면상산에 불을 노ᄒ매 우리가 연긔를 에워싸고 틋지 못ᄒ게 ᄒ엿더니 그 후에 진나라 사름이 그 산에 은연딕라 ᄒ는 집을 짓고 우리의 은덕을 긔렴ᄒ엿〻며 당나라 「리의부」는 글을 짓되 샹림에 나무를 심어 우리를 준다 ᄒ엿엿고 쏘 물병에 돌을 던지니 「이소푸」가 샹을 주고 탁〻의 포도쥬를 다 먹어도 「후랑크린」이 〻랑ᄒ도다

* 효무데, 안국선: 광무데, 독도 수정

** 효무데, 안국선: 광무데, 독도 수정

*** 진무공, 안국선: 진문공, 독도 수정

---

23) 병화(兵禍): 전쟁으로 말미암은 재앙.

【번역】 고소성 한산사에서 달은 넘어가고 서리 내린 밤에[24] 종을
주둥이로 쪼아 소리를 내서 이무기〔대망大蟒〕에게 죽을 것을 살려준
은혜를 갚았습니다.[25] 한나라 광무제光武帝[26]가 아홉 살 되었을 때,
그 부모는 왕망王莽[27]의 난리에 죽고 광무제 혼자 달아나다가 날이
저물어 길을 잃었는데, 우리들이 가서 인도하였습니다. 연燕 나라 태
자 단丹이 진秦 나라에 볼모로 잡혀있을 때, 우리가 머리를 희게 하
여[28] 그 나라로 돌아가게 하였습니다. 진문공晉文公이 개자추介子推

---

24) 고소성…밤에: 당나라 시인 장계(張繼, 715~779)의 〈풍교야박(楓橋夜泊)〉이란
시에, "달 지고 까마귀 울고 서리는 하늘 가득한데〔月落烏啼霜滿天〕, 강 단풍 고
기잡이불 곁에 시름겨이 조노라니〔江楓漁火對愁眠〕, 고소성 밖 한산사에서〔姑蘇
城外寒山寺〕, 한밤중에 종소리가 나그네 배에 들려 오네〔夜半鐘聲到客船〕"라는 내
용이 있다.

25) 종을…갚았습니다: 주로 구전 설화로 전승되는 〈은혜 갚은 까치(꿩)〉의 내용을
삽입한 듯하다. 전승되는 설화에 따라 날짐승의 종류는 까치, 꿩, 백로 등으로
나타나는데, 안국선은 까치를 '까마귀'로 바꿨다. 다음은 은혜를 갚은 까치에 대
한 설화이다. "옛날에 어떤 선비가 길을 가다가 구렁이에게 잡아먹힐 뻔한 까치
새끼들을 구해 주었다. 선비는 산속을 가다가 날이 어두워져 잘 곳을 찾았는데
마침 예쁜 여자가 나와 극진히 대접하였다. 선비가 한밤중에 자다가 갑갑해져
눈을 떴더니 여자가 뱀으로 변해 선비의 목을 감고 말했다. "나는 너에게 죽은
남편의 원수를 갚으려고 한다. 만약 절 뒤에 있는 종이 세 번 울리면 살려 줄 것
이고 그렇지 않으면 죽이겠다." 선비가 절망하고 있을 때, 갑자기 절 뒤에서 종
소리가 세 번 울렸고, 뱀은 곧 용이 되어 승천했다. 선비는 이상하게 여겨 날이
밝자마자 절 뒤에 있는 종각으로 가 보았더니, 까치 두 마리가 머리에 피를 흘린
채 죽어 땅에 떨어져 있었다. 까치들은 은혜를 갚기 위해 머리로 종을 들이받아
종소리를 울리게 한 뒤 죽었던 것이다.《한국민족대백과사전》참조.

26) 광무제(光武帝): 후한(後漢)의 제1대 황제로, 이름은 유수(劉秀)이며 묘호는 세조
(世祖)이다. 한(漢)나라의 정권을 찬탈하고 신(新)나라를 세운 왕망(王莽)을 격파
하고 후한을 재건하였다.

27) 왕망(王莽): 전한(前漢) 말기 신(新)의 임금이다. 한나라 애제(哀帝)를 폐하고 평
제(平帝)를 독살한 뒤에 어린 아들 영(嬰)을 세워 섭정하며 가황제(假皇帝)라고
일컫다가 마침내 제위를 찬탈하고 스스로 천자가 되어 국호를 '신'이라 하였다.

28) 연나라…하여: 연나라 태자 단(丹)이 진나라에 인질로 잡혀있을 때, 진왕 정
〔政: 진시황〕이 무례하게 대하자 돌아가고자 하였다. 진왕이 "까마귀 머리가 하

를 찾으려고 면상산에 불을 놓을 때,[29] 우리가 연기를 에워싸고 타
지 못하게 하였더니, 그 뒤에 진나라 사람이 그 산에 '은연대恩烟臺'
라는 집을 짓고 우리의 은덕을 기념하였습니다. 당나라 이의부李義府
는 글을 짓되 '상림上林에 나무를 심어 우리를 준다'[30]라고 하였습니
다. 또 물병에 돌을 던지니 이솝이 상을 주고[31], 탁자의 포도주를 다
먹어도 프랭클린[32]은 사랑했습니다.

【까마귀 6】 우리 가마귀의 수적이 이러ᄒ거늘 사름들은 우리
소리를 듯고 흉ᄒᆫ 징죠라 길ᄒᆫ 징죠라 흠은 뎌의들 ᄆᆞ음대로 ᄒ
ᄂ 말이오 우리의게는 상관 업ᄂ 일이라 사름의 일이 흉ᄒ던지
길ᄒ던지 우리가 울 일이 무엇 잇소 그거슨 사름들이 무식ᄒ고
어리셕어셔 뎌희들이 됴치 아니 ᄒᆫ 째에 흉ᄒ게 듯고 ᄒᄂ 말이

얇게 변하고, 말에 뿔이 돋아나면 돌아가게 해 주겠다.〔烏頭白 馬生角 乃許耳〕"라
고 했다. 이에 태자가 하늘을 우러르며 탄식하자, 금세 그런 변화가 일어났다는
전설이 전한다.《사기 권86 자객열전 논찬》

29) 진문공(晉文公)…때: 진문공이 개자추 등과 망명했다가 돌아와 왕이 된 후에 개
자추에게만 상을 내리지 않자, 용사지가(龍蛇之歌)를 지어 용은 문공에, 뱀은 자
신에 비유하여 부르며 면산(綿山)에 숨었다. 문공이 뒤에 깨닫고 불렀으나 오지
않자 산에 불을 질러 나오게 했는데도 나오지 않고 타죽었으므로 해마다 그날
이면 찬밥을 먹으며 애도하였다.

30) 당나라…준다: 이의부(李義府)가 당태종(唐太宗)의 명을 받고 상림원(上林園)에
서 까마귀를 주제로 〈영오(詠烏)〉라는 시에서 "태양 안에서는 아침 햇살 드날리
고, 거문고 속에서는 야제를 들려 드렸는데, 상림원에선 나무가 이렇게 많은데
도, 하나의 가지 빌려 깃들지 못하누나.〔日裏颺朝彩 琴中聞夜啼 上林如許樹 不借一
枝棲〕"라고 즉석에서 읊자, 태종이 이 시를 보고는 "경에게 나무를 통째로 주겠
다. 어찌 가지 하나뿐이겠는가.〔與卿全樹 何止一枝〕"라고 하였다.

31) 물병에…주고:《이솝 우화》에 나오는 〈까마귀와 물병〉의 이야기로, 학습 능력이
뛰어난 까마귀가 좁은 물병에 돌을 넣어 갈증을 해소했다는 내용이다.

32) 프랭클린: 미국의 정치가이자 과학자인 벤자민 프랭클린(Benjamin Franklin,
1706~1790)을 말한다.

로다 사름이 염병이니 괴질이니 알어서 죽게 된 째에 우리가 엇지ᄒᆞ야 그 근쳐예 가셔 울면 사름들은 못싱겨셔 뎌희들이 약도 잘못 쓰고 위싱도 잘못ᄒᆞ야 죽는 줄은 아지 못ᄒᆞ고 우리가 울어셔 죽는 쥴노만 알고 뎌희끼리 욕셜ᄒᆞ려면 염병에 가마귀 소ᄅᆡ라 ᄒᆞ니 아— 어리셕기는 사름 ᄀᆞ치 어리셕은 거슨 세샹에 ᄯᅩ 업도다 「요」「슌」적에도 봉황이 나왓고 「왕망」이 째도 봉황이 나오매 「요」「슌」적 봉황은 샹셔라 ᄒᆞ고 「왕망」째 봉황은 흉죠처럼 알엇스니 무론 무슴 소ᄅᆡ던지 사름이 근심 잇슬 씩에 드르면 흉죠로 듯고 됴흔 일 잇슬 째에 드르면 샹셔롭게 듯는 거시 뎌희게 잇는 거시오 ᄒᆞ는 우리의게 잇는 거시 아니어늘 사름들은 말ᄒᆞ기를 가마귀는 흉흔 일이 싱길 째에 와셔 우는 거시라 ᄒᆞ야 듯기 슬혀ᄒᆞ니 사름들은 이럿틋 리치를 아지 못ᄒᆞ는 어리셕은 동물이라 칙망ᄒᆞ야 무엇ᄒᆞ겟소

【번역】 우리 까마귀의 역사적 기록이 이러하거늘, 사람들은 우리 소리를 듣고 '흉한 징조이다', '길한 징조이다'라고 하는 것은 자기들 마음대로 하는 말이고, 우리와는 상관없는 일입니다. 사람의 일이 흉하든지 길하든지 우리가 울 일이 무엇이 있겠습니까? 그것은 사람들이 무식하고 어리석어서 자기들이 좋지 않은 때에 흉하게 듣고 하는 말입니다. 사람이 염병[33]이나 괴질을 앓아서 죽게 된 때에 우리가 어찌하여 그 근처에 가서 울면, 사람들은 못나서 자기들이 약도 잘못 쓰고 위생도 잘못하여 죽는 줄은 알지 못하고 우리가 울어서 죽는 줄로만 압니다. 자기끼리 욕설하려면 '염병에 까마귀 소

---

33) 염병: 전염성을 가진 병들을 통틀어 이르는 말이다.

리'34)라고 하니, 아! 어리석기는 사람 같이 어리석은 것은 세상에 또 없습니다. 요순 임금 때에도 봉황이 나왔고, 왕망 때도 봉황이 나왔습니다. 요순 임금 때 봉황은 '상서祥瑞'35)라고 하고, 왕망 때 봉황은 흉조처럼 알았습니다. 물론 무슨 소리든지 사람이 근심이 있을 때 들으면 흉조凶兆로 듣고 좋은 일이 있을 때 들으면 상서롭게 듣는 것은 자기들에게 달려 있지, 어쨌든 우리에게 있는 것이 아닙니다. 그런데도 사람들은 '까마귀는 흉한 일이 생길 때에 와서 우는 것이다.'라고 하여 듣기 싫어하니, 사람들은 이렇듯 이치를 알지 못하는 어리석은 동물이기에 책망하여 무엇하겠습니까?

【까마귀7】 또 우리는 아침에 일즉 히쓰기 전에 집을 써나셔 스방으로 늘아둔니며 먹을 거슬 구ᄒ야 부모 봉양도 ᄒ고 나무가지를 물어다가 집도 짓고 곡식에 해 되는 버러지도 잡어셔 하느님 쯧슬 밧들다가 저녁이 되면 반듯시 내 집으로 도라가되 나가고 도라올 쎅에 일뎡ᄒ 시간을 어긔지 안컨마는 사름들은 덤심째신지 잡바져셔 잠을 자고 흔번 집을 써나셔 나가면 혹은 혐잡질ᄒ기 혹은 술쟝보기 혹은 계집의 집뒤지기 혹은 노름ᄒ기 셰월이 가는 줄을 모로고 뎌희 부모가 진지를 잡수엇는지 쳐즈가 기ᄃ리는지 모로고 쏘둔니는 사름들이 엇지 우리 가마귀의 족속만 ᄒ리오 사람은 일 아니 ᄒ고 놀면셔 잘 닙고 잘 먹기를 됴화ᄒ되 우리는 졔가 버러 졔가 먹는 거시 올흔 줄 아는 고로 결단코 우리는 사름들 ᄒ는 힝위는 아니 ᄒ오 여러분도 다 아시거

---

34) 염병에…소리: 속담으로, 불길하여 귀에 아주 거슬리는 소리를 이르는 말이다.
35) 상서(祥瑞): 복되고 길한 일이 일어날 조짐.

니와 우리가 사름의게 업수히 녁임을 밧을 식닭이 업슴을 슬피
시오

【번역】 또 우리는 아침에 일찍 해뜨기 전에 집을 떠나서 사방으로
날아다니며 먹을 것을 구하여 부모 봉양도 하고, 나뭇가지를 물어다
가 집도 짓고, 곡식에 해가 되는 버러지도 잡아서 하나님 뜻을 받들
다가 저녁이 되면 반드시 내 집으로 돌아가되, 나가고 돌아올 때 일
정한 시간을 어기지 않습니다. 그런데 사람들은 점심때까지 자빠져
서 잠을 자고, 한번 집을 떠나서 나가면 협잡질[36]하거나 술마당을
찾아가거나 계집의 집을 뒤지거나[37] 노름하는 등 세월이 가는 줄
모릅니다. 자기 부모가 진지를 잡수었는지 처자가 기다리는지 모르
고 쏘다니는 사람들이, 어찌 우리 까마귀의 족속만 하겠습니까. 사
람은 일을 하지 않고 놀면서 잘 입고 잘 먹기 좋아하지만, 우리는 자
신이 벌어 자신이 먹는 것이 옳은 줄 압니다. 그러므로 결단코 우리
는 사람들이 하는 행위는 하지 않습니다. 여러분도 다 알겠거니와
우리가 사람에게 업신여김을 받을 까닭이 없음을 살펴보십시오.”

【까마귀8】 손벽소릭에 연단에 ᄂᆞ려가니 쏘 ᄒᆞᆫ편에서 아릿답고
도 뮙살시러운 소릭로 회장을 부르면서 쌍똥쌍똥 연셜단을 향
ᄒᆞ야 올나가니 어엿분 틱도는 놈을 가히 호릴 만ᄒᆞ고 갸웃거리
ᄂᆞᆫ 모양은 본식이 드러나더라

---

36) 협잡질: 옳지 않은 방법으로 남을 속이는 짓.
37) 계집의⋯뒤지거나: 기생집을 찾아 뒤지고 다닌다는 의미이다.

【번역】 손뼉 치는 소리에 연단에서 내려가니, 또 한편에서 아리땁
고도 밉살스러운 소리로 회장을 부르면서 깡충깡충 연단을 향하여
올라간다. 어여쁜 태도는 남을 호릴 만하고 갸웃거리는 모양은 본색
이 드러나더라.

뎨이셕 호가호위 (여호) (狐假虎威)

【여우1】 여호가 연셜단에 올나서셔 기싱이 시됴를 부르려고 목을 가다듬는 것처럼 기침 흔번을 킥ㅎ더니 간샤흔 목소리로 연셜을 시작흔다

나는 여호올시다 졈자느신 여러분 모히신듸 감히 나와셔 연셜ㅎ옵기는 방즈흔듯 ㅎ오나 뎌 인류의게 듸ㅎ야 소회가 잇습기 호가호위라 ㅎ는 문뎨를 가지고 두어마듸 말슴을 ㅎ려ㅎ오니 비록 학문은 업는 말이나 용셔ㅎ야 들어주시기 ㅂ라옵늬다

사름들이 녯젹브터 우리 여호를 フ른쳐 말ㅎ기를 요망흔 거시라 간샤흔 거시라 ㅎ야 뎌희들 즁에도 요망ㅎ던지 갼샤흔 쟈를 보면 여호 갓흔 사름이라 ㅎ니 우리가 그 더럽고 괴악흔 일홈을 듯고 잇스나 우리는 춤 요망ㅎ고 간샤흔 거시 아니오 정말 요망ㅎ고 간샤ㅎ 거슨 사름이오 지금 우리와 사름의 힝위를 비교ㅎ야 보면 사름과 우리와 명칭을 밧고앗시면 올켓소

【번역】 제2석: 여우가 호랑이의 위세를 빌리다〔狐假虎威〕 (여우)

여우가 연단에 올라서서 기생이 시조를 부르려고 목을 가다듬는 것처럼 기침을 한번 '캑' 하더니 간사한 목소리로 연설을 시작한다.

"나는 여우입니다. 점잖으신 여러분이 모인 곳에 감히 나와서 연설하기가 방자한 듯 하나, 저 인류에 대하여 소회가 있기에 '호가호

위'라는 문제를 가지고 두어 마디 말하려 합니다. 비록 학문은 없는 말이나 용서하여 들어 주기 바랍니다.

　사람들이 옛적부터 우리 여우를 가리켜 말하기를 '요망한 것이다'라거나 '간사한 것이다'라고 하였습니다. 저희 중에도 요망하든지 간사한 자를 보면 '여우 같은 사람이다'라고 하니, 우리가 그 더럽고 괴악(怪惡)한[38] 이름을 듣고 있습니다. 하지만 우리는 정말 요망하고 간사한 것이 아니고, 참으로 요망하고 간사한 것은 사람입니다. 지금 우리와 사람의 행위를 비교하여 보면 사람과 우리의 명칭을 바꾸는 것이 옳겠습니다.

【여우 2】 사름들이 우리를 간교ᄒ다 ᄒᄂ는 거슨 다름 아니라 전국칙이라 ᄒᄂ는 칙에 긔록ᄒ기를 호랑이가 일빅 즘싱을 잡어먹으려고 구홀식 몬져 여호를 엇은지라 여호가 호랑이ᄃ려 말ᄒ되 하ᄂ님이 나로 ᄒ여곰 모든 즘싱의 어룬이 되게 ᄒ엿스니 지금 자네가 나의 말을 밋지 아니ᄒ거든 내 뒤를 ᄯ러와 보라 모든 즘싱이 나를 보면 다 두려워 ᄒᄂ니라 호랑이가 여호의 뒤를 ᄯ러가니 과연 모든 즘싱이 보고 벌벌썰며 두려워ᄒ거늘 호랑이가 여호의 말을 정말노 알고 잡어먹지 못ᄒ지라 이는 뎌들이 여호를 보고 두려워ᄒ 거시 아니라 여호 뒤에 호랑이를 보고 두려워ᄒ 거시니 여호가 호랑이의 위엄을 빌어셔 모든 즘싱으로 ᄒ여곰 두렵게 흠인ᄃᆡ 사름들은 이거슬 빙쟈ᄒ야 우리 여호ᄃ려 간샤ᄒ니 교활ᄒ니 ᄒ되 놈이 나를 죽이려 ᄒ면 엇더케 ᄒ던지 죽지 안토록 쥬션ᄒᄂ는 거슨 당연ᄒ 일이라 호랑이가 아모리

산즁 영웅이라 흐지마는 우리의게 속은 것만 어리셕은 일이라
속힌 우리야 무슴 불가흔 일이 잇스리오

【번역】 사람들이 우리를 간교하다 하는 것은 다름이 아니라《전국
책》이라는 책에 기록되어 있습니다. 호랑이가 일백 짐승을 잡아먹
으려고 구하다가 먼저 여우를 얻었습니다. 여우가 호랑이에게 말하
기를 '하나님이 나를 모든 짐승의 어른이 되게 하였으니, 지금 자네
가 내 말을 믿지 않거든 내 뒤를 따라와 보라. 모든 짐승이 나를 보
면 다 두려워하느니라.'라고 하였습니다. 호랑이가 여우의 뒤를 따
라가니 과연 모든 짐승이 보고 벌벌 떨며 두려워하거늘, 호랑이가
여우의 말을 정말로 알고 잡아먹지 못하였습니다. 이는 저들이 여
우를 보고 두려워한 것이 아니라 여우 뒤에 호랑이를 보고 두려워
한 것이니, 여우가 호랑이의 위엄을 빌려 모든 짐승을 두렵게 한 것
입니다. 사람들은 이것을 빙자하여 우리 여우더러 '간사하다'라거나
'교활하다'라고 합니다. 남이 나를 죽이려 하면 어떻게든 죽지 않도
록 두루 힘쓰는 것은 당연한 일입니다. 호랑이가 아무리 '산중호걸'
이라고 하지만 우리에게 속은 것은 어리석은 것입니다. 속인 우리가
어찌 옳지 못한 일을 했겠습니까?

【여우3】 지금 세상 사롬들은 당당흔 하느님의 위엄을 빌어야
홀 터인딕 외국의 셰력을 빌어 의뢰흐야 몸을 보전흐고 벼슬을
엇어흐려 흐며 타국 사롬을 부동흐야 제나라를 망흐고 제 동포
를 압박흐니 그거시 우리 여호보다 나흔 일이오 결단코 우리 여
호만 못흔 물건들이라 흐옵닉다(손벽 소릭 텬디 진동) 쏘 나라로
말흘지라도 대포와 총의 힘을 빌어셔 놈의 나라를 위협흐야 쇽

국도 믄들고 보호국도 믄드니 불한당*이 칼이나 륙혈포를 가지
고 늠의 집에 들어가셔 직물을 탈취ᄒ고 부녀를 겁탈ᄒᄂ 거시
나 다를 거시 무엇 잇소 각국이 평화를 보전ᄒ다 ᄒ여도 하나님
의 위엄을 빌어셔 도덕샹으로 평화를 유지ᄒ 싱각은 조금도 업
고 전혀 병장긔의 위엄으로 평화를 보젼ᄒ려 ᄒ니 우리 여호가
호랑이의 위엄을 빌어셔 제 몸의 죽을 거슬 피ᄒ 것과 엇던 거
시 올코 엇던 거시 그르오

＊불안당, 안국선: 불한당, 독도 수정

【번역】 지금 세상 사람들은 당당한 하나님의 위엄을 빌려야 할 터
인데, 외국의 세력을 빌려 의지하여 몸을 보전하고 벼슬을 얻으려
하며, 타국 사람과 부동符同[39]하여 자기 나라를 망하게 하고 자기 동
포를 압박하니, 그것이 우리 여우보다 나은 일이오? 결단코 우리 여
우만 못한 물건들이라 할 것입니다. (손뼉 소리 천지를 진동) 또 나라
를 놓고 보더라도 대포와 총의 힘을 빌려 남의 나라를 위협하여 속
국도 만들고 보호국도 만드니, 불한당이 칼이나 육혈포六穴砲[40]를 가
지고 남의 집에 들어가서 재물을 탈취하고 부녀를 겁탈하는 것과
다를 것이 무엇입니까? 각국이 평화를 보전한다고 하면서도 하나님
의 위엄을 빌려 도덕상으로 평화를 유지할 생각은 조금도 없고 완
전히 병장기의 위엄으로 평화를 보전하려 하니, 우리 여우가 호랑
이의 위엄을 빌려 제 몸이 죽을 것을 피한 것과 비교하면 어떤 것이
옳고 어떤 것이 그릅니까?

---

39) 부동(符同)하다: 그른 일에 어울려 한통속이 되다.
40) 육혈포(六穴砲): 탄알을 재는 구멍이 여섯 개 있는 권총.

【여우4】 쏘 세샹 사롬들이 구미호를 요망ᄒ다 ᄒ나 그거슨 대
단히 잘못아는 거시라 녯적 칙을 볼지라도 쏘리 아홉 잇는 여호
는 샹셔라 ᄒ엿스니 잠학거류셔라 ᄒ는 칙에는 말ᄒ엿스되 구
미호가 도 잇스면 나타나고 나올 적에는 글을 물어 샹셔를 주문
에 지엿다 ᄒ엿고「왕포」스쟈강덕론이라 ᄒ는 칙에는 쥬나라
「문왕」이 구미호를 응ᄒ야 동편 오랑키를 도라오게 ᄒ엿다 ᄒ
엿고 산희경이라 ᄒ는 칙에는 쳥구국에 구미호가 잇서셔 덕이
잇스면 오ᄂ니라 ᄒ엿스니 이런 칙을 볼지라도 우리 여호를 요
망ᄒ 거시라홀 ᄭᆞ닭이 업거늘 사롬들이 무식ᄒ야 이런 거슨 아
지 못ᄒ고 여호가 쳔년을 묵으면 요샤스러운 녀편네를 화혼다
ᄒ고 혹은 말ᄒ기를 녯적에 음란혼 계집이 죽어셔 여호로 퇴여
낫다 ᄒ니 이런 거짓말이 어듸 쏘 잇스리오

【번역】 또 세상 사람들이 구미호를 '요망하다'라고 하나, 그것은 대
단히 잘못 아는 것입니다. 옛적 책을 보더라도 꼬리 아홉 있는 여우
는 '상서祥瑞'라고 하였으니,《잠확거유서》[41]라는 책에 말하기를 '구
미호는 도道가 있으면 나타나고, 나올 적에는 글을 물고 상서로움
을 주문周文[42]으로 표현했다.'[43]라고 하였습니다. 왕포의《사자강덕

---

41)《잠확거유서(潛確居類書)》: 중국 명나라 진인석(陳仁錫)이 찬집(纂輯)한 것으로,
   120권이다. 천(天), 세시(歲時), 구우(區宇), 인륜(人倫), 방외(方外), 예습(藝習),
   품수(稟受), 조우(遭遇) 등의 항목으로 나누어 기술하였다.《잠확유서(潛確類書)》
   라고도 한다.
42) 주문(周文): 주나라 때 쓰이던 전서체인 전문(篆文)을 말한다.
43) 위진남북조 때 곽박(郭璞)이 지은 〈구미호찬(九尾狐贊)〉에 나오는 내용이다. "청
   구에 사는 기이한 짐승〔青邱奇獸〕, 꼬리가 아홉 달린 여우라네〔九尾之狐〕. 도가
   있는 세상이면 나타나는데〔有道翔見〕, 나타날 땐 글을 물고 나타난다네〔出則銜
   書〕. 상서로움을 전문(篆文)에 나타내어〔作瑞周文〕, 신령스러움을 표시한다네〔以

론》44)이라는 책에 '주나라 문왕이 구미호에 응하여 동편 오랑캐를 돌아오게 하였다.'라고 하였고,《산해경》이라는 책에 '청구국에 구미호가 있어서 덕이 있으면 나타난다.'45)라고 하였습니다. 이런 책을 보더라도 우리 여우를 요망한 것이라 할 까닭이 없는데, 사람들이 무식하여 이런 것을 알지 못하고 '여우가 천 년을 묵으면 요사스러운 여편네로 변한다.'라고 하거나, '옛적에 음란한 계집이 죽어서 여우로 태어났다.'라고 하니, 이런 거짓말이 어디에 또 있겠습니까?

【여우5】 사름들은 음란ᄒ야 별일이 만흐되 우리 여호는 그럿치 안소 우리는 분슈를 직혀셔 다른 즘싱과 교통ᄒᄂ 일이 업고 우리쑨 아니라 여러분이 다 그러ᄒ시되 사름이라 ᄒᄂ 것들은 음란ᄒ기가 쪽이 업소 엇던 나라 계집은 개*와 통간ᄒ 일도 잇고 믈과 통간ᄒ 일도 잇스니 이런 일은 텬하 만국의 흔두 사름쑨이겟지마는 ᄒ 슈가락 국으로 왼솟희 맛을 알 거시라 근뤼에 덕의가 쉰허지고 인도가 업셔져셔 셰상이 결단난 일을 이로 다 말ᄒ 수 업소

* 게, 안국선: 개, 독도 수정

【번역】 사람들은 음란하여 별일이 많지만, 우리 여우는 그렇지 않습니다. 우리는 분수를 지켜서 다른 짐승과 교통하는 일이 없고 우

標靈符].

44) 《사자강덕론(四子講德論)》: 중국 한(漢)나라 왕포(王褒)가 지은 것으로, 인의예지 네 가지 종류의 덕행을 강조한 책이다.

45) 청구구에 … 나타난다:《산해경(山海經)》 남산경(南山經)에, "청구의 산에는 짐승이 있으니 그 모양이 여우와 같은데 꼬리가 아홉 개이며, 어린아이가 우는 것과 같은 소리를 낸다."라고 하였다.

리뿐 아니라 여러분이 다 그러한데, '사람'이라는 것들은 음란하기가 짝이 없습니다. 어떤 나라 계집은 개와 통간한 일도 있고 말과 통간한 일도 있습니다. 이런 일은 천하 모든 나라의 한두 사람뿐이겠지마는, 국물 한 숟가락으로 솥 전체의 맛을 알 수 있습니다. 근래에 덕의가 끊어지고 인도가 없어져서 세상이 결딴난 일을 이루 다 말할 수 없습니다.

【여우6】 사롬의 힝위가 그러ᄒ되 오히려 하ᄂ님을 두려워ᄒ지 아니 ᄒ며 즘싱을 붓그러워ᄒ지 아니 ᄒ고 대가집 규즁녀ᄌ가 논단이로 노라나셔 이사롬 뎌사롬 호리기와 각부아문 공청에셔 기싱불너 노름놀기 전졍이 만리ᄀ흔 각 학교 학도들이 청루방에 ᄃ니기와 제 혈육으로 난 ᄌ식을 돈 몃푼에 욕심나셔 논단이로 내여 놋키 이런 힝위를 볼작시면 말ᄒᄂ 내 입이 다 더러워지오 애 더 러 워 텬디간에 더럽고 요망ᄒ고 간샤ᄒ 거슨 사롬이오 우리 여호는 그럿치 안소 뎌들끼리 간샤ᄒ 사람을 보면 여호라ᄒ니 그러ᄒ 사롬을 여호라 홀진딘 지금 셰샹 사롬 즁에 여호 아닌 사롬이 몃몃치나 잇게소 ᄯ 뎌희들은 서로 여호 ᄀ다 ᄒ여도 ᄀ만이 듯고 잇스되 만일 우리ᄃ려 사롬 ᄀ다ᄒ면 우리는 그 일홈이 더러워셔 아니 밧겟소 내 소견 ᄀ흐면 이후로는 사롬을 사롬이라 ᄒ지 말고 여호라 ᄒ고 우리 여호를 사롬이라 ᄒᄂ 거시 올흔 줄노 아ᄂ이다

【번역】 사람의 행위가 그러한데도 오히려 하나님을 두려워하지 않으며, 짐승에게 부끄러워하지 않습니다. 대갓집 규방의 여자가 논다니[46]로 놀아나서 이 사람 저 사람 호리기, 각 부 관아의 관청에서 기

생을 불러 놀음놀이, 앞길이 만 리 같은 각 학교의 학도들이 청루[47] 방에 다니기, 제 혈육으로 난 자식을 돈 몇 푼에 욕심나서 논다니로 내어놓기 등, 이런 행위를 볼 것 같으면 말하는 내 입이 다 더러워집니다. 에이, 더러워! 천지간에 더럽고 요망하고 간사한 것은 사람이요, 우리 여우는 그렇지 않습니다. 저들끼리 간사한 사람을 보면 '여우'라고 하니, 그러한 사람을 여우라고 하면 지금 세상 사람 중에 여우 아닌 사람이 몇몇이나 있겠습니까? 또 저들은 서로 '여우 같다'라고 하여도 가만히 듣고 있지만, 만일 우리더러 '사람 같다'라고 하면 우리는 그 이름이 더러워서 아니 받겠습니다. 내 소견으로는 이후에 사람을 '사람'이라 하지 말고 '여우'라고 하고, 우리 여우를 '사람'이라 하는 것이 옳은 줄로 압니다."

---

46) 논다니: 웃음과 몸을 파는 여자를 속되게 이르는 말.
47) 청루: 창기(娼妓)나 창녀들이 있는 집.

데삼셕 졍와어히 (개고리) (井蛙語海)

【개구리 1】여호가 연셜을 긋치고 할금할금 도라보며 제자리로 ᄂ려가니 ᄯ 흔 편에셔 회쟝을 부르고 아쟝아쟝 거러와셔 연단 우에 쌍츙 쒸여올나 간다 눈은 톡 불거지고 빈는 쏭쏭ᄒ고 키는 작달막흔데 눈을 깜작깜작ᄒ며 입을 벌쥭벌쥭ᄒ고 연셜흔다

　나의 셩명은 말슴 아니 ᄒ여도 여러분이 다 아시리다 나는 츌입이라고는 미나리 논밧긔 못가 본 고로 셰계 형편도 모로고 ᄯ 밍꽁이를 리웃ᄒ야 산 고로 구학문에 밍ᄌ왈 공ᄌ왈은 대강 들엇스나 신학문은 아는 거시 변변치 아니 ᄒ나 지금 졍와의 어히라 ᄒ는 문뎨로 대강 인류 샤회를 론단코져 ᄒ옵ᄂ다

【번역】제3석: 개구리가 우물에서 바다를 말하다〔井蛙語海〕(개구리)

　여우가 연설을 그치고 할금할금 돌아보며 제자리로 내려가니, 또 한 편에서 회장을 부르고 아장아장 걸어와서 연단 위로 깡충깡충 올라간다. 눈은 톡 불거지고 배는 뚱뚱하고 키는 작달막한데, 눈을 깜작깜작하며 입을 벌쭉벌쭉하고 연설한다.

　"나의 성명은 말하지 않아도 여러분이 다 알 것입니다. 나는 출입이라고는 미나리꽝밖에 가지 못했기에 세계 형편도 모르고, 또 맹꽁이를 이웃하여 살기에 구학문의 '맹자왈'과 '공자왈'은 대강 들었으나, 신학문은 아는 것이 변변치 않습니다. 하지만 지금 '우물 안 개

구리가 바다를 얘기하다'라는 문제로 인류사회를 대강 논단하고자
합니다.

【개구리2】 사름들은 거만흔 ᄆ음이 만하서 뎌희들이 텬하에
뎨일이라고 만물 즁에 뎌희가 ᄀ장 귀ᄒ다고 ᄌ칭ᄒ지마는 제
나라 일도 잘 모로면서 양비대담ᄒ고 큰 소릭 탕탕ᄒ고 쥬져 너
문 말ᄒᄂ 것들 우습듸다
　우리 개고리를 ᄀᄅ쳐 말ᄒ기를 우물 안 개고리와 바다 니야
기홀 수 업다 ᄒ니 흥샹 우물 안에 잇ᄂ 개고리는 우물이 좁은
줄만 알고 바다에는 가 보지 못ᄒ야 바다가 큰지 적은지 넓은지
좁은지 긴지 짧은지 깁흔지 얏흔지 아지 못ᄒ나 못본 거슬 아ᄂ
테는 아니 ᄒ거늘 사름들은 좁은 소견을 가지고 외국 형편도 모
로고 텬하대셰도 슬피지 못ᄒ고 공연히 쩌들며 무어슬 아ᄂ 테
ᄒ고 나라는 다 망ᄒ야 가것마는 썩은 싱각으로 갑갑흔 말만 ᄒ
ᄂ도다 또 엇던 사람들은 제 나라 안에 잇서셔 제 나라 일도 다
아지 못ᄒ면서 보도 듯도 못흔 다른 나라 일을 다 아노라고 츄
쳑*듸니 가증ᄒ고 우습도다
＊츄쳑, 안국선: 추적, 독도 제안

【번역】 사람들은 거만한 마음이 많아서 ‘우리가 천하에 제일이다’
라고, ‘만물 중에 우리가 가장 귀하다’라고 자칭하지마는, 자기 나랏
일도 잘 모르면서 소매를 걷어 올리고 큰소리를 탕탕 치고 주제넘
게 말하는 것들이 우습습니다.
　우리 개구리를 가리켜 말하기를 ‘우물 안 개구리와 바다 이야기를
할 수 없다’라고 합니다. 항상 우물 안에 있는 개구리는 우물이 좁

은 줄만 알고 바다에는 가 보지 못하여 바다가 큰지 작은지, 넓은지 좁은지, 긴지 짧은지, 깊은지 얕은지 알지 못합니다. 그렇지만 못 본 것을 아는 체는 아니 하거늘, 사람들은 좁은 소견을 가지고 외국 형편도 모르고 천하대세도 살피지 못하고 공연히 떠들며 무엇을 아는 체하고, 나라는 다 망해가건마는 썩은 생각으로 갑갑한 말만 하고 있습니다. 또 어떤 사람들은 자기 나라 안에 있는 자기 나랏일도 다 알지 못하면서 보도 듣도 못한 다른 나랏일을 다 안다고 나팔을 불어〔吹笛〕대니, 가증스럽고 우습습니다.

【개구리3】 년전에 어느 나라 엇던 대관이 외국 대관을 맛나셔 수작홀식 외국 대관이 뭇기를 대감이 지금 늬부대신으로 잇스니 전국의 인구와 호수가 얼마나 되는지 아시오 흔디 그 대관이 믁믁무언 ᄒᆞ는지라 ᄯᅩ 뭇기를 대감이 전에 탁지대신을 지내엿스니 전국의 결총과 국고의 셰출셰입이 얼마나 되는지 아시오 흔디 그 대관이 ᄯᅩ 아모 말도 못ᄒᆞᆫ지라 그 외국 대관이 말ᄒᆞ기를 대감이 이 나라에 나셔 이 정부의 대신으로 이ᄀᆞᆺ치 모로니 귀국을 위ᄒᆞ야 가셕ᄒᆞ도다 ᄒᆞ엿고 작년에 어느 나라 늬부에셔 각 읍에 훈령ᄒᆞ고 부동산을 됴사ᄒᆞ야 보ᄒᆞ라 ᄒᆞ엿더니 엇던 군슈는 보ᄒᆞ기를 이 고을에는 부동산이 업다 ᄒᆞ야 일셰의 우슴거리가 되엿스니 이ᄀᆞᆺ치 제 나라 일도 크나 젹으나 도모지 아는 것 업는 것들이 일본이 엇더ᄒᆞ니 아라스가 엇더ᄒᆞ니 구라파가 엇더ᄒᆞ니 아미리가가 엇더ᄒᆞ니 제가 ᄀᆞ쟝 아는 듯시 짓거리니 긔가 막히오

【번역】 몇 해 전에 어느 나라 어떤 대관이 외국 대관을 만나서 말을

주고받았습니다. 외국 대관이 묻기를 '대감이 지금 내부대신으로 있으니 전국의 인구와 호수가 얼마나 되는지 아시오?'라고 하였지만, 그 대관이 입을 다문 채 말이 없었습니다. 또 묻기를 '대감이 전에 탁지대신[48]을 지냈으니 전국의 결총[49]과 국고의 세출과 세입이 얼마나 되는지 아시오?'라고 하였지만, 그 대관이 또 아무런 말도 하지 못하였습니다. 그 외국 대관이 말하기를 '대감이 이 나라에 나서 이 정부의 대신으로 이처럼 모르니, 귀국을 위하여 애석하도다.'라고 하였습니다. 작년에 나라의 어느 부서에서 각 읍에 훈령하고 '부동산을 조사하여 보고하라'라고 하였더니, 어떤 군수는 보고하기를 '이 고을에는 부동산이 없다.'라고 하여 온 세상의 웃음거리가 되었으니, 이처럼 자기 나랏일도 크나 적으나 도무지 아는 것이 없는 것들이 '일본이 어떠하고 러시아가 어떠하며, 유럽이 어떠하고 미국이 어떠하다'라는 등 제가 가장 아는 듯이 지껄이니 기가 막힙니다.

【개구리 4】 대뎌 텬디의 리치는 무궁무진ᄒ야 만물의 쥬인되시ᄂ 하ᄂ님밧씌 아ᄂ 이가 업ᄂ지라 론어에 말ᄒ기를 하ᄂ님씌 죄를 엇으면 빌곳이 업다 ᄒ엿ᄂ듸 그 주에 말ᄒ기를 하ᄂ님은 곳 리치라 ᄒ엿스니 하ᄂ님이 곳 리치오 하ᄂ님이 곳 만물리치의 쥬인이라 그런 고로 하ᄂ님은 곳 조화쥬요 텬디만물의 대쥬지시니 텬디만물의 리치를 다 아시려니와 사ᄅ은 다만 텬디간의 ᄒ 물건인듸 엇지 리치를 알 수 잇스리오 여간 좀 연구ᄒ야 아ᄂ 거시 잇거든 그 아ᄂ대로 세샹에 유익ᄒ고 샤회에 효험 잇

---

48) 탁지대신(度支大臣): 대한 제국 때에 국가 전반의 재정(財政)을 맡아보던 중앙 관청의 수장.
49) 결총(結總): 조선 시대에, 토지세 징수의 기준이 된 논밭 면적의 전체 수.

게 아름다온 ᄉ업을 영위ᄒᆞᆯ 거시어늘 조고맛치 늠보다 몬저 알
엇다고 그 지식을 이용ᄒᆞ야 늠의 나라 쎼앗기와 늠의 빅셩 학ᄃᆡ
ᄒᆞ기와 군함대포를 믄드러서 악흔 일에 죵ᄉᆞᄒᆞ니 그런 나라 사
름들은 당초에 사름 되는 령혼*을 주지 아니 ᄒᆞ엿더면 도로혀
됴흘번 ᄒᆞ엿소

*령혼, 안국선: 령혼, 독도 수정

【번역】 대저 천지의 이치는 무궁무진하여 만물의 주인 되시는 하나
님밖에 아는 이가 없는지라 《논어》에 말하기를 '하나님께 죄를 얻으
면 빌 곳이 없다.'[50]라고 하였습니다. 그 주석에 말하기를 '하나님은
곧 이치다'라고 하였으니, 하나님이 곧 이치요, 하나님이 곧 만물 이
치의 주인입니다. 그러므로 하나님은 곧 조화주이고 천지 만물의 대
주재大主宰이니 천지 만물의 이치를 다 알거니와, 사람은 다만 천지
간의 한 물건인데 어찌 이치를 알 수 있으리오? 약간 연구하여 아는
것이 있거든 그 아는 대로 세상에 유익하고 사회에 효험이 있게 아
름다운 사업을 영위할 것이거늘, 조그만큼 남보다 먼저 알았다고 그
지식을 이용하여 남의 나라 빼앗기와 남의 백성 학대하기와 군함
대포를 만들어서 악한 일에 종사하니, 그런 나라 사람들은 당초에
사람이 되는 영혼을 주지 않았다면 도리어 좋을 뻔하였습니다.

【개구리 5】 ᄯᅩ 더옥 도리에 어긔여지는 일이 잇스니 나의 지식
이 뎌 사름보다 조곰 낫다고 ᄒᆞ면 남을 ᄀᆞ르쳐 준다 ᄒᆞ고 실상

---

50) 하나님께…없다:《논어》〈팔일(八佾)〉에 "하늘에 죄를 지으면 빌 곳이 없다.〔獲罪
於天 無所禱也〕"라고 하였다.

은 해롭게 ᄒᆞ며 남을 인도ᄒᆞ야 준다 ᄒᆞ고 제 욕심 치우는 일만
ᄒᆞ며 엇던 사ᄅᆞᆷ은 제 나라 형편도 모르면셔 타국 형편을 아노라
고 외국 사ᄅᆞᆷ을 부동ᄒᆞ야 님군을 속이고 나라를 해치며 빅셩을
위협ᄒᆞ야 지물을 도젹질ᄒᆞ고 벼슬을 도득ᄒᆞ며 기화ᄒᆞ엿다 ᄌᆞ칭
ᄒᆞ고 양복 닙고 단장 집고 권연 물고 시계 차고 살죽경 쓰고 인
력거나 ᄌᆞ힝거 트고 제가 외국 사ᄅᆞᆷ인 톄ᄒᆞ야 제 나라 동포를
압제ᄒᆞ며 혹은 외국 사ᄅᆞᆷ 샹죵홈을 영광으로 알고 아쳠ᄒᆞ며 졔
나라 일을 변々이 아지도 못ᄒᆞᄂᆞᆫ 거슬 ᄀᆞᄅᆞ쳐주며 여간 월급량
이나 벼슬낫치나 엇어 ᄒᆞ노라고 남의 나라 졍탐군이 되여 익미
ᄒᆞᆫ 사ᄅᆞᆷ 모함ᄒᆞ기 어리셕은 사ᄅᆞᆷ 위협ᄒᆞ기로 능ᄉᆞ를 삼으니 이
런 사ᄅᆞᆷ들은 안다 ᄒᆞᄂᆞᆫ 거시 도로혀 큰 병통이 아니오

【번역】 또 더욱 도리에 어그러지는 일이 있으니, 나의 지식이 저 사
람보다 조금 더 낫다고 하면 남을 가르쳐 준다고 하고 실상은 해롭
게 하며, 남을 인도하여 준다고 하고 자기 욕심을 채우는 일만 합니
다. 어떤 사람은 자기 나라의 형편도 모르면서 다른 나라 형편을 안
다고 외국 사람과 작당하여 임금을 속이고 나라를 해치며, 백성을
위협하여 재물을 도적질하고 벼슬을 꾀하여 얻으며, '개화하였다'라
고 자칭하고 양복을 입고 짧은 지팡이를 짚으며 궐련을 물고 시계
를 차며 안경을 쓰고 인력거나 자전거를 타고 자기가 외국 사람인
체하여 자기 나라 동포를 압제합니다. 혹은 외국 사람과 상종함을
영광으로 알고 아첨하며, 자기 나랏일을 변변히 알지도 못하는 것을
가르쳐 주며, 약간의 월급냥이나 벼슬아치를 얻으려고 남의 나라 정
탐꾼이 되어 애매한 사람을 모함하거나 어리석은 사람 위협하기를
능사로 삼으니, 이런 사람들은 안다고 하는 것이 도리어 큰 병통이

아닙니까?

【개구리6】 우리 개고리의 족속은 우물에 잇스면 우물에 잇는 분슈를 직히고 미나리논에 잇스면 미나리논에 잇는 분슈를 직히고 바다에 잇스면 바다에 잇는 분슈를 직히느니 그러면 우리는 사름보다 샹등이 아니오닛가 (손벽소릭 짤각짤각)

쏘 무슴 동물이던지 즛식이 아비 담는 거슨 하느님의 명흐신 뜻이라 우리 개고리는 딕ᄉ로 즛식이 아비 담고 손즛가 할아비를 닮으되 형용도 쏙굿고 셩폼도 쏙굿하셔 츄호도 틀니지 안커늘 사름의 즛식은 졔 아비 담는 거시 별노 업소 「요」님군의 아들이 「요」님군을 담지 아니 흐고 「슌」님군의 아들이 「슌」님군과 굿지 아니 흐고 「하우씨」와 은왕 「셩탕」은 셩인이로되 그 즛손 즁에 포학흐기로 유명흔 「걸」 「쥬」 굿흔 이가 낫고 「왕건」 태조는 영웅이로되 「왕우」 「왕창」이가 싱곗스니 일노보면 개고리 즛손은 개고리를 닮으되 사름의 식기는 사름을 담지 아니 흐도다 그러흔즉 텬디즛연의 리치를 직히는 쟈는 우리가 사름의게 비교흘거시 아니오 만일 아비를 담지 아니흔 즛식을 마귀의 즛식이라 흘진되 사람의 즛식은 다 마귀의 즛식이라 흐겟소

【번역】 우리 개구리의 족속은 우물에 있으면 우물에 있는 분수를 지키고 미나리꽝에 있으면 미나리꽝에 있는 분수를 지키고 바다에 있으면 바다에 있는 분수를 지키니, 그러면 우리는 사람보다 높은 등급이 아닙니까? (손뼉 소리 짤각짤각)

또 무슨 동물이든지 자식이 아비를 닮는 것은 하나님이 정하신 뜻이기에 우리 개구리는 대대로 자식이 아비를 닮고 손자가 할아비를

닮되 형용도 똑같고 성품도 똑같아서 추호도 틀리지 않거늘, 사람의 자식은 자기 아비 닮은 것이 별로 없습니다. 요임금의 아들이 요임금을 닮지 않았고 순임금의 아들이 순임금과 같지 않았으며,[51] 하나라의 우임금과 은나라 탕왕은 성인이지만 그 자손 중에 포악하기로 유명한 걸과 주[52]와 같은 이들을 낳았고, 왕건 태조는 영웅이지만 우왕과 창왕[53]이 생겼습니다. 이를 통해 살펴보면 개구리 자손은 개구리를 닮되 사람의 새끼는 사람을 닮지 않았습니다. 그러한즉 천지자연의 이치를 지키는 자는 우리가 사람에게 비교할 것이 아니요, 만일 아비를 닮지 않은 자식을 마귀의 자식이라 한다면 사람의 자식은 다 마귀의 자식이라 하겠습니다.

【개구리 7】 쏘 우리는 관가 짜에 잇스면 관가를 위ᄒᆞ야 울고 ᄉᆞ ᄉ 짜에 잇스면 ᄉᆞ를 위ᄒᆞ야 울거늘 사름은 흔번만 벼슬자리에 올으면 붕당*을 세워서 권리닷톰 ᄒᆞ기와 권문세가에 아첨ᄒᆞ려 든니기와 빅셩을 잡어다가 주리 틀고 돈쎄앗기와 무슴 일을 당ᄒᆞ면 청촉듯고 뢰물 밧기와 나라돈 도적질 ᄒᆞ기와 인민의 고혈을 쌜어먹기로 죵ᄉᆞᄒᆞ니 날두려 도적놈 잡으라 ᄒᆞ면 벼슬ᄒᆞ는 관인들은 거반다 감옥서 가음이오 쏘 우리들의 우는 거시 울

---

51) 요임금의…않으며: 요(堯)임금의 아들 단주(丹朱)는 행실이 좋지 않아 왕위를 잇지 못하고 순(舜)임금에게 선위하였으며, 순임금 아들 상균(商均)은 어리석고 사람됨이 모자라 왕위를 잇지 못하고 우(禹)임금에게 선위하였다.

52) 걸(桀)과 주(紂): 하(夏)나라와 은(殷)나라의 마지막 임금으로, 모두 폭군의 대명사이다.

53) 우왕(禑王)과 창왕(昌王): 고려말 제32대와 제33대 임금이다. 이성계는 우왕은 공민왕의 아들이 아니라 신돈의 아들이라 하여 폐가입진(廢假立眞)을 주장하였으며, 우왕은 아들 창왕과 함께 폐위되어 죽임을 당하였다.

째에 울고 길 째에 긔고 잠잘 째에 자는 거시 텬디 리치에 합당
ㅎ거늘 불란셔라 ㅎ는 나라 량반들이 우리 개고리의 우는 소리
를 듯기 슬타고 빅셩들을 불너 개고리를 다 잡으라 ㅎ다가 맛춤
내 혁명당이 니러나셔 란리가 되엿스니 사름갓치 무도흔 거시
셰상에 쏘 잇스리오

* 붕당, 안국선: 붕당, 독도 수정

【번역】 또 우리는 관가 땅에 있으면 관가를 위하여 울고 개인 땅에
있으면 개인을 위하여 우는데,54) 사람은 한 번 벼슬자리에 오르면
붕당을 세워서 권세와 이익을 다투기와 권문세가에 아첨하러 다니
기와 백성을 잡아다가 주리를 틀고 돈 뺏기와 무슨 일을 당하면 청
탁을 듣고 뇌물 받기와 나랏돈 도적질하기와 인민의 고혈 빨아먹기
를 일삼습니다. 나더러 도적놈 잡으라고 하면 벼슬하는 관인들은 거
반 다 감옥에 갔을 겁니다. 또 우리들의 우는 것이 울 때 울고 길 때
기고 잠잘 때 자는 것이 천지 이치에 합당하거늘 '프랑스'라는 나라
양반들이 우리 개구리의 우는 소리를 듣기 싫다고 백성들을 불러
'개구리를 다 잡으라'라고 하다가 마침내 혁명당이 일어나서 난리가
되었으니,55) 사람처럼 무도한 것이 세상에 또 있으리오?

---

54) 우리는…우는데: 진혜제(晉惠帝)가 화림원(華林園)에서 놀다가 개구리 우는 소리
를 듣고 좌우 신하들에게 묻기를 "저 개구리가 관을 위해서 우느냐, 사가를 위해
서 우느냐?〔此鳴者爲官乎 私乎〕"라고 하자, 혹자가 대답하기를 "관의 땅에 있는 놈
은 관을 위해서 울고, 사가의 땅에 있는 놈은 사가를 위해서 우는 것입니다.〔在官
地爲官 在私地爲私〕"라고 했다는 기록이 있다.《진서(晉書)·혜제기(惠帝紀)》
55) '프랑스'라는…되었으니: 개구리 소리는 민중의 불평·비난·비판을 은유적으로
표현한 비유이다. 개구리 소탕 작전으로 인해 프랑스 혁명의 도화선이 되었다.

【개구리8】당나라 쩍에 흔 사름이 우리를 두고 글을 짓되 개고리가 도의 맛슬 아는 것 긋ᄒ야 련쏫 깁흔 곳에셔 운다 ᄒ엿스니 우리의 도덕심 잇는 거슨 사름도 아는 거시라 우리가 엇지 사름의게 굴복ᄒ리오 동양 셩인 「공즈」ᄭᅴ셔 말슴ᄒ시기를 아는 거슨 안다 ᄒ고 아지 못ᄒᆫ 거슨 아지 못혼다 ᄒᆫᄂ 거시 정말 아는 거시라 ᄒ셧스니 뎌희들이 쳔박흔 지식으로 놈을 속이기를 능亽로 알고 텬하 만亽를 모도 아는 톄ᄒ니 우리는 이굿치 거짓말은 ᄒ지 아니ᄒ오 사름이란 거슨 하ᄂ님의 리치를 아지 못ᄒ고 악흔 일만 만이 ᄒ니 그대로 둘 수 업스니 ᄎ후는 사름이라 ᄒᄂᆫ 명칭을 주지 마는 거시 대단히 올흘 쥴노 싱각ᄒ오

넙죽덥죽ᄒᄂᆫ 말이 「소진」 「쟝의」가 오더리도 당치 못홀너라 말을 긋치고 ᄂ려오니 쏘 흔 편에셔 회쟝을 부르고 ᄂᄂ 듯시 연셜단에 올나간다

【번역】 당나라 때 한 사람이 우리를 두고 글을 짓되 ‘개구리가 도의 맛을 아는 것 같아 연꽃 깊은 곳에서 운다’[56]라고 하였으니, 우리의 도덕심 있는 것은 사람도 아는 것이기에 우리가 어찌 사람에게 굴복하겠습니까? 동양의 성인 공자께서 말씀하시기를 ‘아는 것은 안다고 하고, 알지 못하는 것은 알지 못한다고 하는 것이 정말 아는 것이다.’[57]라고 하셨으니, 저들이 천박한 지식으로 남을 속이기를 능

---

56) 개구리가…운다: “개구리가 참선의 맛을 아는 듯, 연잎 속 깊은 곳에서 우네.〔蛙似解禪味 荷心向深處鳴〕”
57) 아는…것이다: 공자가 제자 자로(子路)에게 “아는 것을 안다고 하고 모르는 것을 모른다고 하는 것이 아는 것이다.〔知之爲知之 不知爲不知 是知也〕”라고 가르쳐 준 말이 《논어·위정(爲政)》에 나온다.

사로 알고 천하의 만사를 모두 아는 체하니, 우리는 이처럼 거짓말을 하지 않습니다. 사람이란 것은 하나님의 이치를 알지 못하고 악한 일만 많이 하여 그대로 둘 수 없으니, 차후에는 '사람'이라는 명칭으로 부르지 않는 것이 대단히 옳은 줄로 생각합니다."

넙죽넙죽하는 말이 소진과 장의[58]가 나오더라도 당해내지 못할 것이다. 말을 그치고 내려오니, 또 한 편에서 (벌이) 회장을 부르고 나는 듯이 연설단에 올라간다.

---

58) 소진(蘇秦)과 장의(張儀): 전국 시대의 유명한 유세객(遊說客)들로, 자신의 계략대로 이루기 위해 교묘하게 술수를 썼던 인물들이다. 소진은 합종술(合縱術)을 주장하여 진(秦)나라를 막기 위해 산동(山東)의 여섯 나라가 힘을 합칠 것을 건의하였고, 장의는 연횡술(連橫術)을 주장하여 여섯 나라를 설득해서 진나라를 섬기게 하자고 하였다.

뎨ᄉ셕 구밀복검 (벌) (口蜜腹劍)

【벌1】 허리는 잘녹ᄒ고 톄격은 조고마흔데 두 억기를 쩍 버리고 청랑흔 소릭로 머리를 쌋닥쌋닥 ᄒ면셔 연셜흔다

　나는 벌이올시다 지금 구밀복검*이라 ᄒᄂ는 문뎨를 가지고 잠간 두어마듸 말슴흘 터인듸 몬져 셔양셔 드른 니야기를 잠간 ᄒ오리다 당초에 텬디 기벽흘 쩌에 하ᄂ님이 에덴동산을 쥰비ᄒ샤 각식 초목과 각식 즘싱을 그 안에 두고 사ᄅᆷ을 ᄆᆫ드러 거긔셔 살게 ᄒ시니 그 사ᄅᆷ의 일흠은 「아담」이라 ᄒ고 그 안히는 「이와」라 ᄒ엿ᄂᄂ듸 지금 온 셰샹 사ᄅᆷ들의 조샹이라 사ᄅᆷ은 특별이 모양이 하ᄂ님과 ᄀᆺ고 ᄆᆷ음도 하ᄂ님과 ᄀᆺ게 ᄒ엿스니 사ᄅᆷ은 곳 하ᄂ님의 아들이라 ᄒᄂ는 뜻슬 닛지 말고 하ᄂ님의 ᄆᆷ음을 본밧아 지극히 착ᄒ게 되여야 흘 터인듸 「아담」과 「이와」가 죄를 짓고 에덴동산에셔 쫏겨난지라

*구밀북검, 안국션: 구밀복검, 독도 수정

【번역】 제4석: 입에는 꿀이 있고 배 속에는 검이 있다〔口蜜腹劍〕(벌)

　허리는 잘록하고 체격은 조그마한데 두 어깨를 쩍 벌리고 청량한 소리로 머리를 까닥까닥하면서 연설한다.

　"나는 벌입니다. 지금 '구밀복검'이라는 문제를 가지고 잠깐 두어 마디 말할 텐데, 먼저 서양에서 들은 이야기를 잠깐 하겠습니다. 당

초에 천지가 개벽할 때 하나님이 에덴동산을 준비하여 각색의 초목과 각색의 짐승을 그 안에 두고 사람을 만들어 거기서 살게 하시니, 그 사람의 이름은 '아담'이라고 하고 그 아내는 '이와'라 하였습니다. 지금 온 세상 사람들의 조상이라는 사람의 모양이 특별히 하나님과 같고 마음도 하나님과 같게 하였으니, '사람은 곧 하나님의 아들이다'라는 뜻을 잊지 말고 하나님의 마음을 본받아 지극히 착하게 되어야 할 텐데, 아담과 이와가 죄를 짓고 에덴동산에서 쫓겨났습니다.

【벌2】 우리 벌의 조샹은 죄도 아니 짓고 하ᄂ님의 뜻대로 슌죵ᄒ야 각식 초목의 꼿츠로 우리의 뎐답을 삼고 쓸을 농소ᄒ야 량식을 믄드러 복락을 누리니 조샹 젹브터 우리가 사름보다 나흔지라 셰샹이 오래되여 갈스록 사름은 하ᄂ님과 더옥 머러지고 오늘날 와셔는 거족은 사름의 형용이 그대로 잇스나 실샹은 싀랑과 마귀가 되여 서로 싸호고 서로 죽이고 서로 잡아먹어셔 약흔 쟈의 고기는 강흔 쟈의 밥이 되고 큰 거슨 젹은 거슬 압졔ᄒ야 늠의 권리를 륵탈ᄒ여 늠의 직산을 속여 쎗아스며 늠*의 토디를 아셔가며 남의 나라를 위협ᄒ야 망케ᄒ니 그 흉칙ᄒ고 악독흠을 무어시라 닐ᄋ깃소
*놉, 안국선: 늡, 독도 수정

【번역】 우리 벌의 조상은 죄도 안 짓고 하나님의 뜻대로 순종하여 각색 초목의 꽃으로 우리의 전답을 삼고, 꿀을 농사지어 양식을 만들어 복락을 누리니, 조상 적부터 우리가 사람보다 나았습니다. 세상이 오래돼 갈수록 사람은 하나님과 더욱 멀어졌습니다. 오늘날 와

서는 거죽은 사람의 형용이 그대로 있으나, 실상은 시랑[59]과 마귀가 되어 서로 싸우고 서로 죽이고 서로 잡아먹습니다. 약한 자의 고기는 강한 자의 밥이 되고 큰 것은 적은 것을 압제합니다. 남의 권리를 늑탈[60]하고 남의 재산을 속여 빼앗으며, 남의 토지를 앗아가고 남의 나라를 위협하여 망하게 하니, 그 흉측하고 악독함을 무엇이라 이르겠소?

【벌3】 사름들이 우리 벌을 독흔 사름의게 비유ㅎ야 말ㅎ기를 입에 쓸이 잇고 비에 칼이 잇다 ㅎ나 우리 입의 쓸은 늠을 쐬이려 ㅎ는 거시 아니라 우리 량식을 믄드는 거시오 우리 비의 칼은 늠을 공연히 쏘거나 찌르는 거시 아니라 늠이 나를 해치려 ㅎ는 째에 정당방위로 쓰는 칼이오 사름굿치 입으로는 쓸굿치 말을 달게 ㅎ고 비에는 칼굿흔 ㅁ음을 품은 우리가 아니오 쏘 우리의 입은 흥샹 쓸만 잇스되 사름의 입은 변화가 무쌍ㅎ야 쓸굿치 단 째도 잇고 고초굿치 미운 째도 잇고 칼굿치 날카러온 째도 잇고 비샹굿치 독흔 째도 잇서셔 맛 드ㅎ엿슬 째에는 쓸을 들어붓는것 굿치 달게 말ㅎ다가 도라서면 흉보고 욕ㅎ고 노여ㅎ고 악담ㅎ며 됴화지낼 째에는 씨소곰 항아리굿치 고소ㅎ고 맛잇게 슈작ㅎ다가 조곰만 미흡흔 일이 잇스면 죽일놈 살닐놈 ㅎ며 무셩포가 잇스면 곳 노아죽이랴 ㅎ니 그런 악독흔 거시 어듸 쏘 잇스리로 애 여러분 여보시오 그리 우리 즘싱 즁에 사름들처럼 그러케 악독흔 것들이 잇단 말이오 (손벽 소리 귀가 막막)

---

59) 시랑(豺狼): 승냥이와 이리. 지나치게 욕심이 많고 모질고 무자비한 사람을 비유적으로 이르는 말.

60) 늑탈(勒奪): 폭력이나 위력을 써서 강제로 빼앗음.

【번역】 사람들이 우리 벌을 독한 사람에게 비유하여 말하기를 '입에 꿀이 있고 배에 칼이 있다'라고 하나, 우리 입의 꿀은 남을 꾀려는 것이 아니라, 우리 식량을 만드는 것입니다. 우리 배의 칼은 남을 공연히 쏘거나 찌르는 것이 아니라, 남이 나를 해치려 하는 때 정당방위로 쓰는 것입니다. 사람처럼 입으로는 꿀같이 말을 달게 하고 배에는 칼 같은 마음을 품은 우리가 아닙니다. 또 우리의 입은 항상 꿀만 있되 사람의 입은 변화가 무쌍하여 꿀같이 단 때도 있고 고추같이 매운 때도 있으며, 칼같이 날카로운 때도 있고 비상[61]같이 독한 때도 있습니다. 마주 대했을 때는 꿀을 들어붓는 것처럼 말하다가 돌아서면 흉보고 욕하고 노여워하고 악담하며, 좋아지낼 때는 깨소금 항아리같이 고소하고 맛있게 수작하다가 조금만 미흡한 일이 있으면 '죽일 놈 살릴 놈' 하며 무성포無聲砲[62]가 있으면 곧 쏘아 죽이려 하니, 그런 악독한 것이 어디 또 있으리오. 에! 여러분, 여보시오, 그래, 우리 짐승 중에 사람들처럼 그렇게 악독한 것들이 있단 말입니까. (손뼉 소리에 귀가 막막)

【벌4】 사룸들이 서로 욕셜ᄒᆞᄂᆞᆫ 소릭를 드르면 춤 귀로 드를 수 업소 별 흉악망칙ᄒᆞᆫ 말이 만소 쌔가 솟딥 굿흔 욕셜은 오히려 관계치 안소 네밀 붓흘놈 염병에 쏨을 못 낼놈 ᄒᆞᄂᆞᆫ 욕셜은 제 입을 더레고 제 ᄆᆞ음 악흔 쥴을 모로고 얼신ᄒᆞ면 이런 욕셜을 함부로 ᄒᆞ니 엇더케 흉악흔 소릭요 애 사룸의 입에는 도덕상 됴흔 말은 별노 업고 못된 소릭만 쓸듸업시 지져귀니 그것들을 사

---

61) 비상(砒霜): 비석(砒石)에 열을 가하여 승화시켜 얻은 결정체의 독약.
62) 무성포(無聲砲): 소리가 나지 않는 총을 말하는 듯하다.

름이라고 그것들을 만물즁에 ᄀ쟝 귀ᄒᆫ 거시라고 우리ᄂᆫ 텬디
간에 미물이로ᄃᆡ 그러치ᄂᆞᆫ 안소 ᄯᅩ 우리ᄂᆞᆫ 님군을 셤기되 츙셩
을 다ᄒ고 쟝슈를 뫼시되 군령이 분명ᄒ며 다 각각 직업을 직혀
일을 부지런이 ᄒ야 주리지 아니 ᄒ거ᄂᆞᆯ 엇던 나라 사ᄅᆞᆷ들은 제
님군을 죽이고 역적의 일을 ᄒ며 제 쟝슈의 명령을 복죵치 아니
ᄒ고 란병도 되며 빅셩들은 게을너셔 아모 일도 아니ᄒ고 공연
히 쏘ᄃᆞ니며 놀고먹고 놀고닙기 됴와ᄒ며 술이나 먹고 노름이
나 ᄒ고 계집의 집이나 차자ᄃᆞ니고 협잡이나 ᄒ고 그렁뎌렁 셰
월을 보내여 집이 구차ᄒ고 나라이 간난ᄒ니 사ᄅᆞᆷ으로 싱겨나
셔 우리 벌들보다 낫다 ᄒᄂᆞᆫ 거시 무어시오

【번역】 사람들이 서로 욕설하는 소리를 들으면 참으로 귀로 들을
수 없습니다. 별 흉악망측한 말이 많습니다. '빠가',[63] '갓뎀'[64] 같은
욕설은 오히려 문제가 되지 않습니다. '제미붙을[65] 놈', '염병에 땀
을 못 낼 놈'[66] 하는 욕설은 제 입을 더럽히고 제 마음 악한 줄을 모
르고 얼씬하면 이런 욕설을 함부로 하니, 어찌 흉악한 소리가 아닙
니까. 에! 사람의 입에는 도덕상 좋은 말은 별로 없고 못된 소리만
쓸데없이 지저귀니, 그것들을 '사람'이라고, 그것들을 '만물 중에 가
장 귀한 것'이라고 할 수 있습니까. 우리는 천지 간에 미물이지만 그

---

63) 빠가(ばか〔馬鹿〕): 어리석고 못나게 구는 사람을 얕잡거나 비난하여 속되게 이르
  는 말.
64) 갓뎀(goddamn): '신에게서 버림받을 놈'이란 뜻으로, '망할, 빌어먹을, 제기랄'
  로 번역된다. 분노·울분을 나타내는 욕설로 쓰인다.
65) 제미붙을: '제 어미와 붙을'이란 뜻으로, 남을 경멸하거나 저주할 때 욕으로 하
  는 말. ≒제미할(니미랄, 제미랄, 제미, 니미, 니기미)
66) 염병에…놈: 염병을 앓으면서도 땀도 못 내고 죽을 놈이라는 뜻으로, 남을 욕하
  여 이르는 말.

렇지는 않습니다. 또 우리는 임금을 섬기되 충성을 다하고 장수를 모시되 군령이 분명하며, 다 각각 직업을 지켜 일을 부지런히 하여 굶주리지 않습니다. 그런데 어떤 나라 사람들은 제 임금을 죽이고 역적의 일을 하며, 제 장수의 명령에 복종하지 않고 난병亂兵[67]도 됩니다. 백성들은 게을러서 아무 일도 하지 않고 공연히 쏘다니며, 놀고먹고 놀고입기 좋아하며, 술이나 먹고 노름이나 하며, 계집의 집이나 찾아다니고 협잡이나 하며 그렁저렁 세월을 보내 집이 구차하고 나라가 가난하니, 사람으로 생겨나서 우리 벌들보다 낫다고 하는 것이 무엇입니까?

【벌5】 셔양의 어느 학쟈가 우리를 두고 노래를 지엇스니

아춤이슬져녁볏혜　　이곳뎌곳차자가셔
부지런이꿀을물고　　제집으로도라와셔
반은먹고반은두어　　겨을량식져축ᄒ야
무흔복락누릴째에　　하ᄂ님의은혜라고
빗난눌개도흔소리　　아름답게찬미ᄒ네

그리 사름즁에 사름스러운 거시 몃치나 잇소 우리는 사름들의게 시비 드를것 조곰도 업소 사름들의 악흔 힝위를 말ᄒ려면 끗치 업겟스나 시간이 부죡ᄒ야 고만 둡늬다

【번역】 서양의 어느 학자가 우리를 두고 노래를 만들었으니,

---

67) 난병(亂兵): 규율이 잡히지 아니한 군대나, 난리를 일으키는 병사를 말한다.

아침이슬 저녁볕에
이곳저곳 찾아가서
부지런히 꿀을 물고
제집으로 돌아와서
반은 먹고 반은 두어
겨울 양식 저축하여
무한 복락 누릴 때에
하나님의 은혜라고
빛난 날개 좋은 소리
아름답게 찬미하네.

그래, 사람 중에 사람스러운 것이 몇이나 있습니까? 우리는 사람들에게 시비를 들을 것이 조금도 없습니다. 사람들의 악한 행위를 말하려면 끝이 없겠으나, 시간이 부족하여 그만둡니다.”

데오셕 무쟝공ᄌ (게) (無腸公子)

【게1】 벌이 연셜을 긋치고 밋쳐 연셜단에 ᄂ려서기 전에 쏘 흔 편에셔 회쟝을 부르고 나오니 모양이 긔괴ᄒ고 눈에 영치가 잇서 힘센 쟝슈ᄀ치 두 팔을 쎡버리고 엇기를 춧셕춧셕ᄒ며 ᄒᄂ 말이

나는 게올시다 지금 무쟝공ᄌ라 ᄒᄂ 문뎨로 연셜ᄒ 터인ᄃ 무쟝공ᄌ라 ᄒᄂ 말은 창ᄌ 업ᄂ 물건이라 ᄒᄂ 말이니 녯젹에 「포박쟈」라 ᄒᄂ 사름이 우리 게의 족속을 ᄀᄅ쳐 무쟝공ᄌ라 ᄒ엿스니 대단히 무례흔 말이로다 그ᄅ 우리는 창ᄌ가 업고 사름들은 창ᄌ가 잇소 시방 셰샹에 사ᄂ 사름 즁에 올은 창ᄌ 가진 사름이 몃명이나 되겟소

【번역】 제5석: 창자가 없는 공자〔無腸公子〕 (게)

벌이 연설을 그치고 미처 연설단에서 내려서기 전에 또 한 편에서 회장을 부르고 나오니, 모양이 기괴하고 눈에 영채가 있어 힘센 장수같이 두 팔을 쩍 벌리고 어깨를 추석추석하며 말한다.

"나는 게입니다. 지금 '무장공자'라 하는 문제로 연설할 텐데, '무장공자'라 하는 말은 '창자가 없는 물건'이라는 말입니다. 옛적에 포박자[68]라는 사람이 우리 게의 족속을 가리켜 '무장공자'라고 하였으니, 대단히 무례한 말입니다. 그래, 우리는 창자가 없고, 사람들은

창자가 있습니다. 지금 세상에 사는 사람 중에 올곧은 창자를 가진
사람이 몇 명이나 되겠습니까?

【게2】 사름의 창주는 츰 썩고 흐리고 더럽소 의복은 릉라쥬의
로 지를 흐르게 잘 닙어셔 외양은 됴와도 다 거죽만 사름이지
그 속에는 쏭밧씌 아모것도 업소 됴흔 칼노 비를 가르고 그 속
을 보면 구린내가 물큰물큰 나오 지금 엇던 나라 정부를 보면
씌긋흔 창주라고는 아마 몃기가 업시리다 신문에 그려케 나물
흐고 사회에셔 그러케 시비흐고 빅셩이 그러케 원망흐고 외국
사름이 그러케 욕들을 흐여도 모로는 톄흐니 이거시 창주 잇는
사름들이오 그 정부에 올흔 모음 먹고 벼슬흐는 사름 누가 잇소
흔 사름이라도 잇거든 잇다고 흐시오 만판 경륜이 님군* 속일
싱각 빅셩 잡아먹을 싱각 나라 파러먹을 싱각밧게 아모 싱각 업
소 이긋치 썩고 더럽고 쏭만 드러셔 구린내가 물큰물큰 나는 창
주는 우리의 업는 거시 도로혀 낫소
*님군, 안국선: 님군, 독도 수정

【번역】 사람의 창자는 정말로 썩고 흐리며 더럽습니다. 의복은 능
라주의[69]로 번지르르 흐르게 잘 입어 외양은 좋아도 다 거죽만 사
람이지 그 속에는 똥밖에 아무것도 없습니다. 좋은 칼로 배를 가르
고 그 속을 보면 구린내가 물큰물큰 납니다. 지금 어떤 나라 정부를
보면 깨끗한 창자라고는 아마 몇 개가 없을 것입니다. 신문에서 그

---

68) 포박자(抱朴子): 진晉나라 도사 갈홍(葛洪)으로, 자는 치천(稚川), 호는 포박자
　　이다.
69) 능라주의(綾羅紬衣): 비단옷과 명주옷을 아울러 이르는 말이다.

렇게 나무라고 사회에서 그렇게 시비하며 백성이 그렇게 원망하고 외국 사람이 그렇게 많은 욕을 하여도 모르는 체하니, 이것이 창자 있는 사람들입니까? 그 정부에 옳은 마음을 먹고 벼슬하는 사람이 누가 있습니까? 한 사람이라도 있거든 '있다'라고 하십시오. 오로지 경륜經綸[70]은 임금 속일 생각, 백성 잡아먹을 생각, 나라 팔아먹을 생각밖에 아무 생각이 없습니다. 이같이 썩고 더럽고 똥만 들어서 구린내가 물큰물큰 나는 창자는 우리가 없는 것이 도리어 낫습니다.

【게3】 또 욕을 보아도 셩낼 줄도 모로고 됴흔 일을 보아도 깃버흘 줄 아지 못ᄒ는 사름이 만히 잇소 놈의 압제를 밧어 살 수 업는 디경에 니르되 씨둣고 분ᄒᆫ ᄆᆞᆷ 업고 놈의게 그러케 욕을 보아도 노여흘 줄 모로고 죵노릇 ᄒ기만 됴케 녁이고 달게 녁이며 관리의 무례ᄒᆫ 압박을 당ᄒ여도 즈유를 차질 싱각이 도모지 업스니 이거시 창즈 잇는 사름들이라 ᄒ겟소 우리는 창즈가 업다 ᄒ여도 놈이 나를 해치려 ᄒ면 죽더릭도 가위로 집어 흔놈 물고 죽소

【번역】 또 욕을 당해도 성낼 줄도 모르고 좋은 일을 보아도 기뻐할 줄을 알지 못하는 사람이 많이 있습니다. 남의 압제를 받아 살 수 없는 지경에 이르더라도 깨닫고 분한 마음이 없고, 남에게 그렇게 욕을 당해도 노여워할 줄 모르며, 종노릇 하기만 좋게 여기고 달게 여기며, 관리의 무례한 압박을 당하여도 자유를 찾을 생각이 도무지 없으니, 이것이 창자가 있는 사람이라 하겠습니까? 우리는 창자가

---

70) 경륜(經綸): 나라를 다스리는 식견과 재능.

없다고 해도 남이 나를 해치려 하면 죽더라도 집게발로 꼬집어 한 놈은 물고 죽습니다.

【계4】 내가 흔번 어나 나라에 지나다 보니 외국 병뎡이 지나가는디 그 나라 부인을 근드려 졋퉁이를 만지려흐매 그 부인이 소릭를 지르고 욕을 흔즉 그 병뎡이 발노차고 손으로 씌려셔 힝악이 무쌍흔지라 그 나라 사름들이 모혀 서셔 그거슬 구경만 흐고 흔 사름도 딕드러 그 부인을 도아주고 구원흐여 주는 사름이 업스니 그 사름들은 그 부인이 외국 사름의게 당흐는 거슬 샹관업는 줄노 알어셔 그러흔지 겁이 나셔 그러흔지 결단코 눔의 일이 아니라 저의 동포가 당흐는 일이니 저의들이 당흠이어늘 그거슬 보고 분낼 줄 모로고 도로혀 웃고 구경만 흐니 그 부인의 오늘날 당흐는 욕이 뤼일 제 어미나 졔 안희의게 쏘 도라올줄을 아지 못흐는가 이런 것들이 창즈 잇다고 사름이라 즈긍흐니 허리가 압허 못 살겟소 창즈 업는 우리 게는 엇지흐면 됴겟소 나라에 경수가 잇스되 깃버흘 줄 아지 못흐야 국긔 흐나 내여 쏘질 쥴 모로니 그거시 창즈 잇는 거시오 그런 창즈는 부럽지 안소

【번역】 내가 한번 어느 나라를 지나다 보았습니다. 외국 병정이 지나가다가 그 나라 부인을 건드려 젖퉁이를 만지려 할 때 그 부인이 소리를 지르고 욕을 하니, 그 병정이 발로 차고 손으로 때려서 행악이 무쌍했습니다. 그 나라 사람들이 모여 서서 그것을 구경만 하고 한 사람도 대들어 그 부인을 도와주고 구원하여 주는 사람이 없었습니다. 그 사람들은 그 부인이 외국 사람에게 당하는 것을 상관없

는 줄로 알아서 그러는 것인지 겁이 나서 그러는 것인지 모르겠습니다. 결단코 남의 일이 아니라 자기의 동포가 당하는 일이니, 자기들이 당하는 것입니다. 그것을 보고 화낼 줄 모르고 도리어 웃고 구경만 하니, 그 부인의 오늘날 당하는 욕이 내일 자기 어머니나 자기 아내에게 또 돌아올 줄을 알지 못합니까? 이런 것들이 창자 있다고 사람이라 스스로 긍지심을 가지니, 허리가 아파 못 살겠습니다. 창자 없는 우리 게는 어찌하면 좋겠습니까? 나라에 경사가 있지만 기뻐할 줄 알지 못하여 국기 하나 내어 꽂을 줄 모르니, 그것이 창자 있는 것입니까? 그런 창자는 부럽지 않습니다.

【게5】 창즈 업는 우리 게의 힝흔 스적을 좀 드러 보시오 송나라 째「츄호」라 흐는 사룸이 치경에서 사로잡혀 소쥬로 귀양갈 째 우리가 구원흐엿스며 산쥬구세라 흐는 째에 흔 쳐녀가 죽게 된 거슬 살녀내너라고 큰 빈암을 우리 가위로 잘너 죽엿스며 산신과 싸화셔 호인의 비를 구원흐엿고 긱스흔 송장을 드러내여 음란흔 계집의 죄를 발각흐엿스니 우리의 힝한 일은 다 올코 아름다온 일이오 사룸굿치 더러운 일은 흐지 안소 쏘 사룸들도 우리의 힝위를 즈셰히 아는 고로 게도 제구멍이 아니면 드러가지 아니흔다는 속담이 잇소 춤 그러흐지오 우리는 암만 급흐더릭도 드러갈 구멍이라야 드러가지 부당흔 구멍에는 드러 가지 안소

【번역】 창자 없는 우리 게의 행한 사적을 좀 들어 보십시오. 송나라 때 추호[71]라는 사람이 채경[72]에게 사로잡혀 소주로 귀양 갈 때 우리가 구원하였고, 산주의 구세군[73]의 한 처녀가 죽게 된 것을 살려

내느라고 큰 뱀을 우리 가위로 잘라 죽였으며, 산신과 싸워서 오랑캐 사람의 배를 구원하였고, 객사한 송장을 드러내어 음란한 계집의 죄를 발각되게 하였으니, 우리의 행한 일은 다 옳고 아름다운 일입니다. 사람같이 더러운 일은 하지 않습니다. 또 사람들도 우리의 행위를 자세히 알기에 '게도 제 구멍이 아니면 들어가지 않는다.'라는 속담이 있습니다. 정말로 그러합니다. 우리는 암만 급하더라도 들어갈 구멍이라야 들어가지, 부당한 구멍에는 들어가지 않습니다.

【계6】 사름들을 보면 부당흔 듸로 드러가는 사름이 만소 부모쳐즈를 내버리고 즁이 되여 산속으로 들어가는 이도 잇고 여염집 부인네들은 음란흔 싱각으로 불공흔다 핑계흐고 졀간초막으로 들어가는 이도 잇고 명예 잇는 신스라 즈칭흐고 쓸듸업는 돈 내버리려 기싱집에 들어가는 이도 잇고 올흔 길 내버리고 그른 길노 드러가는 사름 올흔 죵교 슬타 흐고 이단으로 들어가는 사름 돌을 안고 못으로 들어가는 사람 셥을 지고 불노 들어가는 사름 이로 다 말흘 수 업소 당연히 들어갈 듸와 못 들어갈 듸를 분변치 못흐고 못 들어갈 듸를 들어가서 화를 당흐고 패를 보고 해를 씨치니 이런 사름들이 무슴 창즈 잇노라고 우리의 창즈 업

---

71) 추호(鄒浩): 송나라 철종(哲宗) 때의 신하로, 철종과 휘종(徽宗) 2대에 걸쳐 유황후(劉皇后)의 복위를 간하다가 받아들여지지 않고 지방으로 좌천된 인물이다. 추호는 채경이 시기하여 형주 별가(衡州別駕)로 좌천되었다가 곧이어 소주(昭州)로 유배 가서 죽었다.
72) 채경(蔡京): 송나라 정치가로, 왕안석(王安石)의 신법(新法)을 부활시키는 등 국정을 장악하고 태사(太師)의 자리에 올랐다. 그 뒤 네 번 파출되었다가 네 차례 국정을 장악하였으며, 정강(靖康)의 변란에 대한 책임을 지고 물러났다.
73) 산주의 구세군: 일본 교토부 구세군(京都府 久世郡).

는 거슬 비웃소 지금 사름들은 보면 그 창ᄌ가 다 썩어셔 미구
에 창ᄌ 잇는 사름은 훈 기도 업시 다 무쟝공ᄌ가 될 거시니 이
다음에ᄂᆫ 사름ᄃ려 무쟝공ᄌ라고 불너야 올켓소

【번역】 사람들을 보면 부당한 곳으로 들어가는 사람이 많습니다.
부모와 처자를 내버리고 중이 되어 산속으로 들어가는 이도 있고,
여염집 부인네들은 음란한 생각으로 불공드린다고 핑계하고 절간
초막으로 들어가는 이도 있으며, '명예 있는 신사'라 자칭하고 쓸데
없는 돈 내버리려 기생집에 들어가는 이도 있고, 옳은 길 내버리고
그른 길로 들어가는 사람, 옳은 종교 싫다고 하고 이단으로 들어가
는 사람, 돌을 안고 못으로 들어가는 사람, 섶을 지고 불로 들어가는
사람 등을 이루 다 말할 수 없습니다. 당연히 들어갈 곳과 못 들어갈
곳을 분별하지 못하고 못 들어갈 곳에 들어가서 화를 당하고 실패
를 보고 해를 끼치니, 이런 사람들이 무슨 창자가 있다고 우리의 창
자 없는 것을 비웃습니까? 지금 사람들을 보면 그 창자가 다 썩어서
오래지 않아 창자 있는 사람은 한 명도 없이 다 무장공자가 될 것이
니, 이다음에는 사람더러 '무장공자'라고 불러야 옳겠습니다."

뎨륙셕 영영지극 (파리) (營々之極)

【파리 1】 게가 입에셔 거품이 부걱부걱 나오며 슈용산츌노 ᄒ
던 말을 긋치고 엉금엉금 긔여 ᄂᆞ려가니 파리가 쏘 회장을 부르
고 ᄂᆞᄂᆞᆫ 듯시 연단에 올나가셔 두손을 싹々 뷔비면셔 말을 ᄒᆞᆫ다
  나ᄂᆞᆫ 파리올시다 사름들이 우리 파리를 ᄀᆞᄅ쳐 말ᄒᆞ기를 파
리ᄂᆞᆫ 간샤ᄒᆞᆫ 쇼인이라 ᄒᆞ니 대뎌 사름이라 ᄒᆞᄂᆞᆫ 것들은 뎌의 흉
은 슬피지 못ᄒᆞ고 다만 ᄂᆞᆷ의 말은 잘ᄒᆞᄂᆞᆫ 것들이오 간샤ᄒᆞᆫ 쇼인
의 셩품과 틱도를 가진 것들은 사름들이오 우리ᄂᆞᆫ 결단코 쇼인
의 셩품과 틱도ᄂᆞᆫ 가진 거시 아니오 시젼이라 ᄒᆞᄂᆞᆫ 칙에 말ᄒᆞ기
를 영영ᄒᆞᆫ 푸른 파리가 홧뒤에 안졋다 ᄒᆞ엿스니 이거슨 우리를
ᄀᆞᄅ쳐 ᄒᆞᆫ 말이 아니라 사름들을 비유ᄒᆞᆫ 말이오 넷글에 방에 ᄀᆞ
득ᄒᆞᆫ 파리를 쏫차도 업셔지지 안ᄂᆞᆫ다 ᄒᆞᄂᆞᆫ 말도 우리를 두고 ᄒᆞᆫ
말이 아니라 사름 즁에 간샤ᄒᆞᆫ 쇼인을 ᄀᆞᄅ쳐 ᄒᆞᆫ 말이오

【번역】 제6석: 윙윙거리며 이리저리 날아다니다〔營營之極〕 (파리)
  게가 입에서 거품이 부걱부걱 나오며 물이 샘솟고 산이 솟아나
듯[74] 하던 말을 그치고 엉금엉금 기어 내려가니, 파리가 또 회장을

---

74) 물이…솟아나듯: 수용산출(水湧山出). 물이 샘솟고 산이 솟아 나온다는 뜻으로,
  생각과 재주가 샘솟듯 풍부하여 시나 글을 즉흥적으로 훌륭하게 짓는 것을 비
  유적으로 이르는 말이다.

부르고 나는 듯이 연단에 올라가서 두 손을 싹싹 비비면서 말한다.

"나는 파리입니다. 사람들이 우리 파리를 가리켜 '파리는 간사한 소인이다'라고 하니, 대저 사람이라 하는 것들은 자신의 흉은 살피지 못하고 남의 말만 잘하는 것들입니다. 간사한 소인의 성품과 태도를 가진 것들은 사람들입니다. 우리는 결단코 소인의 성품과 태도는 가진 것이 아닙니다. 《시전》이라 하는 책에 '앵앵거리는 푸른 파리가 횃대에 앉았다.'[75]라고 하였으니, 이것은 우리를 가리켜 한 말이 아니라 사람들을 비유한 말입니다. 옛글에 '방에 가득한 파리를 쫓아도 없어지지 않는다.'[76]라고 하는 말도 우리를 두고 한 말이 아니라, 사람 중에 간사한 소인을 가리켜 한 말입니다.

【파리2】 우리는 결코 간샤ᄒᆞᆫ 일은 ᄒᆞ지 아니 ᄒᆞ엿소마ᄂᆞᆫ 인간에ᄂᆞᆫ 춤 쇼인이 만습듸다 ᄉᆞ슴을 ᄀᆞᄅ쳐 ᄆᆞᆯ이라 ᄒᆞ야 님군을 속인 것시 비단 「죠고」ᄒᆞᆫ 사ᄅᆞᆷᄲᅮᆫ 아니라 지금 망ᄒᆞ야 가는 나라 죠뎡을 보면 온 정부가 다 「죠고」ᄀᆞᆺᄒᆞᆫ 간신이오 텬ᄌᆞ를 ᄭᅵ고 졔후의게 호령홈이 ᄯᅩᄒᆞᆫ 「조조」ᄒᆞᆫ 사ᄅᆞᆷᄲᅮᆫ 아니라 지금은 도덕은

75) 앵앵거리는…앉았다: 《시전(詩傳)》〈청승(靑蠅)〉에, "앵앵거리는 쉬파리가 울타리에 앉았구나. 화락한 군자여, 참소를 믿지 말지어다. 앵앵거리는 쉬파리가 가시나무에 앉았구나. 참소하는 이 끝이 없어 온 나라를 교란하네.〔營營靑蠅 止于樊 豈弟君子 無信讒言 營營靑蠅 止于棘 讒人罔極 交亂四國〕"라는 구절에서 온 말로, 소인배나 간사한 무리를 쉬파리에 비유하고 있다.

76) 방에…않는다: 《한창려집(韓昌黎集)》 권7 〈잡시(雜詩)〉에 "아침에는 파리를 쫓아도 소용이 없고, 저녁에는 모기를 몰아낼 수도 없네. 파리와 모기가 세상에 가득하니, 어떻게 모조리 때려잡을 수 있겠는가. 너희들이 얼마 동안이나 득세하겠느냐, 너희들 마음대로 빨아 먹으려무나. 서늘바람이 구월에 불어오기만 하면, 자취 없이 모조리 쓸어버릴 테니까.〔朝蠅不須驅 暮蚊不可拍 蠅蚊滿八區 可盡與相格 得時能幾時 與汝恣唼咋 涼風九月到 掃不見蹤跡〕"라는 말이 나온다.

쎠러지고 효박흔 풍긔를 보면 온 세계가 다「조조」굿흔 쇼인이
라 우슴 속에 칼이 잇고 말속에 총이 잇서 친구라고 스괴다가
저 잘되면 차브리고 동지라고 샹죵타가 눕 죽이고 저 잘되기 누
구누구는 빈쳔지교 져브리고 조강지쳐 내쫏치니 그거시 사름이
며 아모아모 유지지사 고발ᄒ야 감옥셔에 모라넛코 저 잘되기
희망ᄒ니 그것도 사름인가 쓸기에 가 붓고 간에 가 붓허 요리조
리 알신알신ᄒᄂ는 사름 졍말 뮙기도 뮙습듸다

【번역】우리는 결코 간사한 일은 하지 않았지만, 인간에게는 참 소
인이 많습니다. 사슴을 가리켜 말이라 하여[77] 임금을 속인 것이 비
단 조고[78] 한 사람뿐 아니라, 지금 망해 가는 나라 조정을 보면 온
정부가 다 조고 같은 간신입니다. 천자를 끼고 제후에게 호령함이
또한 조조曹操 한 사람뿐 아니라, 지금 도덕은 떨어지고 풍속이 어지
럽고 각박한〔淆薄〕 것을 보면 온 세계가 다 조조 같은 소인입니다. 웃
음 속에 칼이 있고 말 속에 총이 있어 친구라고 사귀다가 자기 잘되

---

77) 사슴을 … 하여:《사기(史記)》〈진시황본기(秦始皇本紀)〉에, "조고(趙高)가 권력을
   휘두르려고 하였으나 신하들이 따르지 않을까 염려한 나머지 시험해 보기 위하
   여 이세(二世)에게 사슴을 바치기 전에 사슴을 가리키면서 말이라고 하였다. 이
   세가 웃으며 말하기를, '승상이 잘못된 것이 아닌가? 사슴을 말이라고 하는가?'
   라고 주위 사람에게 물었다. 그러자 신하들 가운데 묵묵히 있는 사람도 있고, 말
   이 맞다고 하여 조고의 뜻에 아부하였다. 그중 말이라고 말한 사람은 조고가 은
   밀히 중상모략을 하여 법을 적용하여 처벌하니, 신하들이 모두 조고를 두려워하
   였다."라고 하였는데, 후세에 고의로 시비를 전도시켜 권력을 휘두르는 자에 비
   유하였다.
78) 조고(趙高): 진(秦)나라 때의 환관. 진시황(秦始皇)이 죽자, 승상 이사(李斯)와 거
   짓 조서를 만들어서 장자(長子) 부소(扶蘇)를 죽게 하고, 이세(二世) 호해(胡亥)
   를 세웠다. 뒤에는 이사를 죽이고 승상이 되어서 대소사를 제멋대로 처단하다가
   끝내 멸족을 당하였다.

면 차버리고, 동지라고 상종하다가 남 죽이고 자기 잘되기, 누구누구는 빈천지교[79]를 져버리고 조강지처를 내쫓으니, 그것이 사람입니까? 아무아무 뜻있는 선비〔有志之士〕를 고발하여 감옥서[監獄署][80]에 몰아넣고 자신 잘 되기를 희망하니, 그것도 사람입니까? 쓸개에 가서 붙고 간에 가서 붙어 요리조리 알신알신하는[81] 사람, 정말 밉기도 밉습니다.

【파리3】 여러분도 다 아시거니와 그리 공담으로 말ᄒ자면 우리가 쇼인이오 사람들이 간물이오 싱각들ᄒ야 보시오 ᄯᅩ 우리는 먹을 거슬 보면 혼ᄌ 먹ᄂᆞᆫ 법 업소 여러 족속을 쳥ᄒ고 여러 친구를 불너셔 화락ᄒᆞᆫ 모음으로 ᄒᆞᆫ가지로 먹지마ᄂᆞᆫ 사람들은 리ᄉᆞᆺ만 보면 형데간에도 의가 샹ᄒ고 일가간에도 졍이 업셔지며 심ᄒᆞᆫ 쟈ᄂᆞᆫ 서로 골육상쟁 ᄒ기를 례ᄉᆞ로 아니 참 긔가 막히오 동포ᄭᅵ리 서로 ᄉᆞ랑ᄒ고 서로 구졔ᄒᄂᆞᆫ 거슨 하ᄂᆞ님의 리치어늘 사람들은 과연 뎌의 포동ᄭᅵ리 서로 ᄉᆞ랑ᄒᄂᆞᆫ가 뎌들ᄭᅵ리 서로 쎄앗고 서로 싸호고 서로 싀긔ᄒ고 서로 흉보고 서로 총을 노아 죽이고 서로 칼노 질너 죽이고 서로 피를 쌜아 마시고 서로 살을 ᄶᅡᆨ쎠 먹으되 우리ᄂᆞᆫ 그러치 안소

【번역】 여러분도 다 아시거니와 그래, 말을 공평하게 하자면 우리

---

79) 빈천지교(貧賤之交): 가난하고 비천하던 시절에 사권 벗.
80) 감옥서(監獄署): 고종(高宗) 31년에 전옥서(典獄)를 고친 이름. 융희(隆熙) 원년 (1907년)에 '감옥(監獄)'으로 고쳤다.
81) 알신알신하는: '성질이나 태도가 억세지 않고 따뜻하다'의 뜻인 '보드랍다'의 제 주 방언이다.

가 소인이고 사람들이 간사한 물건입니다. 생각들 해 보십시오. 또 우리는 먹을 것을 보면 혼자 먹는 법이 없습니다. 여러 족속을 초청하고 여러 친구를 불러서 화락한 마음으로 같이 먹지만, 사람들은 이끗만 보면 형제간에도 의가 상하고 일가 간에도 정이 없어지며, 심한 자는 서로 골육상쟁하기를 예사로 아니, 참 기가 막힙니다. 동포끼리 서로 사랑하고 서로 구제하는 것은 하나님의 이치이거늘, 사람들은 과연 자기 동포끼리 서로 사랑합니까? 자기들끼리 서로 빼앗고 서로 싸우고 서로 시기하고 서로 흉보고 서로 총을 놓아 죽이고 서로 칼로 찔러 죽이고 서로 피를 빨아 마시고 서로 살을 깎아 먹습니다. 우리는 그렇지 않습니다.

【파리 4】 세상에 뎨일 더러운 거슨 똥이라 ᄒ지마는 우리가 똥을 눌째 눔이 다 보고 알도록 흰 듸는 검게 누고 검은 듸는 희게 누어셔 눔을 속일 싱각은 ᄒ지 안소 사름들은 똥보다 더 더러운 일을 만히 ᄒ지마는 혹 눔의 눈에 보일가 눔의 입에 오르ᄂ릴가 겁을 내여 은밀이 ᄒ되 무소부지 ᄒ신 하ᄂ님은 몬져 아시고 계시오 넷적에 「유형」이라 ᄒᄂ 사름은 부처를 들고 춤외에 안즌 우리를 쫏고 「왕슈」라 ᄒᄂ 사름은 칼을 쎄여 먹을 먹ᄂ 우리를 쫏칠 식 뎌 사름들이 그러케 쫏치되 우리가 가지 아니 흠을 셩내여 ᄒᄂ 말이 파리는 쫏쳐도 도로 온다 뮈워ᄒ니 뎌의들이 쫏칠 거슨 쫏지 아니 ᄒ고 아니 쫏칠 거슨 쫏ᄂ도다

【번역】 세상에 제일 더러운 것은 똥이라 하지마는 우리가 똥을 눌 때 남이 다 보고 알도록 흰 데는 검게 누고 검은 데는 희게 누어서 남을 속일 생각은 하지 않습니다. 사람들은 똥보다 더 더러운 일

을 많이 하지마는 혹 남의 눈에 보일까 남의 입에 오르내릴까 겁내어 은밀히 하지만, 모르는 것이 없는 하나님은 먼저 알고 계십니다. 옛적에 '유형'이라는 사람은 부채를 들고 참외에 앉은 우리를 쫓고,[82] '왕사王思'라는 사람은 칼을 빼어 먹[墨]을 핥아먹는 우리를 쫓을 때,[83] 저 사람들이 그렇게 쫓아도 우리가 가지 않음을 성내어 '파리는 쫓아도 도로 온다'라고 하며 미워하니, 자기들이 쫓을 것은 쫓지 않고 아니 쫓을 것은 쫓습니다.

【파리5】 사름들은 우리를 쫏치려 홀 거시 아니라 불가불 쫏칠 거시 잇스니 사름들아 부치를 놋코 칼을 던지고 잠간 내 말을 드르라 너희들이 당연이 쫏칠 거슨 너의 모음을 슈고롭게 ᄒᄂᆫ 마귀니라 사름들아 사름들아 너희들은 너의 모음속에 잇는 물욕을 쫏차ᄇ리라 너의 머리속에 잇는 썩은 싱각을 내여 쫏치라 너의 죠뎡에 잇는 간신들을 쫏차ᄇ리라 너의 세상에 잇는 쇼인

---

82) 유형이라는…쫓고: 유형은 무유형(武儒衡)을 말한다. 당나라 목종이 동궁에 있을 적에 궁인이 외우는 원진(元稹)의 시가(詩歌)를 들어보고 좋게 여겼는데, 그 뒤에 즉위하였을 때 최담준이 조정으로 돌아와 원진을 추천하였다. 그러자 목종이 원진을 지제고(知制誥)로 임명하였는데, 조정의 여론이 원진의 사람됨을 비루하게 여겼다. 그때 마침 동료가 청사의 아래에서 참외를 먹고 있을 때 쉬파리가 참외의 위에 모여 있었다. 그러자 무유형(武儒衡)이 부채를 저어 쉬파리를 쫓으면서 말하기를, "이때 맞추어 어디에서 와 갑자기 이곳에 모였는가?"라고 하니, 동료들은 모두 안색이 변하였으나 무유형의 의기는 평소와 다름없었다고 한다. *여기서 쉬파리는 원진을 비유한 것이다.
83) 왕사라는…때: 삼국(三國) 시대 위(魏) 나라 왕사(王思)는 성질이 매우 급하였다. 한번은 글씨를 쓰다가 붓끝에 파리가 날아와 앉았는데, 쫓아도 다시 달려들기를 두세 차례 반복하니 끝내 대단히 노하여 바로 일어나서 칼을 뽑아 들고 그 파리를 쫓았으나 잡지 못하자, 도리어 자기가 쓰던 붓을 땅에 던져서 스스로 밟아 부쉬 버렸다고 한다.

들을 내여쫏치라 춤외가 다 무어시며 먹이 다 무어시냐 사름들
아 사름들아 우리 수십억만 마리가 일졔히 손을 뷔비고 비ᄂ니
우리를 뮈워ᄒ지 말고 하ᄂ님이 뮈워ᄒ시ᄂ 너의를 해치는 여
러 마귀를 쏫치라 손으로만 비러셔 아니 드르면 발노라도 빌겟
다

  의긔가 양양ᄒ야 사름을 뎌의 쏭만치도 못ᄒ게 남을ᄒ고 겸
ᄒ야 츙고의 말노 권고ᄒ고 ᄂ려간다

【번역】 사람들은 우리를 쫓으려 할 것이 아니라 쫓지 않을 수 없는
것이 있으니, 사람들아! 부채를 놓고 칼을 던지고 잠깐 내 말을 들어
라. 너희들이 당연히 쫓을 것은 너의 마음을 수고롭게 하는 마귀이
다. 사람들아, 사람들아! 너희들은 너의 마음속에 있는 물욕을 쫓아
버려라. 너의 머릿속에 있는 썩은 생각을 내쫓아라. 너의 조정에 있
는 간신들을 쫓아버려라. 너의 세상에 있는 소인들을 내쫓아라. 참
외가 다 무엇이며 먹이 다 무엇이냐? 사람들아, 사람들아! 우리 수
십억만 마리가 일제히 손을 비비고 비니, 우리를 미워하지 말고 하
나님이 미워하시고 너희를 해치는 여러 마귀를 쫓아라. 손으로만 빌
어서 아니 들으면 발로라도 빌겠다.”
  의기가 양양하여 사람을 자기의 똥만치도 못하게 나무라고, 겸하
여 충고의 말로 권고하고 내려간다.

뎨칠셕 가정이밍어호 (호랑이) (苛政猛於虎)

【호랑이 1】 웅장흔 소리로 회장을* 부르니 산쳔이 울닌다 연단에 을나서셔 머리를 셜네셜네 흔들고 좌즁을 ㄴ려다보니 눈알이 등불 ス고 위풍이 름름흔데 쥬홍 ス흔 입을 쩍 버리고 어금니를 부지즉 갈며 연설ᄒᄂ딕 좌즁이 죵용ᄒ다

　본원의 일흠은 호랑인딕 별호는 산군이올시다 여러분 즁에도 혹 아시ᄂ이도 잇슬 듯ᄒ오 지금 가정이 밍어호라 ᄒᄂ 문뎨를 가지고 두어 마딕 홀 터인딕 이거슨 여러분 아시ᄂ 것과 ス치 녯젹 유명흔 셩인 공즈님이 ᄒ신 말슴이라 가정이 밍어호라 ᄒᄂ 쯧슨 까다로온 졍ᄉ가 호랑이보다 무셥다 흠이니 「양ᄌ」라 ᄒᄂ 사롬도 이와 ス흔 말이 잇ᄂ딕 혹독흔 관리는 늘기 잇고 쌀 잇는 호랑이와 ス다 흔지라

* 회쟝흔, 안국션: 회쟝을, 독도 수정

【번역】 제7석: 가혹한 정치는 호랑이보다 사납다〔苛政猛於虎〕 (호랑이)

　웅장한 소리로 회장을 부르니 산천이 울린다. 연단에 올라서서 머리를 설레설레 흔들고 좌중을 내려다보니 눈알이 등불 같고 위풍이 늠름하다. 주홍 같은 입을 떡 벌리고 어금니를 부지직 갈며 연설하는데, 좌중이 조용하다.

　"본 위원의 이름은 호랑이로, 별호는 산군山君입니다. 여러분 중에

도 혹 아시는 이도 있을 듯합니다. 지금 '가정이 맹어호라' 하는 문제를 가지고 두어 마디 할 터인데, 이것은 여러분이 아시는 것과 같이 옛적 유명한 성인 공자님이 하신 말씀입니다. '가정이 맹어호라' 하는 뜻은 까다로운 정사가 호랑이보다 무섭다는 것이니, 양자揚子[84]라는 사람도 같은 말을 했으니, '혹독한 관리는 날개 있고 뿔 있는 호랑이와 같다'라고 하였습니다.

【호랑이 2】 셰샹에 사름들이 말ᄒ기를 뎨일 포악ᄒ고 무셔운 거슨 호랑이라 ᄒ엿스니 ᄌ고이리로 사름들이 우리의게 해를 밧은 쟈가 몃 명이나 되ᄂ뇨 도로혀 사람이 사름의게 해를 당ᄒ며 살육을 당ᄒ 쟈가 몃 억만 명인지 알 수 읍소 우리는 셜ᄉ 포악ᄒ 일을 홀지라도 깁흔 산과 깁흔 골과 깁흔 슈풀 속에셔만 횡힝홀 ᄲᆞᆫ이오 사름처럼 쳥뎐빅일지하에 왕궁국도에셔는 ᄒ지 아니 ᄒ거늘 사름들은 듸낫에 사름을 죽이고 지물을 쎼아스며 죄업는 빅셩을 감옥셔에 모라너허셔 돈 밧치면 내여놋코 셰 업스면 죽이는 것과 님군은 아모리 인ᄌᄒ야 샤뎐을 ᄂᆞ리드리도 법관이 용ᄉᄒ야 공평치 못ᄒ게 죄인을 조죵ᄒ고 돈을 밧고 벼슬을 내여셔 그 벼슬ᄒ 사름이 그 미쳔을 쎕으려고 음흉ᄒ 슈단으로 졍ᄉ를 까다롭게 ᄒ야 빅셩을 못 견듸게 ᄒ니 사름들의 악독ᄒ 일을 우리 호랑이의게 비ᄒ야 보면 몃 만 빅 가리 될ᄂ지 알 수 업소

---

84) 양자(揚子): 한나라 때의 문인 학자 양웅(揚雄, B.C.53~A.D.18)을 말한다. 자는 자운(子雲)이다. 학문이 해박하고 생각이 깊어서 오직 문장으로 세상에 이름을 떨쳤다.《태현(太玄)》을 지어《주역》에 비기고,《법언(法言)》을 지어《논어》에 비겼다.

【번역】 세상에 사람들이 '제일 포악하고 무서운 것은 호랑이다.'라고 하였으니, 옛날부터 지금까지 사람들이 우리에게 해를 받은 자가 몇 명이나 됩니까? 도리어 사람이 사람에게 해를 당하며 살육을 당한 자가 몇 억만 명인지 알 수 없습니다. 우리는 설사 포악한 일을 할지라도 깊은 산과 깊은 골과 깊은 숲풀 속에서만 횡행할 뿐이고, 사람처럼 하늘이 맑게 갠 대낮에 왕궁의 도성에서는 하지 않습니다. 그런데 사람들은 대낮에 사람을 죽이고 재물을 빼앗으며, 죄 없는 백성을 감옥에 몰아넣어서 돈을 바치면 내어놓고 권세가 없으면 죽입니다. 임금이 아무리 인자하여 사전赦典[85]을 내리더라도 법관이 용사[86]하여 공평치 못하게 죄인을 조종하고, 돈을 받고 벼슬을 내어서 그 벼슬한 사람이 그 밑천을 뽑으려고 음흉한 수단으로 정사를 까다롭게 하여 백성을 못 견디게 하니, 사람들의 악독한 일을 우리 호랑이에 비하여 보면 몇만 배 가량 되는지 알 수 없습니다.

【호랑이3】 쏘 우리는 다른 동물을 잡어 먹더릭도 하ᄂ님이 ᄆᆫ드러 주신 발톱과 니쌜노 하ᄂ님의 쯧슬 밧아 텬셩의 힝위를 힝홀 쑨이어늘 사름들은 학문을 이용ᄒᆞ야 화학이니 물리학이니 빅화서 사름의 도리에 유익ᄒᆞᆫ 올흔 일에 쓰는 거슨 별노 업고 각식 병긔를 발명ᄒᆞ야 군함이니 디포니 총이니 탄환이니 화약이니 칼이니 활이니 ᄒᆞᄂᆞᆫ 등물을 ᄆᆫ드러셔 직몰을 무한이 내버리고 사름을 무수히 죽여서 나라를 ᄆᆫ들 쎄에 만반경륜은 다 ᄂᆞᆷ을 해ᄒᆞ려는 ᄆᆞ음쑨이라 그런고로 영국 문학박스 「판스」라 ᄒᆞ

는 사름이 말ㅎ기를 사름이 사름의게 딕ㅎ야 잔인ㅎ 신둙으로 수쳔만명 사름이 참혹ㅎ 디경에 드러갓도다 ㅎ엿고 녯날「진소왕*」이「초회왕」을 쳥ㅎ매「초회왕」이 진나라에 드러가려 ㅎ거늘 그 신하「굴평」이 간ㅎ야 굴ㅇ딕 진나라는 호랑이 나라이라 가히 밋지 못홀지니 가시지 말으쇼셔 ㅎ엿스니 호랑의 나라이 엇지 진나라 ㅎ나쑨이리오 오늘날 오대쥬를 둘너보면 사름사는 곳곳마다 어ᄂ 나라이 욕심읍는 나라이 잇스며 어ᄂ 나라이 포학ㅎ지 아니 ㅎ 나라이 잇스며 어ᄂ 인간에 고상ㅎ 텬리를 말ㅎ는 쟈가 잇스며 어ᄂ 셰샹에 진정ㅎ 인도를 의론ㅎᄂᆫ 쟈가 잇ᄂ뇨 나라마다 진나라이오 사름마다 호랑이라

* 진회왕, 안국선: 진소왕, 독도 수정

【번역】 또 우리는 다른 동물을 잡아먹더라도 하나님이 만들어 주신 발톱과 이빨로 하나님의 뜻을 받아 천성의 행위를 행할 뿐입니다. 그런데 사람들은 학문을 이용하여 화학이나 물리학을 배워서 사람의 도리에 유익한 옳은 일에 쓰는 것은 별로 없고, 각양각색의 병기를 발명하여 군함이니 대포니 총이니 탄환이니 화약이니 칼이니 활과 같은 물건을 만들어서 재물을 무한히 내버리고 사람을 무수히 죽여서 나라를 만들 때 모든 경륜[87]은 다 남을 해치려는 마음뿐입니다. 그러므로 영국 문학박사 '판스'라는 사람은 '사람이 사람에 대하여 잔인한 까닭으로 수천만 명이 참혹한 지경에 들어갔다.'라고 하였습니다. 옛날 진소왕秦昭王이 초회왕楚懷王을 초청하자,[88] 초회왕

---

87) 경륜(經綸): 세상을 다스릴 수 있는 능력.
88) 진소왕(秦昭王)이…초청하자: 전국 시대 말, 진소왕이 초회왕(楚懷王)에게 글을 보내 진나라와 초나라의 경계인 무관(武關)에서 동맹을 맺자고 하였다. 이에 초

이 진나라에 들어가려 하였습니다. 그 신하 굴평屈平[89]이 간하여 '진나라는 호랑이 나라여서 믿을 수 없으니 가지 마십시오.'라고 했습니다. 호랑이 나라가 어찌 진나라 하나뿐이겠습니까? 오늘날 오대주를 둘러보면 사람이 사는 곳곳마다 욕심 없는 나라는 어느 나라이며, 포학하지 않은 나라는 어느 나라이며, 고상한 천리를 말하는 자는 어느 인간이며, 진정한 인도를 의론하는 자가 어느 세상에 있습니까? 나라마다 진나라이고, 사람마다 호랑이입니다.

【호랑이 4】 셰샹 사룸들이 말ᄒᆞ기를 호랑이는 포학무쌍ᄒᆞᆫ 거시라 ᄒᆞ되 이거슨 아지 못ᄒᆞᄂᆞᆫ 말이로다 우리는 원릭 텬픔이 은혜를 잘갑고 의리를 깁히 아ᄂᆞ니 글ᄌᆞ 닑은 사룸은 짐작ᄒᆞᆯ 듯ᄒᆞ오 녯적에 진나라 「곽문ᄌᆞ*」라 ᄒᆞᄂᆞᆫ 사룸이 호랑이 목구멍에 걸닌 ᄲᅢ를 셱내여 주엇더니 ᄉᆞᆺ슴을 드려 은혜를 갑핫고 「영윤ᄌᆞ문」을 나셔 몽틱에 ᄇᆞ렷더니 졋슬 먹여 길넛스며 「양위」의 효셩을 감동ᄒᆞ야 몸을 물니쳣스니 이런 일을 보면 우리가 은혜를 감동ᄒᆞ고 의리을 아ᄂᆞᆫ 거시라 사룸들노 말ᄒᆞ면 은혜를 알고 의리를 직히ᄂᆞᆫ 사룸이 몃몃치나 되겟소 녯적 사룸이 말ᄒᆞ기를 호랑이를 기르면 후환이 된다 ᄒᆞ야 지금ᄭᅵ지 양호유환이라 ᄒᆞᄂᆞᆫ 문ᄌᆞ를 쓰지마ᄂᆞᆫ 되지 못ᄒᆞᆫ 사룸의 식기를 기르ᄂᆞᆫ 거시 도료혀 정말 후환이 되ᄂᆞᆫ지라 호랑이 식기를 길너셔 돈을 모ᄂᆞᆫ 사룸은 잇스

회왕은 반신반의하였으나 참석해서는 안 된다는 굴평(屈平)의 간언을 듣지 않고 참석했다가 진나라에 억류되어 3년 만에 죽었다.

89) 굴평(屈平): 전국 시대 초나라의 어진 신하로, 자(字)가 원(原)이기에 흔히 굴원(屈原)으로 불린다. 그는 회왕(懷王)의 신임을 받았으나 간신의 참소를 받고 강남으로 유배되어 상강(湘江)에 투신자살하였다.

되 사름의 즈식을 길너셔 덕을 보는 사름은 별노 업소

*곽무즈, 안국선: 곽문즈, 독도 수정

【번역】 세상 사람들이 '호랑이는 포학하여 견줄 데가 없다.'라고 하나, 이것은 모르고 하는 말입니다. 우리는 원래 천품이 은혜를 잘 갚고 의리를 깊이 아니, 글 읽는 사람은 짐작할 듯합니다. 옛적에 진나라 '곽문자郭文子'라는 사람이 목구멍에 걸린 뼈를 빼내어 주었더니 사슴을 바쳐 은혜를 갚았고, '영윤자문令尹子文'[90]을 낳아서 몽택夢澤[91]에 버렸더니 젖을 먹여 길렀으며, '양위楊威'의 효성에 감동하여 몸을 물러났으니, 이런 일을 보면 우리가 은혜에 감동하고 의리를 아는 것입니다. 사람들로 말하면 은혜를 알고 의리를 지키는 사람이 몇몇이 되겠습니까? 옛적 사람이 '호랑이를 기르면 후환이 된다.'라고 하여 지금까지 '양호유환養虎遺患'[92]이라 하는 문자를 쓰지만, 되

---

90) 영윤자문(令尹子文): 춘추 시대 초나라 사람 투누오도(鬪穀於菟)이다. 자(字)는 자문(子文)이고, 성왕(成王)을 섬겨 영윤(令尹)이 되었기 때문에 '영윤자문(令尹子文)'으로도 불린다. '오토(於菟)'는 초나라의 방언으로 '호랑이'를 말한다. 투백비(鬪伯比)라는 사람이 운(䢵)나라의 공녀(公女)와 간음하여 아들을 낳았는데, 운나라 임금의 부인이 사람을 시켜 그 아이를 몽택에 버리니, 범이 와서 그 아이에게 젖을 먹였다. 운나라 임금이 사냥을 나갔다가 그것을 보고는 놀라서 돌아오자, 부인이 사실대로 고한 다음 곧바로 아기를 다시 데려다가 길렀다. 초나라 사람들은 젖[乳]을 '누[穀]'라 하고 범[虎]을 '오도(於菟)'라고 하였으므로 그 아이의 이름을 '투누오도(鬪穀於菟)'라고 하였는데, 이 아이가 커서 영윤 자문이 되었다.

91) 몽택(夢澤): 운몽택(雲夢澤)으로, 현재의 호북성(湖北省)과 호남성(湖南省)의 접경에 있었다고 하는 연못이다.

92) 양호유환(養虎遺患): 유방이 항우를 칠 때 진평과 장량이 한 말 가운데 "초나라 병사들은 피폐하고 식량도 다하였으니 이는 하늘이 초나라를 망하게 하는 때라, 그 기회를 따라서 마침내 그것을 취함만 같지 않습니다. 지금 놓아두고 치지 않는다면 이것은 이른바 호랑이를 길러 스스로 우환을 남기는 것입니다.〔楚兵罷食盡, 此天亡楚之時也, 不如因其機而遂取之. 今釋弗擊, 此所謂養虎遺患也.〕"라는 말에

지 못한 사람의 새끼를 기르는 것은 도리어 정말 후환이 됩니다. 호랑이 새끼를 길러서 돈을 모으는 사람은 있으나 사람의 자식을 길러서 덕을 보는 사람은 별로 없습니다.

【호랑이5】 또 속담에 닐ᄋ기를 호랑이 죽음은 껍질에 잇고 사람의 죽음은 일홈에 잇다ᄒ니 지금 셰상 사람의 정말 명예잇는 사람이 몃명이나 잇소 인싱칠십고릭희라 ᄒ 셰상 살동안이 얼마 되지 아니ᄒᄂᄃ 올흔 일만 ᄒᆯ지라도 다 못ᄒ고 죽을 터인ᄃ 쑴결 ᄀᆺ흔 이 셰샹을 구구히 살려ᄒ야 못된 일홀 싱각이 식쩌먹케 잇서셔 압문으로 호랑이를 막고 뒤문으로 승량이*를 불너드리는 쟈도 잇스니 엇지 불싱치아니 ᄒ리오 녯적 사람은 호랑의 가죽을 쓰고 도적실 ᄒ엿스나 지금 사람들은 껍질은 사람의 껍질을 쓰고 ᄆ음은 호랑의 ᄆ음을 가져셔 더욱 험악ᄒ고 더욱 흉포ᄒ지라 하ᄂ님은 지공무ᄉᄒ신 하ᄂ님이시니 이ᄀᆺ치 험악ᄒ고 흉포ᄒ 것들의게 뎨일 귀ᄒ고 신령ᄒ다는 권리를 줄 ᄉᆫ닭이 무어시오 사람으로 못된 일 ᄒᄂ 쟈의 종ᄌ를 업시는 거시 됴흔 줄노 싱각ᄒ옵ᄂ다

* 식량이, 안국선: 승량이, 독도 제안

【번역】 또 속담에 '호랑이의 죽음은 껍질에 있고 사람의 죽음은 이름에 있다.'[93]라고 하였으니, 지금 세상 사람 중에 정말 명예 있는

서 인용하였다. 《사기(史記)·항우본기(項羽本紀)》

93) 호랑이의…있다: '호랑이는 죽어서 가죽을 남기고, 사람은 죽어서 이름을 남긴다〔虎死留皮 人死留名〕.'라는 속담을 인용하였는데, 본문에서는 두 가지의 의미로 읽힌다. 첫째는, 사람은 죽어서 명예를 남겨야 한다는 의미를 담고 있다. 둘째

사람이 몇 명이나 있습니까? '사람이 일흔 살을 사는 것은 예로부터 드물다'[94]라고 했습니다. 한세상을 살 동안이 얼마 되지 않은데, 옳은 일만 할지라도 다 못하고 죽을 터인데 꿈결 같은 이 세상을 구구히 살려고 하여 못된 일할 생각이 시커멓게 있어서 앞문으로 호랑이를 막고 뒷문으로 승냥이를 불러들이는 자도 있으니 어찌 불쌍하지 않겠습니까? 옛적 사람은 호랑이 가죽을 쓰고 도적질하였으나, 지금 사람들은 밖은 사람의 껍데기를 쓰고, 안은 호랑이의 마음을 가져서 더욱 흉포합니다. 하나님은 지극히 공정하여 사사로움이 없는 하나님이시니, 이같이 험악하고 흉포한 것들에게 제일 귀하고 신령하다는 권리를 줄 까닭이 무엇입니까? 사람으로 못된 일을 하는 자의 종자를 없애는 것이 좋은 줄로 생각합니다."

는, 호랑이가 가죽 때문에 사냥꾼에게 목숨을 잃듯이, 사람도 명예 때문에 귀중한 자신의 목숨을 잃는다는 의미를 담고 있다.

94) 사람이…드물다: 당나라 시인 두보(杜甫)의 시 〈곡강(曲江)〉의 구절인 "외상 술값이야 심상하게 어디에나 있지만, 일흔까지 사는 사람은 예로부터 드물었지.〔酒債尋常行處有, 人生七十古來稀.〕"에서 인용한 말이다.

뎨팔셕 쌍거쌍릭 (원앙) (雙去雙來)

【원앙1】 호랑이가 연셜을 긋치고 느려가니 쏘 흔편에셔 형용이 단졍ᄒ고 틱도가 신즁흔 어엽쑨 원앙새가 연단에 올나셔셔 이연흔 목소릭로 말을 흔다

　나는 원앙이올시다 여러분이 인류의 악힝을 공격ᄒᄂ 거시다 졀당흔 말슴이로되 인류의 뎨일 괴악흔* 일은 음란흔 거시오 하ᄂ님이 사름을 내실 쩍에 흔 남ᄌ에 흔 녀인을 내셧스니 흔 사나희와 흔 녀편네가 셔로 져브리지 아니 흠은 텬리에 뎡흔 인류이라 사나희도 계집을 여럿 두ᄂ 거시 올치 안코 녀편네도 셔방을 여럿 두ᄂ 거시 올치 안커늘 셰샹 사름들은 다 싱각ᄒ기를 사나희는 계집을 만히 두고 호강ᄒᄂ 거시 됴흔 거신 줄노 알고 쳐쳡을 두셋식 두ᄂ 사름도 잇스며 엇던 사름은 오륙 명도 두ᄂ 쟈도 잇스며 혹은 쟝가든 뒤에 그 안히를 도라다보지 아니 ᄒ고 두 번 세 번 쟝가 드ᄂ 쟈도 잇스며 혹은 안히를 소박ᄒ고 쳡을 ᄉ랑ᄒ다가 패가망신ᄒᄂ 쟈도 잇스니 사나희가 두 계집 두ᄂ 거슨 텬리에 어긔여짐이라 계집이 두 사나희를 두면 변고로 알고 사나희가 두 계집 두ᄂ 거슨 례ᄉ로 아니 엇지 그리 편벽되며 사나희가 남의 계집 도적흠은 쑤짓지 아니 ᄒ고 계집이 남의 사나희를 샹관ᄒ면 큰 변일 줄 아니 엇지 그리 불공ᄒ오

* 괴각흔, 안국션: 괴악흔, 독도 수정

【번역】제8석: 둘이 갔다가 둘이 오다〔雙去雙來〕(원앙)

　호랑이가 연설을 그치고 내려가니, 또 한편에서 형용이 단정하고 태도가 신중한 어여쁜 원앙새가 연단에 올라서서 구슬픈 목소리로 말한다.

　"나는 원앙입니다. 여러분이 인류의 악행을 공격하는 것은 모두 사리에 꼭 들어맞는 말씀이지만, 인류의 제일 괴악〔怪惡〕한[95] 일은 음란한 것입니다. 하나님이 사람을 내실 때에 한 남자에 한 여인을 내셨으니, 한 사나이와 한 여편네가 서로 저버리지 않음은 천리에 정한 인륜입니다. 사나이도 계집을 여럿 두는 것이 옳지 않고, 여편네도 서방을 여럿 두는 것이 옳지 않거늘, 세상 사람들은 모두 '사나이는 계집을 많이 두고 호강하는 것이 좋은 것이다'라고 생각합니다. 그래서 처첩을 두셋씩 두는 사람도 있으며, 어떤 사람은 대여섯 명도 두는 자도 있으며, 혹은 장가든 뒤에 그 아내를 돌아보지 않고 두 번 세 번 장가드는 자도 있으며, 혹은 아내를 소박하고 첩을 사랑하다가 패가망신하는 자도 있으니, 사나이가 두 계집을 두는 것은 천리에 어긋난 것입니다. 계집이 두 사나이를 두면 변고로 알고, 사나이가 두 계집을 두는 것은 예사로 하니, 어찌 그리 편벽됩니까? 사나이가 남의 계집을 도적질함은 꾸짖지 않고, 계집이 남의 사나이와 상관하면 큰 변고인 줄 아니, 어찌 그리 불공평합니까?

【원앙2】 하ᄂᆞ님의 텬연ᄒᆞᆫ 리치로 말ᄒᆞᆯ진ᄃᆡ 사나희는 안히 ᄒᆞᆫ 사ᄅᆞᆷ만 두고 녀편네는 남편 ᄒᆞᆫ 사ᄅᆞᆷ만 좃칠지라 무론 남녀ᄒᆞ고 두 사ᄅᆞᆷ을 두던지 셤기ᄂᆞᆫ 거슨 올치 아니 ᄒᆞ거늘 지금 세상 사

---

95) 괴악(怪惡)한: 말이나 행동이 이상야릇하고 흉악한.

름들은 괴악ᄒ고 음란ᄒ고 박졍ᄒᄋ 길가에 ᄒᆫ 가지 버들을 썩기 위ᄒᄋ 빅년히로ᄒ랴던 사름을 니져ᄇ리고 동산에 ᄒᆫ 송이 곳츨 보기 위ᄒᄋ 조강지쳐를 내좃치며 남편이 병이 들어 누엇눈듸 의원과 간통ᄒᆫ 일도 잇고 복을 빌어 불공ᄒᆫ다 가탁ᄒ고 즁 셔방ᄒᆫ 일도 잇고 남편 죽어 사흘이 못 되여 셔방 희갈 쥬젼ᄒᆫ 일도 잇스니 사름들은 계집이나 사나희나 인졍도 업고 의리도 업고 다만 음란ᄒᆫ 싱각뿐이라 ᄒᆯ 수밧게 업소 우리 원앙새는 텬디 간에 지극히 적은 물건이로되 사름과 굿치 그런 더러운 ᄒᆡᆼ실은 아니 ᄒ오 남녀의 법이 유별ᄒ고 부부의 륜긔가 지즁ᄒᆫ 줄을 아ᄂᆫ 고로 음란ᄒᆫ 일은 결코 업소

【번역】 하나님의 천연한 이치를 말하면, 사나이는 아내 한 사람만 두고 여편네는 남편 한 사람만 따르는 것입니다. 남녀를 막론하고 두 사람을 두거나 섬기는 것은 옳지 않습니다. 그런데 지금 세상 사람들은 괴악하고 음란하고 박정薄情하여[96] 길가에 한 가지 벌들을 꺾기 위해 백년해로하려던 사람을 잊어버리며, 동산에 한 송이 꽃을 보기 위해 조강지처를 내쫓으며, 남편이 병들어 누웠는데 의원과 간통하는 일도 있으며, 복을 빌러 불공드린다고 핑계를 대고 중〔僧〕 서방질하는 일도 있으며, 남편이 죽은 지 사흘도 못 되어 서방 해갈을 주선하는 일도 있으니, 사람들은 계집이나 사나이나 인정도 없고 의리도 없고 음란한 생각뿐이라고 할 수밖에 없습니다. 우리 원앙새는 하늘과 땅 사이에 지극히 하찮은 물건이지만, 사람처럼 그런 더러운 행실은 하지 않습니다. 남녀의 법이 유별하고 부부의 윤리와 기강이

---

96) 박정(薄情)하여: 인정이 적어 차갑고 쌀쌀맞다.

매우 귀중한 줄을 알기에 음란한 일은 결단코 없습니다.

【원앙3】 사롬들도 우리 원앙새의 력스를 짐작ᄒ기로 니야기ᄒ는 말이 잇소 녯날에 ᄒ 산양군이 원앙새 ᄒ 마리를 잡엇더니 암원앙새가 슈원앙새를 일코 슈절ᄒ야 과부로 잇슨지 일 년 만에 쏘 그 산양군의 활살에 마져 엇은 바 된지라 산양군이 원앙새를 잡어 가지고 집으로 도라와셔 털을 쯧을 ᄉ 늘기 아래 무어시 잇거늘 ᄌ세히 보니 거년에 ᄌ긔가 잡어 온 슈원앙새의 뒤가리라 이거슨 암원앙새가 슈원앙새와 굿치 잇다가 슈원앙새가 산양군의 활살을 마져셔 쩌러지니 그 창왕 즁에도 슈원앙새의 뒤가리를 집어 가지고 숨어셔 일시의 란을 피ᄒ야 짝 일흔 한을 닛지 아니 ᄒ고 셔방의 뒤가리를 늘기 밋헤 씨고 슬피 셰월을 보내다가 쏘흔 산양군의게 엇은 바 된지라 그 산양군이 이거슬 보고 정졀이 지극흔 새라 ᄒ야 먹지 아니 ᄒ고 정결흔 싸에 장ᄉ를 지낸 후로브터 다시 원앙새는 잡지 아니 ᄒ엿다 ᄒ니 우리 원앙새는 즘싱이로되 졀기를 직힘이 이러ᄒ오

【번역】 사람들도 우리 원앙새의 역사를 짐작하여 이야기하는 말이 있습니다. 옛날에 한 사냥꾼이 원앙새 한 마리를 잡았습니다. 암컷 원앙새가 수컷 원앙새를 잃고 수절하여 과부로 있은 지 일 년 만에 또 그 사냥꾼의 화살에 맞아 잡혔습니다. 사냥꾼이 원앙새를 잡아서 집으로 돌아와 털을 뜯을 때 날개 아래 무엇이 있어 자세히 보니, 작년에 자기가 잡아 온 수컷 원앙새의 대가리였습니다. 이것은 암컷 원앙새가 수컷 원앙새와 같이 있다가 수컷 원앙새가 사냥꾼의 화살을 맞고 떨어지는 매우 위급한 상황에서도 수컷 원앙새의 대가리를

집어 가지고 숨긴 것입니다. 암컷 원앙새는 일시의 난을 피하여 짝을 잃은 한을 잊지 않고 서방의 대가리를 날개 밑에 끼고 슬피 세월을 보내다가, 또 사냥꾼에게 잡히고 말았습니다. 그 사냥꾼이 이것을 보고 '정절이 지극한 새'라고 하여 먹지 않고 정결한 땅에 장사를 지낸 뒤로부터 다시는 원앙새를 잡지 않았다고 하니, 우리 원앙새는 짐승이지만 절개를 지킴이 이러합니다.

【원앙4】 사름들의 힝위를 보면 츄ᄒ고 비루ᄒ고 음란ᄒ야 우리보다 귀ᄒ다 홀거시 조곰도 업소 사름들의 힝ᄉ를 대강 말홀 터이니 잠간 드러보시오 부인이 죽으면 불샹히 녁이는 남편이 몃치나 되겟소 샹쳐ᄒᆫ 후에 사나희 슈졀 ᄒ엿다는 말은 들어보도 못ᄒ엿소 낫낫치 지취를 ᄒ던지 쳡을 엇던지 즈식의게 못 홀 노릇ᄒ고 집안에 화근을 니르키여 화긔를 손샹케 ᄒ고 계집으로 말ᄒ면 남편 죽은 후에 슈졀ᄒᄂᆫ 사름은 만ᄒ나 속으로 셔방질 ᄃᆞ니며 상부ᄒᆫ 지 몃칠이 못 되여 ᄀᆡ가홀 길 찻너라고 분쥬ᄒᆫ 계집*도 잇고 ᄯᅩ 즈식을 나하셔 개구멍이나 다리 밋헤 내여 ᄇᆞ리는 것도 잇스며 심ᄒᆫ 계집은 간부의게 혹ᄒ야 산 셔방을 두고 도망질 ᄒ기와 약을 먹여 죽이는 일ᄭᅵ지 잇스니 뎌의들**의 별별 괴악ᄒᆫ*** 일은 이루 다 말홀 수 업소 세샹에 뎨일 더럽고 괴악ᄒᆫ 거슨 사름이라 다 말ᄒ려면 내 입이 더러워질 터이닛가 그만두겟소
　　원앙새가 연셜을 긋치고 연단에 ᄂᆞ려오니 회쟝이 다시 니러셔셔 말ᄒᆫ다

* 게집, 안국선: 계집, 독도 수정

** 뎌의를, 안국선: 뎌의들, 독도 수정

*** 괴안흔, 안국선: 괴악흔, 독도 수정

【번역】 사람들의 행위를 보면, 추하고 비루하고 음란하여 우리보다 귀하다 할 것이 조금도 없습니다. 사람들의 행사를 대강 말할 테니, 잠깐 들어보십시오. 부인이 죽으면 불쌍히 여기는 남편이 몇 명이나 되겠습니까? 아내가 죽은 뒤에 사나이가 수절하였다는 말은 들어보지 못하였습니다. 낱낱이 재취를 하거나 첩을 얻어 자식에게 못 할 노릇 하고 집안에 화근을 일으켜 화목한 기운을 손상케 합니다. 계집으로 말하면, 남편이 죽은 뒤에 수절하는 사람은 많으나 속으로 서방질 다니고, 남편이 죽은 지 며칠 못 되어 개가할 길 찾느라고 분주한 계집도 있습니다. 또 자식을 낳아 개구멍이나 다리 밑에 내다 버리는 일도 있고, 심한 계집은 간부間夫[97]에게 혹하여 산 서방을 두고 도망질 하기와 약을 먹여 죽이는 일까지 있으니, 저들의 별별 괴악한 일은 이루 다 말할 수 없습니다. 세상에서 제일 더럽고 괴악한 것은 사람입니다. 다 말하려면 내 입이 더러워질 것이므로 그만두겠습니다."

　원앙새가 연설을 그치고 연단에 내려오니, 회장이 다시 일어서서 말한다.

---

97) 간부(間夫): 남편이 있는 여자가 남편 몰래 관계하는 남자. 샛서방.

폐회

【폐회 1】 여러분 ᄒ시ᄂ 말슴을 드르니 다 올ᄒ신 말슴이오 대
뎌 사ᄅᆷ이라 ᄒᄂ 동물은 셰샹에 뎨일 귀ᄒ다 신령ᄒ다 ᄒ지마
ᄂ 나ᄂ 말ᄒ자면 뎨일 어리셕고 뎨일 더럽고 뎨일 괴악ᄒ다ᄒ
오 그 ᄒᆼ위를 들어 말ᄒ자면 한뎡이 업고 ᄯ오 시간이 진ᄒ엿스니
고만 폐회ᄒ오

　ᄒ더니 그 안에 뫼였던 즘싱이 일시에 ᄂᄂ 쟈ᄂ 늘고 긔ᄂ
쟈ᄂ 긔고 ᄯᅱᄂ 쟈ᄂ ᄯᅱ고 우ᄂ 쟈도 잇고 짓ᄂ 쟈도 잇고 춤추
ᄂ 쟈도 잇서 다 각각 도라가더라

【번역】 “여러분이 하시는 말씀을 들으니, 다 옳으신 말씀입니다. 대
저 사람이라 하는 동물은 ‘세상에서 제일 귀하다 신령하다’라고 하
지만, 내가 보건대, ‘제일 어리석고 제일 더럽고 제일 괴악하다’라고
할 수 있습니다. 그 행위를 들어 말하자면, 한정이 없고 또 시간이
지났으니 그만 폐회하겠습니다.”

　그러자 그 안에 모였던 짐승이 일시에 나는 자는 날고 기는 자는
기고 뛰는 자는 뛰었으며, 우는 자도 있고 짖는 자도 있고 춤추는 자
도 있어, 각기 다 돌아갔다.

【폐회 2】 슬프다 여러 즘싱의 연셜을 듯고 가만이 싱각ᄒ야 보

니 셰샹에 불샹혼 거시 사름이로다 내가 엇지후야 사름으로 틱
여나셔 이런 욕을 보는고 사름은 만물 즁에 귀후기도 데일이오
신령후기도 데일이오 직조도 데일이오 지혜도 데일이라 후야
동물 즁에 데일 됴타 후더니 오늘날노 보면 데일노 악후고 데일
흉괴후고 데일 음란후고 데일 간샤후고 데일 더럽고 데일 어리
셕은 거슨 사름이로다

【번역】 슬프다! 여러 짐승의 연설을 듣고 가만히 생각해 보니, 세상
에 불쌍한 것이 사람이다. 내가 어찌하여 사람으로 태어나서 이런
욕을 보는가? '사람은 만물 중에 귀하기도 제일이고 신령하기도 제
일이며 재주도 제일이고 지혜도 제일이다'라고 하여 동물 중에 제
일 좋다고 여겼다. 그런데 오늘의 관점에서 보면 제일 악하고 제일
흉괴하며 제일 음란하고 제일 간사하며 제일 더럽고 제일 어리석은
것이 사람이다.

【폐회3】 가마귀처럼 효도홀 줄도 모로고 개고리처럼 분슈 직
힐 줄도 모로고 여호보담도 간샤후고 호랑이보담도 포악후고
벌과 곳치 정직후지도 못후고 파리 곳치 동포 스랑홀 줄도 모로
고 창즈 업는 일은 게보다 심후고 부정훈 힝실은 원앙새가 붓그
럽도다 여러 즘싱이 연셜홀 써 나는 사름을 위후야 변명 연셜
을 후리라 후고 몃 번 싱각후야 본즉 무슨 말노 변명홀 수가 업
고 반딕를 후려 후나 현하지변을 가지고도 쓸 딕가 업도다 사름
이 쩌러져셔 즘싱의 아래가 되고 즘싱이 도로혀 사름보다 샹등
이 되엿스니 엇지후면 됴홀고 예수씨의 말슴을 드르니 하느님
이 아직도 사름을 스랑후신다 후니 사름들이 악훈 일을 만히 후

엿실지라도 회기호면 구완 엇는 길이 잇다 호엿스니 이 세상에
잇는 여러 형데즈미는 깁히 깁히 싱각호시오

금슈회의록 종

【번역】 까마귀처럼 효도할 줄도 모르고 개구리처럼 분수를 지킬 줄
도 모르며, 여우보다도 간사하고 호랑이보다도 포악하며, 벌과 같이
정직하지도 못하고 파리같이 동포를 사랑할 줄도 모르며, 창자 없는
일은 게보다 심하고 부정한 행실은 원앙새에게 부끄럽구나. 여러 짐
승이 연설할 때, '나는 사람을 위하여 변명 연설을 하리라' 하고 몇
번 생각하였지만, 무슨 말로도 변명할 수가 없었다. 반대하려 하였
지만 현하지변懸河之辯[98]을 가지고도 쓸 데가 없었다. 사람이 떨어져
서 짐승의 아래가 되고 짐승이 도리어 사람보다 상등이 되었으니,
어찌하면 좋을까? 예수씨의 말씀을 들으니, 하나님이 아직도 사람
을 사랑하신다고 한다. 사람들이 악한 일을 많이 하였을지라도 회개
하면 구원을 얻는 길이 있다고 하였으니, 이 세상에 있는 여러 형제
자매는 깊이깊이 생각하시오.

금수회의록을 끝내다.

---

98) 현하지변(懸河之辯): 물이 거침없이 흐르듯 잘하는 말.

《연설법방》과 《금슈회의록》의 가치와 의의

1. 계몽기 토론과 연설에 대한 관심

안국선의 《연설법방》과 《금슈회의록》이 나오기까지의 역사적 배경에 대해 살펴보겠다. 1876년 강화도 조약 체결 이후부터 경술국치 이전까지를 광의의 근대라 할 수 있지만, 학자에 따라, 또 역사상의 시기 구분 기준에 따라 한국 근대에 대한 규정은 달라질 것이다. 한국 근대를 지칭하는 용어에도 여러 가지가 있는데, 특히 문학계에서는 1905년부터 1910년까지를 '애국계몽기(愛國啓蒙期)' 혹은 '계몽기'로 지칭한다. 이 시기 동안 서구의 근대 문물과 새로운 학문적 사상을 조선의 일반 대중에게 전파하는 것을 목적으로 하는 계몽운동이 활발하게 전개되었기 때문이다. 그러나 시기를 어떻게 잡든, 어떤 용어로 지칭하든, 한국 근대는 기존 시대의 관습과 완전히 대조되는 새로운 계몽의 물결이 진입하는 변화로 특징지을 수 있다.

조선에 본격적인 개화의 바람이 불기 시작한 것은 1894-1895년 갑오개혁부터다. 소위 '근대적인' 것들의 본격적인 수용과 연설의 확산이 맞물려 있기 때문이다. 조선으로 밀려드는 열강들의 이권 다툼 속에서 부국강병과 문명개화는 연설과 토론의 주된 주제였다. 대표적인 계몽운동가 중 한 사람이었던 유길준은 1895년 서구의 근대화된 문물과 제도를 소개하는 저서 《서유견문》에 다음과 같은 구절을 실었다. 이는 연설회의 모습을 한국에 최초로 소개하는 장면으로 받아들여진다.

演說은 敷言ᄒᄂ 意思라 其演說ᄒᄂ바 貌樣을 暫記ᄒ건ᄃᆡ 學者가 其演說ᄒᄂ바 議論을 紙에 寫ᄒ야 床上에 實ᄒ고 其床後에 禮服으로 立ᄒ야 高聲으로 朗讀ᄒᆫ 則聽者ᄂᆫ 次序로 一齊히 椅子에 坐ᄒ야 其心에 合ᄒᄂ 句節이 有ᄒ면 掌을 拍ᄒ야 奇를 叫ᄒᄂ니 萬若國家의 有事ᄒᆫ 時를 當ᄒ야도 學者의 演說人이 衆을 對ᄒ야 憂ᄒᆯ 者ᄂᆫ 憂ᄒ고 樂ᄒᆯ 者ᄂᆫ 樂ᄒᄂ 故로 外國의 慢侮가 至ᄒ든지 戰伐이 侵ᄒ든지 亦此輩人의 議論으로 人民의 氣性을 激揚ᄒ야 莫遏ᄒᄂ 勇을 起ᄒ기도 ᄒ며 本國의 政令이 不便ᄒᆫ 者가 有ᄒᆫ 時ᄂᆫ 亦演說의 權으로 政府를 勸ᄒ야 變更ᄒ게 ᄒ나 然ᄒ나 此ᄂᆫ 誹謗ᄒᄂ 俗에 近ᄒ고 不善ᄒᆫ 者ᄂᆫ 習例를 成ᄒᆫ다 ᄒ야 政府를 議論ᄒᄂ 一條ᄂᆫ 禁止ᄒᄂᄃᆡ 國도 有ᄒ니 泰西人이 云ᄒ ᄃᆡ 亦開化의 一大機라ᄒ더라

연설이란 자기 생각을 말로써 널리 펼치는 것인데, 그 조목이 아주 많다. … 이제 연설하는 모습을 잠시 기록해 보자. 학자가 강연하려는 내용을 종이에 써서 강연대 위에 놓고, 그 강연대 뒤에 예복 차림으로 서서 높은 소리로 낭독하면, 청중들이 차례로 의자에 앉았다가 자기 마음에 드는 구절이 나올 때마다 손뼉을 치

며 부르짖는다. 만약 나라에 중대한 일이 일어나면, 학자나 연설자가 청중을 향하여 걱정할 것은 걱정하고 기뻐할 것은 기뻐하도록 한다. 그러므로 외국으로부터 업신여김을 받든지 전쟁으로 침략을 당하든지 하면, 역시 이러한 강연자들이 주장하여 국민들의 의기를 격양시키기도 하고 끊임없는 용기를 불러일으키기도 한다. 본국의 정치 법령 가운데 불편한 것이 있을 때에도 역시 강연의 힘으로 정부에게 권하여 변경하게도 한다. 그러나 이러한 일은 비방에 가깝고 좋지 못한 관례를 만든다고 하여, 정부에 대하여 논쟁하는 한 가지만은 금지 시키는 나라도 있다. 서양 사람이 말하기를, "역시 개화를 이루는 일대 계기다"라고 하였다.[1]

여기서 볼 수 있듯이, 새 시대의 '연설'은 주로 개화를 위한 지식을 전달하는 교육적 목적을 띠었고, 따라서 학문적 연설이 압도적으로 많았다.[2] 계몽기 초기에 연설을 학교 교육의 일환으로 교과목으로 편성시켜 학생들에게 교육시킨 것 역시 이 때문이다. 다음은《독립신문》1898년 12월 1일자 기사에 나타난 연설 교육의 모습이다.

비직 학당 학도들이 학원중에서 협성회를 모아 일쥬 간에 흔번식 모와 의회원 규칙을 공부ᄒ고 각식 문제를 내여 학원들이 연셜 공부들을 흔다니 우리는 듯기에 넘으 즐겁고 이사름들이 의회원 규칙과 연셜ᄒ는 학문을 공부ᄒ야 죠션 후싱들의게 션싱

---

1 유길준, 허경진 역 (2004), pp.475-476.
2 티엔위 (2023), p.53.

들이 되야 만수를 규칙이 잇게 이론호며 즁의를 좃차 일을 걸쳐 호는 학문들을 퍼지게 호기를 브라노라.(《獨立新聞》, 1898. 12.01.)

배제 학당 학도들이 학원 학생들 중에서 협성회를 모아 일주일에 한번씩 모아 의회원 규칙을 공부하고 각색의 문제를 내어 학생들이 연설 공부들을 한다니 우리는 듣기에 너무 즐겁고 이사람들이 의회원 규칙과 연설하는 학문을 공부하여 조선 후생들에게 선생들이 되어 만사를 규칙있게 이론하며 중의를 좇아 일을 걸쳐 하는 학문들을 퍼지게 하기를 바라노라.

이에 더해 부인회, 청년회, 종교회 등 여러 지식인과 시민 단체들이 모임을 조직하고 연설과 토론 활동을 벌였다. 이후 연설은 조선 왕조 기원절, 황제 탄신일, 건국기념일 등의 다양한 국가 행사에 중요한 식순으로 등장했으며, 개관 행사, 학교의 운동회, 방학 예식, 예배, 부인회 등의 행사에서 기념 의례로 거행되었다. 이 의례들은 '독립된 근대국가의 이미지'를 전시하는 공간이었다.[3]

그런데 연설에 대해 본격적으로 논하기 이전, '연설(演說)'이라는 번역어에 대해 생각해볼 필요가 있다. '연설'은 원래 불교에서 사용하던 용어로, 경전을 가지고 법문을 설파하는 강연을 의미한다.[4] 이

3　신지영 (2010), pp.31-32.

4　發菩薩心者 持於此經 乃至 四句偈等 受持讀誦 爲人演說 其福勝彼 보살심을 발한 자가 이 경전을 지니고 내지사구게를 수지하고 독송하여 남을 위해 연설하면 그 복이 저 [깨달음의 세계]로 넘어가는 것보다 크리라《금강경》31.

단어를 일본에 근대 수사학을 들여온 인물인 후쿠자와 유키치가 영어 'speech'의 번역어로 채택한 것이다. 후쿠자와 유키치는 연설을 공적인 언어로 수행하는 의논과 다수의 청중에게 자신의 의견을 개진하는 말하기를 포괄하는 개념으로 사용했다. 그에게 '연설'은 공적인 말하기 제반과 외연이 같다. 이후 조선에도 일본에서 유학한 유학생들에 의해 후쿠자와 유키치가 번역한 '연설'과 여기에 담겨있는 개념이 유입되었다. 그런데 조선에 유입된 '연설'은 후쿠자와 유키치의 '연설'과 중대한 차이를 갖게 된다. 연설의 목적에 대한 상이한 관점과 연설 주체의 확산이 바로 한국의 연설 수용이 일본과 차별화되는 분기점이다.

우선 조선에서 '공적인 말하기'로서 연설은 상당히 정치적인 성격을 가졌다. 후쿠자와 유키치는 연설의 주제와 목적을 학문적 영역에 국한시켜, 지식인이 학술적인 지식을 쉬운 언어로 대중에게 전달하는 것을 연설의 목적으로 간주했다. 그에게 연설은 서구의 문물을 실어 나르는 매체임과 동시에 서구적인 근대 국가로 거듭나기 위한 방법이었다. 그러나 이는 일본인 개개인이 근대적인 정치 주체라는 새로운 정체성을 내면화하는 것을 지양하지는 않았다. 후쿠자와 유키치에게 연설은 화자인 지식인이 청자인 평범한 사람들에게 일방향적으로 가르치는 것에 가까웠다. 따라서 연설을 통해 구성되는 공간에는 정치적인 맥락이 배제되었다.

반면 조선에서는 계몽기라는 배경에서 시의적이고 정치적인 주제에 대한 연설이 주를 이루었다. 연설이 이루어지는 집회에서는 비단 정치적인 주제뿐만 아니라, 근대적이고 계몽적인 주제가 다뤄졌다.

학교나 신문을 통한 교육보다 전문성과 내용적 깊이는 뒤쳐졌지만, 연설은 다수의 청중에게 계몽의 이념을 새겨 넣고 감정적인 집단 의식을 고취한다는 장점을 갖고 있었다. 특히 연설은 연설자의 진정성 있는 호소와 청중들의 감정적 반응이 즉각적으로 오간다는 점에서, 학교와 신문에 비해 구성원들이 보다 평등하고 자유롭게 참여할 수 있었다. 요컨대 연설은 사람들이 공론 형성과정에 역동적으로 참여하기 위해 필수적으로 가져야할 능력이자 공론장에서 의견을 개진하기 위한 사회적인 권리였다.

이런 특징을 가장 잘 보여주는 작품이 《연설법방》이다. 《연설법방》은 소위 '근대적인 말하기'가 점차 확산되고 계몽 운동의 기폭제로서 근대적인 시민의 권리를 확보해 나가는 과정을 담고 있다. 또한 전제 왕정의 대안적인 정치 철학인 공화정과 공화주의의 맹아를 엿볼 수 있는 사료이다. 연설이 근대 한국의 사회상에 미친 영향을 고려할 때, 연설을 수사학적인 맥락에서 고찰하는 것 뿐만 아니라 연설이라는 공적 매체가 정치·사회적으로 어떻게 도입되고 수용·활용되었는지를 살펴보는 것이 필수적이다.

《연설법방》과 《금슈회의록》은 근대 연설의 전개 양상을 규명하는 데 결정적인 사료이기도 하다. 《연설법방》에서는 일반 민중에게 익숙한 구어체 한국어와, 서양 문물을 적극적으로 수용한 일군의 지식인이 능통하게 사용한 한문이 만나는 국한문혼용체(國漢文混用體)의 다양한 용례가 발견된다. 국한문혼용체는 문어와 구어가 혼용되는 사례를 보여주는 자료로서 국어학적인 가치가 높은 것은 물론, 이 문체가 담고 있는 근대의 격동적인 흐름과 기존 사회상과의 긴장

및 대조를 풍부하게 제공한다는 점에서 사회사적인 가치 또한 높다. 또한 현대 국어에 수용된 다양한 개념어들의 뿌리가 일본에서 번역되고 차용된 외국어에 기원을 두고있다는 점을 고려한다면,《연설법방》에 등장하는 현대 국어의 표현들은 개념사(槪念史) 구축과 근대어 사전 편찬을 위한 중요 자료라고 할 수 있다. 또한 문명사 측면에서《연설법방》과《금슈회의록》은 한자 중심의 문어 문명에서 한글 중심의 구어 문명으로 전환되는 단초를 마련하였다.

2. 연설의 발전

조선에서 연설이라는 새로운 표현방식은 갑오개혁 이후 본격적으로 유행했다. 그런데 이후 연설이라는 장르의 발전 양상이 단선적이지는 않았다는 사실이 흥미롭다. 기존의 선행 연구에서는 연설의 발전 과정을 시기적으로 구분하는 시점으로서, 1907년에 특히 주목했다. 공교롭게도 1907년은《연설법방》이 간행된 해인데, 이 시기를 전후로 연설의 양상이 이전 시기와 몇 가지 분명한 차이를 보인다. 첫째는 연설을 바라보는 관점이고, 둘째는 실제 연설의 발전 양상이다.

앞 장에서 언급했듯이, 연설이 조선에 수용된 직후에는 '연설'이라는 단어가 공적인 말하기와 동의어였다. 1907년 이전에는 연설이 곧 공적 말하기를 의미하거나, 공적 말하기라는 상위 범주에 연설이 하위 범주로서 속한다는 식의 이해가 공존했다. 그러나 1907년 이후, 즉《연설법방》이 유행하던 시기의 연설 개념은 연설을 넓은 의미의 공적 말하기(speech)로 이해하던 이전의 관습과 결별한다. 이전 시기와 달리, 《연설법방》이 출판되던 때에는 연설의 범주가 비교적 명확히 규정된다. 이는 근대적인 말하기로서 연설, 토론, 강연 등 다양한 종류가 있다는 변별적인 인식이 생겼음을 시사하는 것이다.

연설의 발전 양상에 있어서 1907년은 또한 중요한 시간적 기준점이 된다. 1907년 이전의 연설은 정치적인 주제 의식과 집회 중심의 연설로 특징 지어진다. 갑오개혁 이후 유행한 연설은, 초반에는 특정한 시기와 공간에서 연설자가 청중에게 말하는 방식이 대세였다. 독립협회, 협성회 등 계몽 운동 단체는 연설회와 같은 공론장을 주최하여 연설 문화를 주도적으로 이끌어 나갔다. 연설의 주제는 초반에는 일상문화와 풍속에 머물렀다. 그러나 점차 연설의 시공간이 확대됨에 따라 국내외적인 사건에 반응하고 영향력을 행사하는 시민 감시기구의 역할을 수행하기 시작했다.[5] 풍습의 교화를 넘어 정치적인 현안에 대한 의견을 표출하는 정치적인 담론의 공간이 형성된 것이다.

이렇듯 연설은 점차 대중이 직접 공론 형성과정에 참여하는 공론장의 의미를 가지게 되었다. 다수의 청중이 이해할 수 있는 쉬운 구어체로 이루어지는 연설은 일반 사람들도 활용할 수 있는 효율적인 표현방식이 된 것이다. 또한 연설이라는 새로운 근대적인 공간은 사람들에게 근대적인 제도와 살을 맞닿는 직접적인 경험을 제공했다. 연설은 지식인의 전유물에서 멈추지 않고 개개인이 가진 의견을 타인에게 전달하고 화자와 청자 사이에 의견을 나누는 보편적인 표현

---

5 신지영(2005), p.14

방식이 되었다. 연설에 참여하는 자는 어느 누구든 발언권을 가졌고, 청중들 또한 일방적인 수용자가 아니라 능동적인 참여자로서 연설의 주체가 되었다. 연설은 평등한 집회의 표현 수단이었다. 연설로 학습된 '말하기'는 정치적 평등주의와 '말할 권리'에 대한 자각, 표현의 자유를 실현하는 수단으로 자리잡았다.

단적으로 1898년 독립협회 해산 이후 사람들이 자발적으로 조직한 만민공동회에서는 누구든지 시국에 대해 자유로이 발언할 수 있었다. 이는 연설자와 청중 사이에 존재했던 기존의 위계가 해체되었다는 상징적인 현상이라 할 수 있다. 사회적인 신분에 구애 받지 않고 연설이라는 공적인 '말하기'를 직접 경험함으로서, 사람들은 연설이라는 공간에서 만민 평등 사상을 직접 체화할 수 있었다. 무엇보다도 근대적 말하기인 연설은 전문 지식인에 국한되지 않고 신분을 뛰어넘어 모두에게 공유되었다. 이는 언어와 표현에 대한 권리인 언권(言權)에 대한 자각이 이루어졌다는 증거이다. 말하기의 중요성에 대한 인식은 1900년대 전반에 걸쳐 공유되었다. 이는《연설법방》의 서언(緖言)에서 드러난다.

【서언 1】孟子ㅣ 豈好辯哉리오 不得已也라 ᄒ시니 今且不得已好辯之時哉〔인〕저、維新은 宜圖而人民이 曚昧ᄒ고 文明은 須擧而社會가 闇暗ᄒ니 先覺者ㅣ 當諭說之不已며 後進者ㅣ 亦討論之不暇ㅣ라 故로 余輩ᄂ 言語自由를 重之ᄒ노니 西語에 曰言論自由ᄂ 導文明之器具也라 ᄒ다

【번역】맹자가 '어찌 변론을 좋아하리오? 어쩔 수 없어서다.'라

고 하셨으니, 지금 또한 어쩔 수 없이 변론을 좋아하는 때이구나. 늘 새로움[유신]을 추구하는 것은 당연히 꾀해야 하지만 인민이 몽매하고, 문명은 모름지기 일으켜야 하지만 사회가 어두우니, 먼저 깨달은 사람은 마땅히 깨우치고 달래기를 그치지 아니하며 뒤떨어진 사람은 토론하기를 쉼 없이 해야 한다. 그러므로 우리는 언어 자유를 중시하는 것이니, 서양 말에 '언론 자유는 문명을 이끄는 도구다'라고 하였다.

사람을 계몽하고 사회 문명을 개화시키기 위해서는 사람들이 말로 자유롭게 표현하는 것이 중요하다. 모든 사람에게 언권을 보장하는 것이 바로 문명으로 나아가는 필수 불가결한 전제조건이기 때문이다.

1900년대 후반, 특히 1907년 이후에도 연설은 더욱 유행했다. 다만 이전 시기와는 달리, 1907년 이후의 연설은 정치성이 축소되고 연설자가 대중을 찾아가는 방식의 연설로 변모했다. 언권을 자각한 대중들의 자발적 참여가 점차 확산됨에 따라 연설은 국민들의 사적 영역에까지 깊숙이 침투했다. 비록 1900년대 초반에는 민회 해산령으로 연설이 불법화되고, 1907년 정미 7조약 이후 통감부(統監府)에 의해 제정된 보안법으로 정치적 성격을 띤 연설이 완전히 금지되는 등 연설의 자유가 전면적인 탄압을 받았지만 말이다. '연설'이 시국에 대해 비판하는 성찰적, 정치적 공간으로 자리매김하게 되자 일본의 탄압이 가해진 것이다. 이후 '연설회'라는 이름을 숨기고 학술적인 강연회를 가장한 모임이 증가하였다.

　'연설회'라는 이름은 아니지만 사실상 연설하는 모임과 같은 역할을 수행했던 여러 모임들은 정치적인 주제를 공공연하게 논하는 대신, 문명개화와 풍속 개량을 주제로 삼았다.[6] 정치성이 이전 시기에 비해 상대적으로 약화된 것이다. 그러나 이는 1907년 이전의 연설과 《연설법방》 출간 이후의 연설이 불연속적으로 단절을 겪었음을 뜻하는 것은 아니다.

　한편 연설의 탄압과 정치성의 쇠퇴가 이어지자, 연설 교육가들이 대중이 있는 현장을 직접 찾아가게 되었다. 또한 기존 방식의 연설이 지속되기 어려워지자 1900년대 후반에는 토론체 소설이나 신문, 잡지, 연설 교육서 등을 통한 우회적이고 간접적인 계몽교육으로 공적말하기의 방식이 선회하였다. 1900년대 후반에는 연설 교육서, 신문 등을 통한 연설 교육이 증가하였다. 1890년대의 연설은 협성회, 독립협회가 주관한 연설회를 중심으로 정치 연설이 주를 이루었지만, 1907년 이후에는 안국선의 《연설법방》, 《금슈회의록》과 같은 연설 교육서가 출판되어 문헌 중심으로 연설 교육이 확산된 것이다.

　이렇듯 연설의 확산은 일반 평민들로 하여금 공공의 연설, 토론장에 자유롭게 참여하는 언론의 자유가 있다는 자각, 언권에 대한 인식, 공동체 의식에 뿌리를 두고 형성된 국민이 함께 생각하는 사회적 소통방식[7]을 배우게 했다.

6　이정옥(2016) 참조.
7　이정옥(2011), p.231.

【서언3】嗚呼라 言論이 不振ㅎ면 民權이 不興ㅎ고 國權이 亦隨
不振ㅎ야 憲政之美를 莫可企及일식、 睡者여 起哉어다、 醉者여 醒
哉어다、 余憂言論社會之不振ㅎ야 著此書而發刊ㅎ니 愚誠則切矣
라 此書之有效與否는 任他讀者諸君云爾
隆熙元年十一月上浣에 識此於弄球室ㅎ노라

【번역】아, 언론이 활발하지 않으면 민권이 떨쳐 일어나지 못하
며, 국권이 또한 따라서 부진하여 훌륭한 헌정을 기대할 수 없
다. 잠자는 자여 일어날지어다! 취한 자여 깨어날지어다! 내가
언론사회가 활발하지 못함을 근심하여 이 글을 지어 발간하니
나의 마음은 간절하다. 이 책의 효과 여부는 독자 여러분에게 맡
길 뿐이다.

안국선은 남녀노소를 불문하고 다양한 사회계층의 독자들에게 사
회적인 언어를 가르쳐, 궁극적으로는 정치적인 목적을 달성하는 것
은 물론 새로운 문명국을 건설하고자 했다. 연설이 처음 수용되던
1890년대 이래 연설은 계몽의 장, 공적 말하기의 방법을 교육하는
장, 공론의 장, 사회 동원의 장이었다.[8] 연설에 대한 이해가 심화된
1900년대에도 1890년대와 마찬가지로 이러한 인식을 공유했다. 연
설은 공동체의 구성원인 시민이 공동의 일(res publica), 즉 정치에
참여하는 수단으로 자신의 주장을 공론화 하는 도구로 자리잡게 되
었다.

[8] 이정옥(2011), p.232.

3. 《연설법방》과 《금슈회의록》은 어떤 책인가?

1. 수사학이란?

《연설법방》은 1907년 11월에 출간된 이래, 1년만에 3판을 찍을 정도로 인기있던 수사학 교재다. 1900년대 후반 전국민을 대상으로 대중 연설이 확산됨에 따라 연설 교육서에 대한 수요가 급증했고, 《연설법방》이 이러한 수요를 채워준 것이다. 이 책은 글로 연설하는 방법을 단기간에 습득하여, 전국의 사람들에게 찾아갈 수 있는 능숙한 연설가를 양성한다는 목적에 부합한다. 《금슈회의록》도 마찬가지다. 국문학자들은 《금슈회의록》을 소설로 분류하는데, 이는 잘못되었다. 《금슈회의록》은 '모의 연설(Declamatio)'의 전형적인 교재이다. 동물에게 인간의 목소리를 부여하는 의인화(Prosopopoeia) 방식을 사용했기에 소설로 보일 수도 있지만, 실은 소설로 여길 수 있는 어떤 서사 구조도 가지고 있지 않다. 갈등과 해결, 반전과 전환의 이야기 구성이 전혀 없다. 독도글두레의 독법에 따르면, 계몽 교육을 위해 가상 연설들을 모아 놓은 모의 연설 교재이다.

연설이 독립적인 장르로 여겨지던 시기에 편찬된 《연설법방》과 《금슈회의록》은 연설이 수용되던 초기에 '좁은' 의미로 이해되던 연설을 다루는 전문 서적이다. 연설이 수사학의 중요한 주제라는 점에서, 수사학적인 관점에서 두 작품을 분석해야 할 필요가 있을 것이다. 그렇다면 수사학은 무엇을 다루는 학문인가?

한정된 본문에서 수사학을 정의할 수는 없기에, 수사학을 체계적으로 탐색한 키케로의 정의를 소개하고자 한다. 키케로는 "수사학이란 다름 아닌 [표현과 내용이 있어서] 풍부하고 [청중의 범위에 있어서] 넓게 말하는 지혜"[9]라고 말하며 수사학을 이상적인 연설가(orator perfectus)를 탐구하는 학문으로 정의한다. 이상적인 연설가는 연설의 주제와 목적을 고려하여 주제의 내용과 연설의 형식을 어울리게 조율할 수 있는 자이다. 연설에서의 어울림은 상황과 맥락에 적합하게 하는 것으로서 계산(decree)의 구체적인 결과로 얻어지는 관계의 어울림[10]이라 할 수 있다.

키케로는 연설의 목적을 감동을 주기(movere), 즐겁게 하기(delectare), 논증하기(docere)라고 말하며, 내용(sentential), 표현(verbum), 사안(res), 인물(persona) 그리고 어울림(decorum)의 중요성을 역설한다. 연설에 있어서의 어울림은 연설 내용, 사태, 연설자 등을 고루 고려하여 적합한 연설 행위를 실천하는 것이다. 모든 말하기는 숨결에 단어를 적절하게, '적합(decorum)하게' 산출하

9 키케로《수사학》79.
10 키케로는 의무론에서 철학을 두 영역으로 나눈다. 이론적 논의 그리고 실천적 논의를 다루는 윤리학이 바로 그것이다. 실천철학적인 맥락에서 키케로는 개별 행위와 상황에 대한 보편적인 지침으로 작용하는 원리를 의무(officium)라 부른다. 의무는 다시 행하기(facere)와 말하기(dicere)로 나뉜다. 그런데 행위는 단순한 행위가 아니라 목적을 가진 행위(praxis)이다. 키케로에 따르면 행위의 목적은 명예나 유익이며, 그는 덕을 통해 성취될 수 있는 명예에 더 중심을 둔다. 그는 절제와 절도(moderatio et temperantia)를 어울림(decorum)으로 부른다. 어울림에는 적절함(aptum), 멋(pulchiritudo), 품격(dignitas), 우아함(venustas), 잘 짜임(eutaxia), 시간을 잘 맞춤(eukairia), 절도(moderatia), 절제temperantia 등이 있다. 데코룸은 각기각소에 적합하게 행하고 말하기 위해 참조되는, 각기각소에 적합한 척도를 의미한다. 모든 행위를 지배하는, 추구되어야 할 목적 개념으로서 어울림 개념이 놓인다면, 이를 구체적으로 실천할 수 있는 수단 개념으로서 척도(modus) 개념이 뒤따른다. 보다 자세한 논의는 안재원(2013)을 참조.

는 것이다. 이를 아리스토텔레스의 말로 표현하자면, 수사학의 5가지 규범인 발견(invenio, invention), 배치(disposition, arrangement), 표현(elucutio, style), 기억(memoroia, memory) 그리고 실행 및 전달(action, delivery)를 고려해야 한다는 것이다.

2. 수사학 교재 《연설법방》

그렇다면 수사학적 관점에서 《연설법방》은 어떻게 읽을 수 있을까? 《연설법방》의 목차는 이론을 소개하는 전반부와 연설 사례를 수록한 후반부로 이루어져있다. 책의 이러한 구성은 로마 제정기에 도입된 수사학 학교의 교육 프로그램(declamatio, progymnasmata)의 전통을 따른다. 단적으로, 학교 수사학을 대표하는 《헤레니우스에게 바치는 수사학》의 체계 구성과는 그 성격이 판이하게 다르다.[11] 책의 구성에서 특히 눈길이 가는 것은 목차 속 네 개의 열쇳말, 태도, 감정, 박식, 숙습이다. '태도'에 대해서 먼저 살펴보자. 태도는 자세가 아니라 실행(actio)을 가리킨다. 태도에 대한 안국선의 말이다.

【태도1】態度는 演壇에 立ㅎ야 몸가지는 法이니 即 손짓ㅎ고 발짓ㅎ고 얼골가지는 法이라 演說을 암만 잘ㅎ더라도 其 몸가지는 法이 適宜치 못ㅎ야 態度가 醜ㅎ고 憎ㅎ면 衆人이 喝采치 아니 ㅎ고 返히 厭氣가 生ㅎ야 私語ㅎ는 者도 有ㅎ고 外出ㅎ는 者

---

11 《연설법방》은 학교 수사학에서 거의 기계적으로 제시되는 정치 연설, 법정 연설, 행사 연설, 감동, 논리, 재미, 이성, 감성, 품성, 발견, 배치, 표현, 기억, 실행, 보편 쟁점, 특정 쟁점, 서론, 사실 진술, 쟁점 정립, 입론, 반론, 결론, 문법성, 명확성, 적합성, 선명성, 구체성, 은유, 제유, 환유, 다유, 역설, 단어 문채, 의미 문채, 숭고체, 일상체, 엄밀체 등의 분류 체계를 따르지 않는다.

도 有ㅎ야 座中이 動搖ㅎ면 演說의 滋味가 漸漸 업서지ᄂ지라 故
로 或이 「데모스쎼니스」다려 演說의 秘方을 問ᄒ딩 荅曰「演說
의 秘方은 態度에 在ᄒ니라, 態度에 在ᄒ니라, 態度에 在ᄒ니라」
三言 ᄒ얏도다

【번역】태도는 연단에 설 때 몸가짐의 방법이니, 곧 손짓하고 발
짓하고 얼굴 가짐의 방법이다. 연설을 아무리 잘하더라도 그 몸
가짐의 방법이 마땅하지 못하여 태도가 추하고 밉살스러우면
뭇사람은 환호하지 않고 도리어 싫증을 낸다. 수군거리는 사람
도 있고 나가는 사람도 있어 좌중이 동요하면 연설의 재미가 점
점 없어진다. 그러므로 어떤 이가 데모스테네스에게 연설의 비
방을 물었다. 그가 답하기를 "연설의 비방은 첫째도 태도에 있
고, 둘째도 태도에 있고, 셋째도 태도에 있다."라고 하며, 세 번씩
이나 말하였다.

안국선이 '태도'에 대한 논의를 전개하면서 그 모범으로 데모스테
네스를 들고 있다는 점에 눈길이 간다. 학교 수사학의 교육 방식을
비판하고, 그 대안으로 수사학의 본령은 실행임을 강조하면서, 그
모범으로 데모스테네스를 본격적으로 내세운 사람이 키케로이기 때
문이다. 더 정확하게는 안토니우스이기 때문이다. 그의 말이다.

(…) 연설가는 오직 오직 이 실행 하나만을 위해서, 밤낮을 가리
지 않고 노력해야 할걸세. 말하기와 관련해서 최고 능력의 소유
자라 인정받는 저 아테네인 데모스테네스를 모방하는 것이 좋
네. 데모스테네스로 말하자면, 최선의 공부와 최고의 노력을 기

울었던 사람이네. 우선 신체적 장애를 노력과 근면으로 극복했던 사람이네. 말을 심하게 더듬어서, 심지어 자신이 노력했던 학술인 수사학(rhetorice)의 첫 글자 R자도 발음할 수 없을 정도였네. 하지만 연습을 통해서 세상 그 누구도 그보다 더 명확하게 발음할 수 있는 사람이 없었다는 세간의 평을 얻게 되었다네. 《연설가에 대하여》 1권 260장)

흥미롭게도, 안국선은 데모스테네스가 실행을 위해서 각고의 연습과 노력을 통해서 불멸의 연설가의 반열에 올랐다고 언급하면서 그의 연습 방식을 한 사례로 제시하는데, 그 사례는 안토니우스가 《연설가에 대하여》에서 소개하는 내용과 거의 일치한다. 이는 아래의 비교에서 더욱 분명하게 확인될 것이다.

안국선 《연설법방》	키케로 〈연설가에 대하여〉 1권 261장
이에 다시 마음을 단단히 먹고 깊은 산에 들어가 연설을 연습하였다. 큰 거울을 걸어 놓고 손을 들고 발을 구르는 태도와 머리를 흔들고 눈알을 부라리는 자세를 배우면서 검을 어깨 위에 걸고 양어깨를 움츠리는 것에 주의하였다. 더러는 해변에 나가 해안의 암초를 맞받아치는 파도 사이에서서 큰소리로 그 파도의 소리와 다투며 작은 모래와 돌을 혀 아래 놓고 발음하기 어려운 음성을 소리 나게 하였다. 이러한 공부를 축적하여 그리스 제일의 웅변가가 되었을 뿐 아니라, 천 년을 지나 오늘에 이르도록 이 사람에 견줄 만한 자가 없게 되었다. 12	또한 호흡도 아주 짧았다네. 하지만 그는 말을 할 때 숨을 참음으로써 이를 극복했다네. 자신이 책에서 밝히고 있듯이, 그는 한 절의 문장을 표현하면서 긴장된 소리들과 이완된 소리들을 짝으로 지어 낼 수 있었다네. 사람들이 기억하고 있는 바에 따르면, 그는 입 안에 자갈을 넣고서 아주 큰 목소리로 여러 구절을 한 호흡으로 읊곤했는데, 한 자리에 머물러서 한 것이 아니라 이곳 저곳을 돌아다니면서 아주 가파른 언덕을 올라가면서 연습했다네.

여기 '태도'에 대한 논의에서 조금 길게 머무르고 있는 이유를 밝히겠다. 독도글두레의 독법에 따르면, 안국선이 일본에서 공부할 때, 그가 어쩌면 키케로의 《연설가에 대하여》를 읽었거나, 키케로의 《연설가에 대하여》를 잘 알고 있는 수사학 선생에게 수사학을 배웠을 가능성이 있기 때문이다. 그런데, 전자의 경우는 가능성이 낮다. 만약 키케로를 읽었다면, 그는 직접적으로 키케로를 언급했을 가능성이 높기 때문이다. 아마도, 와세다 대학의 전신인 돈명의숙(敦明義塾)에서 유학할 때, 어느 외국인, 아마도 미국인이거나 영국인에게 수사학을 배웠을 가능성이 크다.[13] 이와 관련해서, 안국선은 영어를 잘 했던 것으로 추정된다. 이를 잘 보여주는 한 사례가 "아니、英語 겟지、아니、法語겟지、노―노―、히야히야、甲論乙駁에 議論이 紛紛ᄒ야"(〈학술연습회의 연설〉 중)라는 언명이다. 영어 'no, no, hear, hear'를 아주 자연스럽게 사용하고 있다. 참고로, 안국선이 《연설법 방》에 전문으로 소개한 패트릭 헨리(Patrick Henry, 1736~1799)의 「予에게 自由를 與ᄒᆯ지어다、不然ᄒ거던 死를 與ᄒᆯ지어다」의 번역도 영어 원문에 아주 가깝다.

이 문제가 중요한 것은, 안국선이 《연설법방》을 저술할 때, 참조한 저본이 혹은 참고한 문헌이 일본인이 지은 저술을 번역하거나 번안한 것이 아니라 최소한 자신이 배운 내용을 바탕으로 《연설법방》을 지었을 가능성이 크기 때문이다. 이와 관련해서, 내 생각엔, 안국선

---

12 비교. Plut. Demos. c.11 : Dion. Hal. Dem. c.53.
13 안국선은 일본 저자나 연설가를 언급할 때에는 그들의 이름을 분명하게 밝히지만, 서양인의 경우는 "[2.4] 此 ―雄辯家되는 秘方인듸 余 ―曾히 外國辯士에게 聽ᄒᆫ바 ―라"는 언급만 한다.

의 《연설법방》은 안국선이 일본에서 어떤 영어권 선생으로부터 배운 수사학의 내용을 바탕으로 본인이 직접 저술한 책이다. 그도 그럴 것이, 안국선이 예시로 든 문장이 '자유"와 "독립"과 '신앙'을 강조하는 데모스테네스의 연설, 헨리의 연설과 루터의 종교 개혁을 옹호하는 연설 등은 안국선 본인의 개인적인 염원과 신념의 실천을 위한 것들이기 때문이다. 요컨대, 이런 예시들은 일본인의 입장에서 선택될 수 없는 것들이고, 특히 한국인들에게는 절실하게 다가오는 것들이다. 한국인이라면 누구나 동의하고 동감할 수 밖에 없는 연설들이기 때문이다.

중요한 점은, 안국선이 키케로의 〈연설가에 대하여〉를 읽었는지 아닌지의 문제와 관계없이, 그가 키케로의 〈연설가에 대하여〉의 영향을 어떤 방식으로 받은 것으로 보인다는 것이다. 이를 잘 보여주는 점이 안국선도 '연설가는 박식해야 한다'고 주장한다는 것이다. 안국선의 주장이다.

【박식 1】故로 演說을 잘흐랴거던 古人名士의 演說記를 만히 보고 他人의 演說을 만히 듯고 또 몸소 演壇에 立흐야 만히 演說을 흐야 볼지라 多讀과 多聽과 多演이 實로 雄辯家되는 階梯니 日本에는 島田三郎氏가 演說家의 泰斗라 흐야 衆人이 嘖嘖稱揚흐는 딕 島田氏가 古人名士의 演說記를 暗誦흐는 것이 二十餘篇이오 重要흔 演說을 演흔 것이 四千餘番이라 흐니 他人의 演說을 聽흔 것은 可히 數가 無흘지라 演說家의 泰斗라 흐는 名을 得흠이 엇지 偶然흠이리오 玆에 參考와 練習을 爲흐야 有名흔 演說記中의 二三篇을 左에 附載흐노라

【번역】그러므로 연설을 잘하려거든 옛사람 중의 유명한 연설가의 연설문을 많이 읽고 다른 사람의 연설을 많이 들으며, 또 몸소 연단에 서서 많이 연설해 보는 것이다. 많이 읽음과 많이 들음과 많이 연설함이 실로 웅변가가 되는 디딤돌이다. 일본에는 시마다 사부로(島田三郎)[14] 씨가 연설가의 제일인자라 하여 뭇사람이 혀를 내두르며 칭찬하였다. 시마다 씨가 옛사람 중의 유명한 연설가의 연설문를 암송하는 것이 20여 편이고, 중요한 연설을 연습한 것이 4천여 번이라 하니, 다른 사람의 연설을 들은 것은 헤아릴 수 없다. 연설가의 제일인자라 하는 명성을 얻음이 어찌 우연이겠는가? 이에 참고와 연습을 위하여 유명한 연설문 중에 두세 편을 다음과 같이 덧붙여 실었다.

훌륭한 연설가가 되기 위해서는 좋은 연설가를 모방해야 하고, 특히 책을 읽어야 한다고 강조한 사람이 키케로다. 더 정확하게는 안토니우스다. 안토니우스의 말이다.

60. 도대체 무슨 말이냐고? 솔직히 말하면, 마치 태양 아래에서 산보를 할 때, 어떤 다른 이유 에서 산보를 할지라도, 내가 자연스럽게 그을리게 되듯이, 그렇게 미세노스에서 – 로마에서는 이게 거의 허용되지 않는데 – 이런 책들을 아주 열심히 읽노라면, 나는 이 책들과의 접촉을 통해서 내 연설도 마치 물들여지는, 그렇게 되는 뭔가가 있다네.

---

14 시마다 사부로(島田三郎, 1852~1923): 일본의 정치가이자 저널리스트이다.

안토니우스는 책읽기의 유용함을 산보할 때에 태양에 그을리는 것에 비유한다. 이 비유는 책을 읽는 것이 생각과 마음에 깃들이고, 그래서 그것이 결과적으로 말과 연설에 묻어 나온다는 점을 강조하는 것이다. 이 강조는 분과 학문에 속하는 지식과 기술의 반복적인 습득을 통한 말하기 교육이 아닌, 글읽기와 독서를 통해서 사람의 마음과 영혼을 기르고 이끄는 인간 교육(humanitas)으로 이어진다. 이는 세 가지 점에서 중요하다. 하나는 키케로가 그리스에서 도입된 기초 교육인 자유교양학문의 한계와 당시 로마에서 유행했던 학교 수사학의 문제점을 극복하는 대안으로 글읽기를 강조한다는 것이다. 다른 하나는 이 논의가 나중에 좋은 책들, 삶과 말의 모범으로써의 책들인 고전(classicus)에 대한 담론을 이어진다는 것이다. 이는 나중에 퀸틸리아누스의 《수사학 교육》에서 보다 구체적으로 체계화된다.[15] 마지막으로, 책읽기를 강조하는 케케로의 주장은 학교 수사학에서는 발견되지 않는 특징이라는 점이다. 그런데, 키케로의 이런 주장은 하나의 주장으로만 머문 것이 아니고, 실제로 수사학 교육의 개신 혹은 개혁으로 이어졌을 가능성이 크다.[16] 예컨대, 모의 연설 교육이 우화, 동화, 역사, 선행 연설들의 모방하는 연습으로 진행되었기 때문이다. 'declamatio'라고 부르는 교육 프로그램은, 이는 중등 교육 혹은 오늘날 대학의 교양 교육의 전신(前身)에 해당한다.

---

[15] 《수사학 교육》 10권. 이와 관련해서는 안재원(2012), 서양 인문교육에서 고전 전범의 확립 과정에 대하여 – 퀸틸리아누스의 《수사학 교육》 10권을 중심으로, 제주대학교 《인문학연구》 15. pp. 9-16을 참조.

[16] 학교 수사학 교육에서 모의 연설로 이어지는 과정에서 키케로가 기여했던 문제에 대해서는 보다 깊은 문헌 추적과 엄밀한 논구가 요청되는 주제이다.

이에 대한 증인은 퀸틸리아누스이다. 그는 《수사학 교육》 10권에서 고전 목록과 읽기와 말하기, 혹은 글쓰기의 연계를 강조한다. 물론, 이 연계 교육은 수사학이 고대 말기에서 중세에 이르는 동안에는 축소된 형태로 자유교양학문의 분과 학술로 편제됨으로 말미암아 제대로 작동되지 못했다. 하지만, 르네상스 시대에 들어와서, 이탈리아의 로렌초 발라(Lorenzo Valla, 1407-1457)와 독일의 요한네스 로이클린(Johannes Reuchlin, 1455-1522)과 같은 인문주의자들의 노력으로 다시 살아나게 된다. 글읽기와 말하기의 결합에 기초한 수사학 교육으로 말이다. 하지만 이 교육이 수사학 교육이 삼과사학의 전통에서 벗어나서 고대의 declamatio 교육으로 돌아간 것이라고 말할 수는 없다. 엄밀하게 말하면, 글읽기와 글쓰기의 결합을 중시하는 전통이었기 때문이다. 그도 그럴 것이, 이 시대부터 고대에 '광장'이 수행했던 전파와 확산의 역할을 책과 인쇄물로 대체되어 버렸기 때문이다. 그럼에도 불구하고, 수사학은, 롤랑 바르트(Roland Barthes, 1915-1980)가 말한대로, 비록 "줄어든 수사학(reduced rhetoric)"이지만, 수사학은 글자와 활자와 함께 여전히 제 역할과 기능을 수행했다. 어찌 보면, 학교 수사학은 이미 키케로 시대에 그 시효를 다했을지도 모른다. 물론, 학교 수사학이 로마 제정기에 들어서서 법학과 결합해서 또 다른 전통을 형성했지만 말이다. 외부 조력자의 도움 없이는 교육 시장에서는 역량을 제대로 발휘할 수 없었던 것이 수사학의 치명적인 약점이기도 했다. 이 약점을 보안하기 위해서 제안된 것이 키케로의 글읽기 제안이고, 말하기, 글읽기, 글쓰기를 아우르는 교육 프로그램이 키케로의 '이상적 연설가'론이었다. 이는 서양의 "Gentlemanship"과 리더십 교육으로 이어졌다. 키케로처럼 연설을 잘 하기 위해서 책을 많이 읽어야 하고 공부를 열심히 해야 한다는 안국선의 말이다.

【학교】아— 學徒諸君이여、將來에 如此흔 모든 責任을 負擔ᄒ신 諸君이여、諸君이 此責任을 盡ᄒ고、此事業을 成ᄒ랴면、如何히 ᄒ여야 成功ᄒᄂ지 思ᄒ야 보셧슴잇가、諸君이 萬若此를 아직 思치 못ᄒ고、諸君이 萬若 밋쳐 此를 知치 못ᄒ셔셔 予를 向ᄒ야 如何히 ᄒ면 將來의 如此흔 事業을 成就ᄒ겟ᄂ냐고 問ᄒ시면、予ᄂ、極히 簡單ᄒ고 容易흔 言으로 荅ᄒ겟슴니다、但只、一言으로 荅ᄒ겟슴니다、無他라、工夫를 잘ᄒ면 되ᄂ니라고 荅하겟슴니다、工夫를 잘ᄒ시오、熱心으로 工夫ᄒ시오、힘써서 工夫ᄒ시오、學問은 諸君으로 하야금 무삼 事業이던지 成功케 ᄒᄂ 有力흔 顧問官이올시다、學問은 諸君을 正道로 指示ᄒᄂ 引導者올시다、學問은 諸君의 處事를 幇助ᄒᄂ 補佐員이올시다、諸君이 國家의 大事業을 成ᄒ야 責任을 盡ᄒ랴면 如此흔 顧問官과 如此흔 引道者와 如此흔 補佐員을 得ᄒ여야 홀 터이니、諸君이 顧問官이ᄂ 補佐員이ᄂ 引導者를 求홀 時에 學問이 無흔 者로 求홀 理ᄂ 決코 無홀듯ᄒ오、必然코 學識이 有餘흔 者를 求ᄒ리니 然則其人을 求홈이 아니라、其人의 知識을 求홈이올시다、그러홀진딘 顧問官된 其人이 顧問官이 아니라、其人의 腦裏에 在흔 學問이 實로 顧問官이올시다、諸君이여 將來의 大事業을 成ᄒ야 大英雄이 되실 諸君이여、眞實흔 顧問官을 得ᄒ시오、眞實흔 顧問官은 學問이올시다、適當흔 指導者를 得ᄒ시오、適當흔 指導者ᄂ 學問이올시다、正直흔 補佐員을 得ᄒ시오、正直흔 補佐員은 學問이올시다、

【번역】아! 학도 여러분, 장래에 이러한 모든 책임을 짊어진 여러분, 여러분이 이 책임을 다하고 이 일을 이루려면 어떻게 해야 성공하는지 생각해 보았습니까? 여러분이 만약 이것을 아직 생각하지 못하고, 여러분이 만약 이것을 알지 못하여 저에게 '어떻게 하면 장래의 이러한 일을 성취하겠냐?'고 물어보면, 저는 매우 간단하고 쉬운 말로 대답하겠습니다. 그냥 한마디로 대답하겠습니다. 다름이 아니라, '공부를 잘하면 된다'라고 대답하겠습니다. 공부를 잘하십시오. 열심히 공부하십시오. 힘써서 공부하십시오. 학문은 여러분을 무슨 사업이든지 성공하게 하는 힘 있는 고문관입니다. 학문은 여러분을 바른길로 지시하는 인도자입니다. 학문은 여러분의 일 처리를 도와주는 보좌원입니다. 여러분이 국가의 대사업을 이루도록 책임을 다하려면, 이러한 고문관과 이러한 인도자와 이러한 보좌원을 얻어야 할 터이니, 여러분이 고문관이나 보좌원이나 인도자를 찾을 때 학문이 없는 사람을 찾을 이유는 결단코 없을 듯합니다. 필연코 학식이 풍부한 사람을 찾을 것입니다. 그렇다면, 그 사람을 찾는 것이 아니라, 그 사람의 지식을 찾는 것입니다. 그러할진대, 고문관은 고문관이 된 그 사람이 아니라, 사실 그 사람의 뇌리에 있는 학문입니다. 여러분, 장래의 대사업을 이루어 대영웅이 되실 여러분, 진실한 고문관을 얻으십시오. 진실한 고문관은 학문입니다. 알맞은 지도자를 얻으십시오. 알맞은 지도자는 학문입니다. 정직한 보좌원을 얻으십시오. 정직한 보좌원은 학문입니다.

안국선이 강조하는 공부와 학문은 다름아닌 키케로가 말한 철학이었다. 키케로의 이상적 연설가론이 혀과 머리의 결합, 수사학과 철학의 통합을 추구하는 제안이라는 점을 다시 강조할 필요는 없을 것이다. 키케로의 말이다.

[202] 이 논의를 통해서 내가 찾고 있는 사람은 어떤 법정에서 같은 소리만 맴맴대는 자도 아니고 목청만 돋우는 자도 아니고 돈만 챙기는 삼류 변호사도 아니네. (…) 또한 마찬가지로 그는 자신에게 주어진 지성의 힘을 방패로 삼아서 무구한 사람을 재판으로부터 구원할 수 있는 힘을 지닌 자이여야 한다네. 또한 그는 삶의 무기력에 빠져 흐느적거리는 인민들과 갈팡질팡 어디로 가야할지 모르는 인민들을 제 정신이 번쩍 들도록 만들고 원래 있어야 할 자리와 원래 갈 길로 되돌리는 한편, 간악한 무리들에게는 분노의 불길을 타오르게 할 줄 알며, 그러나 선량한 사람에게 타오른 분노는 부드럽게 다스릴 줄 아는 능력의 소유자이네. 결론적으로 그는 삶에서 부딪히는 혹은 발생하는 사건 사고가 사람들의 마음을 어디로 이끌고 가든지 간에, 그 마음을 고양시키고 싶으면 고양시키고, 부드럽게 가라앉히고 싶으면 가라앉힐 줄 아는 힘의 소유자이여야 하네.

키케로가 길러내고자 했던 연설가가 사실 안국선이 《연설법방》을 길잡이로 삼아서 자라나길 염원했던 '영웅'이고 '지사'였다. 다시 안국선의 말이다.

【학교 1】妙ᄒ고、어엿쑤고、사랑스러운、靑年學徒諸君이여、予는 諸君을 어엿비 여기고、사랑홈니다、諸君은 將來 우리 國家의 獨立을 完全히 回復홀 英雄덜이올시다、故로 予는 諸君을 尊敬

홈니다、諸君은 將來 우리 社會의 文明을 燦然히 發進홀 志士올
시다、故로 予는 諸君을 사랑홈이라、諸君은 將來 우리 國民의 幸
福을 爲ᄒ야 事業을 만히 ᄒ실 일군이올시다、故로 予는 諸君을
어엿세 녀김니다

【번역】젊고 어여쁘며 사랑스러운 청년학도 여러분, 저는 여러
분을 어여삐 여기고 사랑합니다. 여러분은 장래 우리 국가의 독
립을 완전히 회복할 영웅들입니다. 그러므로 저는 여러분을 존
경합니다. 여러분은 장래 우리 사회의 문명을 찬란하게 일으키
고 나아가게 할 지사입니다. 그러므로 저는 여러분을 사랑합니
다. 여러분은 장래 우리 국민의 행복을 위하여 일을 많이 할 일
꾼입니다. 그러므로 저는 여러분을 어여삐 여깁니다.

요약하자면, 키케로의 이상적 연설가의 교육을 위한 후마니타스
(humanitas) 프로그램과 모의연설(declamatio) 교육 프로그램의 결
합은, 글읽기와 글쓰기의 결합 형태로든, 말하기와 글읽기의 형태로
든, 르네상스 시대와 서양의 근세와 현대에도 어떤 식으로든 수사학
의 교육의 중심 프로그램으로 작동하고 있는데, 흥미롭게도, 안국선
도《연설법방》은 이런 결합을 강조한다는 점이다. 안국선의 말이다.

【숙습1】歐米各國에는 人物傳으로 講演ᄒ는 法이 有ᄒ니 近時에
著名혼 것으로 言홀지라도「간쏘라스」의「사뷔나로라」講演과
「스콧쏠」의「링코룬」講演等은 世人이 嘖嘖稱揚ᄒ는 것이니 米
國에 留學혼 友人의 說을 聞혼 즉 米國에 在홀 時에「간소라스」
의「사뷔나로라」傳 演說을 聽ᄒ얏다는듸 句句節節이 眞「사뷔나

로라」가 活動ᄒᄂᆫ 것과 如히 說來ᄒ다가 「사ᄲᅥ나로라」가 當時에
宗敎界弊習을 痛擊ᄒ고 羅馬法王을 論駁홀 時에 至ᄒ야는 電이
馳ᄒ고 雷가 轟홈과 如히 堂宇가 震動ᄒᄂᆫ 듯ᄒ고 衆人은 魂을
失ᄒ야 恰似히 「사ᄲᅥ나로라」가 面前에서 活躍ᄒᄂᆫ 듯ᄒ더라 ᄒ
니 實로 然ᄒ지라

【번역】 유럽과 아메리카에는 인물전으로 강연하는 방법이 있다. 근래에 저명한 것만 보더라도 건솔라스의 사보나롤라 강연과 스코틀의 링컨 강연 등은 세상 사람들이 혀를 내두르며 찬양하는 것이다. 미국에 유학한 친구의 말을 들으니, 미국에 있을 적에 건솔라스의 〈사보나롤라전〉 연설을 들었다고 한다. 모든 구절이 실제로 사보나롤라가 활동하는 것처럼 말하다가, 사보나롤라가 당시 종교계 악습을 통렬하게 꾸짖고 로마 교황을 논박함에 이르러서는 번개가 치고 우레가 울리는 것처럼 집이 진동하는 듯하고 많은 사람은 넋을 잃어 흡사 사보나롤라가 눈앞에서 활약하는 듯하였다고 한다. 정말로 그렇다.

인용은 당시 구미에서 인물전에 소개된 연설을 모방해서 모의 연설을 행하는 관행을 언급한다. 안국선은 '숙습(熟習)'이라고 부르는 것이 바로 이것이다. 안토니우스가 좋은 연설가가 되기 위해서는 모방 연습을 많이 해야 한다는 대목을 상기시킨다. 안토니우스의 말이다.

XXII. 90. 자, 내가 먼저 가르치려는 것은 이것이네. 모방해야 할 사람을 제시하고, 그래서 모방해야 할 사람에게서 가장 뛰어난

것을 아주 열심히 따라할 수 있도록 하는 것이네. 다음으로 연습이 이어져야 하네. 이를 통해서, 자신이 선택한 사람을 모방함으로써 그 사람의 모습을 만들고 표현할 수 있어야 하네. (《연설가에 대하여》 제2권)

안토니우스는 교육의 가장 중요한 방식인 모방(imitatio)을 강조한다. 이는 그리스어 μίμησις에 해당한다.[17] 키케로의 '모방' 연습과 관련해서 모범(exemplum)이 되는 연설이나 인물을 중시하는데, 이는 나중에서 고전(classicus) 전범을 이어진다. 다시 안토니우스의 말이다.

92. 하지만 마땅히 해야 하는 방식으로 행하려는 사람은 먼저 선택하는 것에 반드시 주의를 기울여야 하네. 다음으로 자신이 좋다고 생각한 사람에게서 가장 뛰어난 부분을 아주 열심히 따라 배워야 한다네. 각각의 시대는 대개 각각의 연설을 내세운다네. 자네들은 도대체 그 이유가 무엇이라고 생각하는가? 우리의 연설가들로부터 이에 대한 판단을 끌어내는 것이 쉽지는 않네. 판단을 끌어낼 글들이, 그리스인들의 경우처럼, 많이 남아 있지 않기 때문이지. 그들은 각각의 시대에 어떤 말하기 방식과 취향를 파악할 수 있는 글들을 가지고 있다네. (《연설가에 대하여》 제2권)

---

[17] 교육에서 모방의 중요성을 강조한 사람은 플라톤이다. 대표적으로 〈국가〉 2권, 3권, 10권이 중요하다. 플라톤은 모방과 함께 이야기 교육을 중요하게 여겼다. 아리스토텔레스도 교육에서 모방의 중요성을 강조한다. 특히 〈시학〉에서 그는 드라마와 예술이 모방에 근간을 두고 있음을 강조하였다.

인용에서 "각각의 시대"를 가리키는 라틴어는 aetas이다. 이는 그리스어 ἐποχή에 해당한다. 이는 "사조(思潮)"를 뜻하는 말로, 시대의 문화 양식과 특징을 규정하는 용어이다. 키케로는 시대별로 유행하는 혹은 해당 시대를 규정하는 각기 고유한 하나의 연설 양식이 있다는 점을 지적하는데, 그는 이런 유행 양식이 있음을 통해서 모방의 교육적 효과를 보여주는 증거로 활용한다.[18] 안국선이 《연설법방》에서 숙습의 한 방식으로, 즉 모방의 한 방식으로 인물전을 읽으라는 대목은 〈연설가에 대하여〉에서 안토니우스가 연설가의 교육 방식으로 제안한 글읽기가 서양 근대 수사학의 교육 형태로 변용된 교육 프로그램이 한국에 수용된 사례라 하겠다. 적어도 이런 사례는 학교 수사학의 전통에서는 찾아보기 어려운 경우이다.

안국선의 《연설법방》이 키케로의 《연설가에 대하여》의 전통에 서 있음을 보여주는 또 다른 방증은, 그도 키케로처럼 연설에서 "웃음"을 중시한다는 점이다. 안국선의 말이다.

【숙습1,2】人物傳의 演說이 人을 笑케 ᄒ며 人을 泣케 ᄒ야 無限혼 感動이 起케 ᄒ기는 第一有力혼 것이라. 然이나 此는 熟習치 아니 ᄒ면 不能ᄒ니 「스콧쏠」의 「링코룬」傳 演說은 其草稿와 一言一句도 異홈이 無ᄒ다 ᄒ즉 其熟習홈을 可知로다.

<hr>

[18] 이 말을 하나의 전문 용어로 정례화시킨 사람은 타키투스이다. 이와 관련해서는 〈연설가에 대한 대화〉가 중요한 작품이다 (Horum igitur auribus et iudiciis obtemperans nostrorum oratorum aetas pulchrior et ornatior extitit. 〈연설가에 대한 대화〉 20장).

【번역】인물전의 연설이 사람을 웃게 하며 사람을 울게 하여 끝없는 감동이 일어나게 하는 제일 힘 있는 것이다. 그러나 이것은 숙련하지 않으면 잘할 수 없다. 스코틀의 《링컨전》 연설은 그 초고와 한마디 말이나 글귀도 다름이 없다고 하니, 그 숙련함을 알 수 있다.

잘 알려져 있듯이, 키케로의 〈연설가에 대하여〉 2권이 웃음에 대한 논의를 상세하고 체계적으로 다루고 있는 텍스트이다. 다음은 키케로의 말이다.

236. 셋째 물음으로 넘어가자면, 연설가가 웃음을 일으켜야 하는 것은 자명하고 당연한 것이네. 호의를 얻고자 하는 사람에게 호의를 생기게 하는 것이 바로 즐거움이기 때문이네. 혹은 모든 사람들은 종종 한 단어에 담긴 답변하는 사람의 재치에 감탄하기 때문이네. 간혹 공격하는 사람에서도 마찬가지네. 혹은 웃음은 반대편을 박살내고, 방해하고, 낮추며, 사기를 떨어뜨리고, 반박하기 때문이네. 혹은 연설가 자신을 교양있는 사람으로, 학식 있는 사람으로 세련된 사람으로 보이도록 만들기 때문이네. 특히 심각함과 엄격함을 부드럽게 만들고 적대적인 것을 종종 누그러뜨리며, 논증으로 쉽게 풀 수 없는 것을 유머와 웃음으로 풀어버리기 때문이네.(〈연설가에 대하여〉 제2권)

'웃음' 논의와 관련해서 흥미로운 점은, 안국선이 모의 연설을 통해서 웃음의 사례를 실제로 제시한다는 점이다. 안국선이 소개하는 모의 연설 〈청년 클럽에서 하는 연설〉의 한 대목이다.

【청년4】그러훈 것을 君이 獨占흠은 法律이 不許홀 것일세、君
은 法律을 違反ᄒᆞᄂᆞᆫ 것도 知치 못ᄒᆞᄂᆞᆫ가 ᄒᆞ고、으르기도 ᄒᆞ며、
달닉기도 ᄒᆞ야、國會議員의 語法으로 蟹를 責ᄒᆞ니、蟹ᄂᆞᆫ 呵呵大
笑ᄒᆞ고 言ᄒᆞ기를 法律을 違反훈 者ᄂᆞᆫ 君이라、誰가 몬져 共同을
破ᄒᆞ고 契約을 違ᄒᆞ얏ᄂᆞ뇨、君이 予를 欺瞞ᄒᆞ야 餅을 持ᄒᆞ고 高
樹枝上으로 登去ᄒᆞ야 獨食ᄒᆞ랴 ᄒᆞ지 아니 ᄒᆞ얏ᄂᆞ뇨、今에 至ᄒᆞ
야 君이 予를 法律違反이라 ᄒᆞ니、可笑可笑라、아이고 만나、ᄒᆞ
고 餅을 食ᄒᆞ미 猿이 怒氣를 不勝ᄒᆞ야 暴力으로 其餅을 奪ᄒᆞ랴
ᄒᆞ나 巖間深穴에 可施홀 手段이 無ᄒᆞ야 巖穴上에 跨坐ᄒᆞ고、궁
둥이로 巖石을 문지르거늘、蟹가 此를 見ᄒᆞ고 猿의 볼깃작을 쇠
집엇소、猿이 깜작 놀라 다라나ᄂᆞᆫ 셔실에、其 볼깃작 털이 쌔젓
ᄂᆞᆫ되 只今도 猿의 볼깃작이 샐간 것은 其時에 蟹의게 쇠집혀셔
毛가 다 쌔진 까닥이오 (笑聲이 起ᄒᆞ다) ᄯᅩ 蟹의 手足에ᄂᆞᆫ 只今
도 毛가 多ᄒᆞ니 此ᄂᆞᆫ 其에 抓取훈 猿의 毛라 흡데다、(笑聲이 又
起)

【번역】그러한 것을 그대가 독차지하는 것은 법률이 승인하지
않을 것이네. 그대는 법률을 위반하는 것도 알지 못하는가?"라
고 하고 으르기도 하며 달래기도 하여 국회의원의 어법으로 게
를 질책했습니다. 게는 껄껄 크게 웃으며 말하기를 "법률을 위
반한 사람은 그대요. 누가 먼저 공동共同을 깨고 계약을 어겼소?
그대가 나를 기만하여 떡을 가지고 높은 나뭇가지 위로 올라가
서 혼자 먹으려 하지 않았소? 지금에 와서 그대가 나를 '법률 위
반'이라 하니, 참으로 우스운 일이오. 아이고, 맛있다."라 하고 떡
을 먹었습니다. 원숭이가 노기를 이기지 못하여 폭력으로 그 떡

을 빼앗으려 하였지만 바위 사이의 깊은 굴에 손쓸 수단이 없어 바위 굴 위에 걸터 앉아 궁둥이로 암석을 문지르니, 게가 이것을 보고 원숭이의 볼기짝을 꼬집었습니다. 원숭이가 깜짝 놀라 달아나는 사이에 그 볼기짝 떨이 빠졌는데, 지금도 원숭이의 볼기짝이 빨간 것은 그 당시에 게에게 꼬집혀서 털이 다 빠진 까닭입니다. (웃는 소리가 났다.) 또 게의 손발에는 지금도 털이 많으니, 이것은 움켜쥔 원숭이의 털이라고 합니다. (웃는 소리가 또 났다.)

원숭이와 게의 다툼을 다루는 웃음 사례는 안국선의 또 다른 모의 연설 교재인 〈금수회의록〉을 자연스럽게 떠올리게 만든다. 〈금수회의록〉도 실은 서양의 수사학 교육에서 수행되었던 웃음 교육의 영향을 받아서 지어진 모의 연설 교재이기 때문이다. 앞에서도 언급했듯이, 이 책은 소설이 아니다. 풍자를 통해서 정치적인 사건이나 사회적인 풍조를 비판하는 연설을 연습하는 교재였기 때문이다. 다음은 연설에 우화를 사용하는 것을 권하는 키케로의 말이다.

LXVI. 264. 말로 웃음을 일으키는 것들이 무엇인지에 대해서는 말했다고 나는 생각 하네. 내용으로 웃음을 일으키는 것들은 아주 많네. 이것들이, 앞에서도 내가 말했듯이, 웃음을 더 잘 일으킨다네. 이것들 안에는 이야기가 들어있네. 어려운 것임이 분명하네. 그럴듯하게 보이는 것을 눈 앞에서 놓아야 하고 표현해야 하기 때문이네. 이것이 이야기의 고유한 것이고, 웃음의 고유한 것은 웃음을 일으키는 것들이 약간은 망가져야 하는 것들이기 때문이네. (…) 이 종류에 나는 동화[19]를 이야기하는 것도 포함

시키고자 하네.

연설에서 웃음을 불러 일으킬 때 우화를 사용할 수 있다는 것이 키케로의 생각이었다. 웃음을 일으킴에 있어서, 그 속성상, 어쩔 수 없이 말하는 사람이 약간은 망가져야 하는데, 이 경우에 동물로 의인화하는 것이 도움이 된다는 것이다. 안국선의 〈금수회의록〉도 동물 우화가 지닌 이런 장점을 잘 활용한다. 또한 앞에서도 이야기 했듯이, 직접적인 비판이 감수해야 할 나중의 위험을 풍자를 통해서 피해갈 수 있는 여지도 아주 효과적으로 활용한다. 어찌되었든, 서양 근대의 수사학 교육에서 웃음을 이용하는 연설 연습은 매우 중요했다.

결론적으로, 안국선의 《연설법방》은 어떤 책인지는, 즉 《연설법방》의 학술적인 의의와 가치는, 서양 근대의 수사학 교육의 특징과 그 특징의 배경에 굳건하게 자리를 잡고 있는 키케로의 《연설가에 대하여》를 염두에 두고 살필 때에 더욱 확연하게 드러난다 하겠다. 그것은 다름아닌 안국선의 《연설법방》은 한편으로 학교 수사학에 폐해를 비판한 키케로의 후마니타스(humanitas) 프로그램의 전통으로 거슬러 올라갈 수 있고, 다른 한편으로 서양 고대의 모의 연설 교육 전통을 확장 발전시킨 서양 근대의 수사학 교육 프로그램의 영향을 직간접적으로 받은 텍스트라는 것이다. 사실, 안국선이 이성이 아닌 감정을 중시하는 점도 안토니우스의 그것과 같다. 안국선이 감

---

19 원문은 'apologos'이다. 이는 그리스어 'ἀπόλογος'를 음차한 것이다. 이는 예컨대 《오디세이아》에서 포함된 우화, 동화, 옛날 이야기 등을 가리킨다.

정을 중시한 것은, 이성을 이용한 논증을 활용하는 방법이 당시에는
법학의 몫이었고, 아울러서 논리학이 이미 철학의 분과 영역으로 굳
긴하게 사리삽았기 때문이다. 어쨌는, 키케로의《연설가에 대하여》
를 배경으로 깔아놓고 읽을 때, 안국선의《연설법방》의 성격과 특성
이 더욱 선명하게 드러난다. 특히《연설가에 대하여》제2권의 주인
공인 안토니우스의 입장을 온전하게 살필 수 있는 책이《연설법방》
이다. 또한, 연설과 수사학을 바라보는 안국선의 입장과 관점이 어
쩌면, 안토니우스의 그것보다도, 아니 키케로의 그것보다도 더 강력
하도 발전된 면모를 지닌 문헌이《연설법방》이다. 단적으로, 안국선
은 "言語自由를 重之ᄒ노니 西語에 曰言論自由ᄂ 導文明之器具也라
ᄒ다"라고 정의내린다. 수사학을 문명의 도구로 보는 입장에 눈길이
간다. 안국선의《연설법방》을 키케로가 제시한 수사학의 관점에서
읽어낼 수 있다는 이야기는 일단 여기까지다. 이 정도만으로도《연
설법방》이 수사학적으로 어떤 텍스트인지는 분명하기 때문이다.

3. 모의연설 교재 《금슈회의록》

앞서 살펴본 것처럼 안국선은 자신이 직접 읽었거나 서양인 교사
를 통해 배우면서 '수사학 교육'에 대한 개념을 가지고 있었고, 이를
실제로 한국의 교육 현장에서 실천하고자 했던 것으로 보인다. 안국
선의 수사학 교육에 대한 관심은《연설법방》이 출판된 다음 해《금
슈회의록》에서 더 잘 나타난다.

먼저 이 책은 로마 제국시기의 수사학 예비 교육이었던 프로큄
나스마타 (progumnasmata)의 훈련 내용에 해당하는 요소들을 다
수 갖추고 있다. 프로큄나스마타는 단어 그대로 '사전에(pro) 훈련

하는 (gumnazein) 것들(mata)'이라는 뜻으로 수사학을 본격적으로 배우기에 앞서 예비적으로 훈련하는 내용들을 가리킨다. 이 초급 수사학 교재인 프로귐나스마타에 담긴 훈련 내용들은 사람들이 말과 글을 통해 자신의 생각을 표현할 수 있도록 하는 연설과 관련된 기초적인 지식을 제공한다.《프로귐나스마타》는 기원후 1-2세기 로마 제국시대에 출판되어 비잔틴 시대까지 광범위하게 사용되었다. 그 가운데 가장 중요하게 언급되고 자주 사용된 것은 네 편인데, 이 네 편의《프로귐나스마타》들은 순서는 조금씩 다르지만 대체로 동일한 훈련 내용을 전하고 있다.[20] 바로 우화(myth, μῦθος), 서사(narrative, διήγημα), 고사(anecdote, χρεία), 금언(maxim, γνώμη)과 같은 말감들과, 찬사(encomium, ἐγκώμιον), 비난(invective, ψόγος), 비교(comparison, σύγκρισις), 의인화(impersonation, προσωποποιία), 묘사(ecphrasis, ἔκφρασις)와 같은 표현 방식과, 논박(refutation, ἀνασκευή), 확증(confirmation, κατασκευή), 토포스/공통 토포스(commonplace, τόπος 혹은 κοινός τόπος), 논제(thesis, θέσις), 법(law, νόμος)과 같은 논변 구성 요소가 그것들이다. 안국선의 독자들은《금슈회의록》을 읽으면서 자연스럽게 프로귐나스마타의 요소들을 습득함으로써 교양있는 담론의 능력을 기를 수 있었을 것이다.

《금슈회의록》속 몇 가지 사례를 살펴보자. 기본적으로《금슈회의록》은 동물들에게 인간의 목소리를 부여해서 말하게 하는 의인화(prosopopoeia) 방식을 취하고 있다. 의인화란 화자가 자신을 특정한

---

[20] 각각의 저자는 아일리오스 테온, 헤르모게네스, 아프토니오스, 니콜라우스다. 이들 외에 라틴어 버전의 경우 퀸틸리아누스의《수사학 교육》의 곳곳에 프로귐나스마타에 해당하는 내용들이 흩어져있다고 한다. 김유석(2023), pp.91-93 참조.

종류의 존재나, 신화 혹은 역사적 인물로 상상하여 그 인물의 성격에 따라 말하는 표현 방식이다. 안국선은 매 연설마다 각기 발화하는 동물이 되어서 그들의 목소리로 입장을 대변하고 있다.《금슈회의록》은 자체가 우화이면서 그 안에는 주장을 뒷받침하기 위한 재료로서 다시 여러 우화(mythos)들이 들어있다. 동물을 의인화한 이야기를 통해 교훈을 주는 내용들이다. 다음은 제8석 원앙의 연설 중 한 대목이다.

【번역】[교훈] 하나님의 천연한 이치를 말하면, 사나이는 아내 한 사람만 두고 여편네는 남편 한 사람만 따르는 것입니다. … [우화의 내용] 옛날에 한 사냥꾼이 원앙새 한 마리를 잡았습니다. 암컷 원앙새가 수컷 원앙새를 잃고 수절하여 과부로 있은 지 일 년 만에 또 그 사냥꾼의 화살에 맞아 잡혔습니다. 사냥꾼이 원앙새를 잡아서 집으로 돌아와 털을 뜯을 때 날개 아래 무엇이 있어 자세히 보니, 작년에 자기가 잡아 온 수컷 원앙새의 대가리였습니다. 이것은 암컷 원앙새가 수컷 원앙새와 같이 있다가 수컷 원앙새가 사냥꾼의 화살을 맞고 떨어지는 매우 위급한 상황에서도 수컷 원앙새의 대가리를 집어 가지고 숨긴 것입니다. 암컷 원앙새는 일시의 난을 피하여 짝을 잃은 한을 잊지 않고 서방의 대가리를 날개 밑에 끼고 슬피 세월을 보내다가, 또 사냥꾼에게 잡히고 말았습니다. 그 사냥꾼이 이것을 보고 '정절이 지극한 새'라고 하여 먹지 않고 정결한 땅에 장사를 지낸 뒤로부터 다시는 원앙새를 잡지 않았다고 하니, 우리 원앙새는 짐승이지만 절개를 지킴이 이러합니다.

또 짤막한 고사(chreia)들도 다수 등장한다. 아래는 제1석 까마귀의 연설에서 까마귀를 칭송한 사람들에 대한 예화로서 등장하는 대목이다. 까마귀와 관련해서 사람들이 하는 말에 관한 고사와 행위에 관한 고사를 짤막하게 보고하고 있다.

【번역】진나라 사람이 그 산에 '은연대恩烟臺'라는 집을 짓고 우리의 은덕을 기념하였습니다. 당나라 이의부李義府는 글을 짓되 '상림上林에 나무를 심어 우리를 준다'라고 하였습니다. 또 물병에 돌을 던지니 이솝이 상을 주고, 탁자의 포도주를 다 먹어도 프랭클린은 사랑했습니다.

금언(gnome)은 "진술 안에서 골자가 되는 담론으로 뭔가를 권하거나 단념시킬 목적으로 행해진다(아프토니우스 7.2-3)".[21] 금언의 유형들로는 권면하는 것(protreptikos), 단념하게 만드는 것(apotrepos), 선언/단정하는 것(apophantikos) 등이 있다. 안국선은 매 연설마다 다양한 금언을 삽입하여 연설의 효과를 증폭시킨다.

하나님께 죄를 얻으면 빌 곳이 없다. 〈제3석 개구리〉
게도 제 구멍이 아니면 들어가지 않는다. 〈제5석 게〉
호랑이의 죽음은 껍질에 있고 사람의 죽음은 이름에 있다. 〈제7석 호랑이〉

한편, 《금수회의록》의 모든 연설은 기본적으로 논박(anaskeue)과

---

[21] 그리스어의 번역은 김유석(2023)을 따랐다.

확증(kataskeue)을 주요 재료로 하여 구성된다. 상대인 인간의 주장이 잘못되었음을 선언하고, 주장이 명확하지 않고 설득력 없고, 주장대로 귀결되지 않고, 부적절함을 여러 근거와 사례를 통해 입증한다. 혹은 이와 반대로 동물 자신의 주장이 명확하고, 개연적이고, 주장대로 귀결되고, 적절함을 보임으로써 주장하고자 하는 바를 확증한다.

이 논박과 확증의 과정에서 동물에 대한 찬사(enkomion)와 인간에 대한 비난(psogos), 둘 사이의 비교 및 대조가 활발하게 이루어진다. 여러 고사와 역사 기록들을 통해 동물들이 실천해 온 도덕적 행동들과 다른 좋은 점들의 위대함을 드러내는 반면, 인간들의 온갖 나쁜 행동들을 지적하여 공격한다. 특히 비난은 대개 연설의 맺음말에 집중되어 인간의 도덕적 타락과 인류문명의 부패를 강조하는 데 일조한다. 비교 및 대조(synkrisis)는 여덟 연설을 통틀어 가장 많이 사용되는 표현 방식 중 하나다. 이는 동물의 선과 인간의 악을 대비시키거나, 혹은 동물의 부정적 측면과 인간의 부정적 측면을 비교하여 후자가 더 극심함을 보여주는 방식으로 이루어진다.

【번역】 동포끼리 서로 사랑하고 서로 구제하는 것은 하나님의 이치이거늘, 사람들은 과연 자기 동포끼리 서로 사랑합니까? 자기들끼리 서로 빼앗고 서로 싸우고 서로 시기하고 서로 흉보고 서로 총을 놓아 죽이고 서로 칼로 찔러 죽이고 서로 피를 빨아 마시고 서로 살을 깎아 먹습니다. 우리는 그렇지 않습니다. 〈제 6석 파리〉

【번역】천지간에 더럽고 요망하고 간사한 것은 사람이요, 우리 여우는 그렇지 않습니다. 〈제2석 여우〉

마지막으로, 《금슈회의록》의 모든 연설은 기본적으로 하나의 논고/토포스(topos)를 갖는다. 토포스란 언어와 생각의 표현과 관련된 이미지, 개념, 이야기, 논증 방식, 표현 양식들을 마치 보물 창고에 귀중품을 분류해서 정리해서 모아놓듯이 모아두는 기억들의 저장소를 가리킨다. 우리말로 옮기자면, 상식과 통념을 문장 안에 자체적으로 함의하고 있는 논리적인 격언이나 문장, 여기에서 더 나아가 여러 개의 논증과 논거들을 하나의 추론으로 아우르는 '추론 상자' 혹은 '논거 창고'[22]라고도 부를수 있다.[23] 이 때문에 토포스의 사용은 논증 과정을 일일히 늘어놓고 설명하지 않아도 그 안에 담긴 논증, 논거, 예증을 아우르는 추론을 통해서 자연스럽게 결론으로 도달하게 하는 효과를 갖는다. 《금슈회의록》의 토포스는 다음의 명제로 되어 있다. 'A가 B보다 우월할 때, B가 x라는 부정적 성질을 갖는다면

---

[22] 그리스어 토포스(topos)의 라틴어는 로쿠스(locus)다. 키케로는 〈논고론(Topica)〉 7장에서 로쿠스를 "locos nosse debemus, sic enim appellatae ab Aristotele sunt eae quasi sedes, e quibus argumenta promuntur (우리는 locus를 알아야 한다. 논증이 흘러나오는 어떤 자리라고 아리스토텔레스가 부른 것처럼)"로 정의한다. 여기에서 로쿠스의 실체가 분명하게 드러난다. 그것은 논증(argumentum)이 작동하는 생각의 공간이다. 즉, 생각을 움직이는 활동자가 이성이고, 그 매개는 언어이며, 그 생각이 활동하는 공간이 기억의 마당인 것이다. 논거 창고 혹은 "논고(論庫)"라는 번역어는 한편으로 논증과 논거를 찾을 수 있는 생각의 장소 혹은 창고를 염두에 두고, 다른 한편으로 그 장소가 그냥 창고가 아니라 보편화와 일반화와 구체화와 특정화의 원리를 바탕으로 작동하는 형식적인 사고 체계라는 점을 고려한 것이다.

[23] 안재원(2024), p.74.

A는 x라는 성질을 덜 가져야 한다.' 이 명제는 동물보다 더 '동물스러운' 인간을 비난하기 위한 일련의 논증을 구성하기 위한 재료로 사용된다. 논증의 구조를 간략히 하면 다음과 같다.

> 인간은 동물보다 우월하다
> 동물은 성품이 부정적(간사/흉폭/음란 등)이지 않다.
> 인간의 성품은 이보다 덜 부정적이어야 한다.
> 그런데 인간은 오히려 성품이 더 부정적인 행동을 했다. ─사실
> 　의 입증
> 그러므로 인간의 이러한 행동을 용서해서는 안된다. ─비난의
> 　강조

이같은 논증 구조는 대개 동물을 변호하거나 인간을 고발하는 주장이 차례대로 이루어진 다음, 연설의 말미에서 인간에 대한 비판을 강조하기 위해 사용된다.

《연설법방》에 수록된 연설 사례들과 마찬가지로, 《금슈회의록》의 여덟 연설은 모두 모의연설(declamatio)의 전형이다. 지금까지 문학사 안에서 《금슈회의록》은 근대계몽기에 새롭게 발전한 '토론체 소설'로서 논의되어 왔다. 그러나 《금슈회의록》이 소설의 핵심인 서사 구조를 결여한다는 사실과 앞서 검토한 이 책의 수사학적 특징들을 볼 때, 《금슈회의록》이 계몽 교육을 목적으로 가상 연설들을 모아 놓은 모의 연설 교재라는 것이 분명하게 드러난다.

데클라마치오(declamatio)라고 부르는 모의 연설 교육(epideictic

preliminary exercises)은 수사학 교육의 궁극적인 마지막 단계다. 학생들은 프로귐나스마타에서 받은 기술적 기초 교육을 토대로 가상의 상황이나 가상의 소송에 대한 연습 연설을 통해 대중 연설 기술의 기초를 형성했다. 일반적으로 고전 수사학에서 모의연설은 연설 양식에 따라서 두 하위 범주로 나뉜다. 하나는 가상의 법률 사건의 한 편에 서서 하는 연설인 콘트로베르시아(controversia)이고, 다른 하나는 역사적, 유사 역사적 또는 신화적 상황에서 행동 방침을 설득하는 연설인 수아소리아(suasoria)이다. 전자는 법정연설에 해당하는 모의연설이며 후자는 정치연설과 관련된 것이다. 이 연설들의 핵심이자 목적은 가상의 청중들을 설득하는 것이다. 연설자는 청중들에게 가장 적합한 주장, 태도, 어조를 설정하고, 필요하다면 감정을 적극 활용하여 청중을 설득해야 한다. 이 모의연설들은 하나의 견본이자 모형으로서 수사학 학교에서 익힐 만한 교안으로 역할했다.[24]

안국선의 연설들은 이같은 모의연설의 구성 요건들을 모두 갖추고 있다. 그러나 로마 수사학 교육 속 모의연설과 안국선의 모의연설의 목적은 서로 달랐다. 로마의 학교에서 모의연설이 이론상으로 미래의 정치가와 법률가가 되려는 학생들을 위한 훈련 과정으로서 기능했다면, 안국선은 자신의 모의연설을 조선 사회의 계몽과 부국강병을 위해 정치적으로 목소리를 낼 수 있는 시민 연설가를 예비하는 훈련으로서 활용하고자 했다. 안국선의 연설문이 대상으로 삼은 다양한 사회계층—청년, 부인, 학생, 일반 시민 등—을 고려할 때 더욱 그렇다. 또한 광장과 의회가 이전과 같은 역할을 하지 못하던

---

[24] 김기훈 (2022), 160.

원수정 체제의 로마에서, 모의연설이 연설 문화의 전통을 유지하고, 사회의 전통적 가치를 젊은이들에게 부여하는 주요 통로로 기능했다면,[25] 안국선의 모의연설은 한국에 연설 문화를 새롭게 확산시키고, 불합리한 전통적 가치를 탈피하고 새로운 시대로 들어서기 위한 계몽의 도구였다.

4. 새로운 국가: 민주공화국

연설의 확산 과정은 근대적인 말하기 방식이 내면화되는 과정이자, 개화(開化)되는 과정과 직결된다. 연설을 통해 일반 평민들은 정치적 주체로서의 국민으로 정체성을 자각할 수 있었다. 정치적인 영역에서 배제되었던 '백성'이 연설을 통해 정치적으로 말할 권리를 가진, 정치적인 영역에 참여할 능동적인 주권자로 거듭난 것이다. 참고로 1897년에 발간된 독립신문에서는 '백성'이 누구든지 그 나라에 사는 사람 전체를 가리키는 개념으로 사용되었고, '백성'이 2466회, '인민'이 1532회 그리고 '국민'이 98회 언급되었다.[26] 독립협회가 활동할 당시에만 하더라도 근대적인 '국민' 개념이 확립되지 못했다는 의미이다.

그런데 연설이 일반 평민에게 익숙한 수단이 되면서, 근대적인 국민 개념 또한 점차 확산되기 시작했다. 사람들에게 축적된 연설과

---

[25] 안희돈 (2004), 159.
[26] 이정옥(2013), p.110.

공론장에서의 참여 경험은 사람들로 하여금 공공의 연설, 토론장에 자유롭게 참여하는 언론의 자유가 있다는 자각을 가능하게 했다. 이는《연설법방》에서 '국민(國民)'이 17회 출현한 반면 '신민(臣民)'은 단 2회만 출현했다는 사실에서도 드러난다. 전제 군주의 신하 된 백성으로서 '신민(臣民)'이라는 개념보다, 근대적인 시민 국가의 일원을 의미하는 '국민(國民)' 개념이 부상한 것이다.

1900년대 연설 교육 관련 서적의 내용은 대체로 근대적인 주권 의식을 가진 국민 의식 함양과 더불어 점차 거세지는 일본의 압박으로부터 독립을 수호하기 위한 자강(自强)의 당위성으로 요약된다. 근대적인 주권 의식은 국가의 주인은 국민이라는 인식에 기초한다. 이를 바탕으로 모든 국민은 보편적인 평등한 주권자의 자격을 갖게 되고, 모든 권력은 국민으로부터 나온다는 정당성을 확보하게 된다. 1900년대 후반에는 국민이라는 개념을 토대로 국민의 의무와 책임에 대한 자각과 참정권에 기반을 둔 여론 형성의 중요성이 부각되었다.

언권에 대한 자각과 근대적인 정치 의식이 점차 확산되면서, 당대 개화 자강파에 속한 지식인들은 자강의 당위성을 현실화하기 위해, 학교 교육과 사회교육의 확대를 통한 개화를 실현하고자 했다. 개화된 국민을 육성할 필요가 생긴 것이다. 이는 연설을 통해 구성되었던, 국민이라는 근대적인 개념으로부터 국민 전체의 계몽에 대한 논의가 개진될 수 있었기 때문이다. 물론 국민 개념이 시국에 대한 주요 논의로서 진중하게 다뤄진 시기는 을사늑약 이후이지만, 1890년대의 연설과 공론장에서의 경험이 근대적 주권 의식을 지닌 정치적 주체, 국가 흥망의 책임과 의무를 지닌 정치적 주체[27]로서 국민을 형성하는데 기여했다는 점은 의심할 여지가 없다.

안국선은 자신의 저서를 통해 궁극적으로, 군주 중심의 전제정을 종식시키고 민주공화국이라는 새로운 정치 이념을 확산하고자 했다. 민주공화국이라는 새로운 국가는 기존 왕정시대와는 완전히 단절된 근대국가를 지향했다.[28]

[27] 이정옥(2013), p.111.

[28] 이와 관련하여 안국선은 또 다른 저술인 《정치원론》에서 일제로부터 독립된 한국의 정체가 민주공화국이 되어야 한다는 입장을 명백하게 개진한다. 이에 대한 조속한 비판정본 작업과 후속 연구가 요청된다.

근대용어 찾아보기

• 숫자는 원문의 단락 번호이며 각 장을 구분했다

청년1, 금연1

연설단 연셜단 개구리8, 게1

연초 烟草 금연12, 3, 4

영광 영광 개회2, 3, 개구리5

영국 영국 호랑이3

영어 英語 학술2

영업 營業 낙심11

영혼 령혼 개회3, 4, 5, 개구리4

예수 예수 폐회3

예수교 예수교 까마귀1

오대주 오대쥬 호랑이3

외국 외국 개회4, 여우3, 개구리2, 3, 5,
    게2, 4

외국인 外國人 낙심10

우승상패 優勝賞牌 운동5

운동 運動 학교5, 7, 운동2, 4, 5, 6

운동회 運動會 운동4, 5

웅변 雄辯 서언2, 방법2, 박식1, 안토
    니우스8, 9, 청년1

웅변가 雄辯家 최초3, 방법3, 박식1, 11

워싱턴 華盛頓 낙심6

위엄 위엄 여우2, 3

유럽 구라파 개구리3

유학 留學 숙습1

육혈포 륙혈포 여우3

은혜 은혜 개회3, 까마귀2, 5, 벌5, 호
    랑이4

음식 食物 운동3

의견 意見 방법3, 박식18, 감정1, 운동
    2, 금-서언2

의리 義理 낙심3

의무 義務 낙심4, 청년5

의학박사 醫學博士 금연2

이단 이단 게6

이솝 이소푸 까마귀5

이와 이와 벌1

이해관계 利害關係 정부1

인간 人類 박식2, 학술2, 4, 청년1

인구 인구 개구리3

인도자 引道者 학교2

인력거 인력거 개구리5

인류사회 인류사회/샤회 금-서언2, 까
    마귀2, 개구리1

인문 인문 금-서언1

인물전 人物傳 숙습1

인민 人民 서언1, 태도6, 박식9, 낙심2,
    3, 12, 정부4, 개구리7

일리리아 일리리아 박식16

일반국민 一般國民 학술4

일반사회 一般社會 낙심11, 12, 부인7

임기응변 臨時應變 방법3

입장금 入場金 숙습2

ㅈ

자선사업 慈善事業 부인2, 3, 5

자유 즈유 금-서언2, 게3
    自由 서1, 2, 서언1, 태도6, 박식2, 7,
    10, 12, 15, 브루투스2, 3, 낙심1

자유독립국 自由獨立國 박식12

자전거 즈힝거 개구리5

품질 品質　금연2

프랑스 法國　박식2, 학술2, 4, 청년1

프랑스어 法語　학술2

프랭클린 후랑크린　낙심7, 까마귀5

프로코트 후록고투　까마귀1

피에르 쎄이루　까마귀4

필리포스 휘일립푸　박식12, 14, 15, 16,

　17

ㅎ

하나님 하ᄂ님　태도6, 박식7, 9, 10, 감

　정2, 3, 4, 5

　하ᄂ님　금-서언1, 3, 개회2, 3, 5, 6,

　7, 까마귀2, 7, 여우2, 3, 6, 개구리4,

　6, 8, 벌1, 2, 5, 파리3, 4, 5, 호랑이3,

　5, 원앙1, 2, 폐회3

학과 學課　학교6, 운동2, 6

학과 學科　운동2, 3

학교 學校　학술2, 3, 4, 낙심6, 11, 학교

　3, 4, 8, 부인2, 5, 운동2, 5

학도 學徒　학교1

학술 學術　학술2

학식 학식　까마귀2

한국 韓國　태도6, 낙심2, 3, 4, 8, 10, 정

　부4, 부인2, 3, 4, 7, 운동6

해부 히부　까마귀4

해상권 海上權　낙심10

행복 幸福　감정3, 정부1, 2, 4, 5, 6, 학

　교1

　힝복　개회2, 3

헌정 憲政　서1, 2, 서언2, 3

헤이스팅스 헤스징스　감정1

헨리 타일러 헨리 타—레　태도4

혁명당 혁명당　개구리7

형식상 形式上　종결

화학 화학　호랑이3

회개 회기　개회7, 폐회3

회원 회원　개회1

회의소 회의소　금-서언2

회장 會長　청년1, 호랑이1

　회쟝　개회1, 7, 까마귀8, 개구리1, 8,

　게1, 파리1

희망 希望　박식2, 10, 13, 낙심1, 정부6,

　부인7, 까마귀4, 파리2

참고문헌

곽준혁(2007), 〈키케로의 공화주의〉, 정치사상연구, 13(2), 한국정치사상학회, pp.132-154.

권영민(1977), 〈안국선의 생애와 작품세계〉, 冠嶽語文硏究, 2(1), 서울대학교 국어국문학과, pp.123-141.

김기훈(2022). 고대 로마의 연설가와 수사학 -모의연설 교육의 의의-. 역사교육 162, 역사교육연구회, pp.149-171.

金學俊(1987), 〈우리나라 政治學導入期의 지도적 政治學者 安國善의 主要著書 소개〉 한국정치학회보, 21(2), 한국정치학회, pp.233-246.

金學俊(1997), 〈대한제국 시기 정치학 수용의 선구자 안국선의 정치학 – 그의 생애와 정치학 관련 저술을 중심으로〉, 한국정치연구, 7, 서울대학교 한국정치연구소, pp.29-48.

김형태(2003), 〈天江 安國善의 著作 세계 – 단편 논설류와 《政治原論》,《演說法方》을 중심으로〉, 東洋古典硏究, 19, 동양고전학회, pp.369-420.

金孝全(2010), 〈安國善의 와세다(早稻田) 時代〉, 東亞法學, 47, 동아대학교 법학연구소, pp.403-452.

박경현(1994), 〈개화기 화법 교육의 편린 –안국선의 『연설법방』을 중심으로〉 畿甸語文學, 8-9, 수원대학교 국어국문학회, pp.101-116.

박성창(2006), 〈서구수사학 수용과 한국근대수사학의 전개〉, 한국수사학회 학술대회 발표문, 한국수사학회, pp.347-354.

송민(2018), 〈開化期 신문명과 新生漢字語의 확산〉 語文硏究, 46(4), 한국어문교육연구회, 7-26.

송민호(2014), 〈일제강점기 미디어로서의 강연회의 형성과 불온한 지식의 탄생〉, 한국학연구, 32, 인하대학교 한국학연구소, pp.125-154.

송민호(2017), 〈연설하는 목소리의 서사화 – 안국선과 이해조의 인간적 교유 양상과 연설체 소설의 형성〉, 한국학논집, 69, 계명대학교 한국학연구원, pp.205-233.

신지영(2005), 〈연설, 토론이라는 제도의 유입과 감각의 변화〉, 한국근대문학연구, 6(1), 한국근대문학회, pp.9-41.

신지영(2010), 〈한국 근대의 연설좌담회 연구〉, 국내박사학위논문 연세대학교.

안재원(2008), 〈서양고전문헌학의 방법론〉, 규장각, 32, 서울대학교 규장각 한국학연구원, pp.257-282.

안재원(2012), 〈왜 '정본'인가〉, 한국학(구 정신문화연구), 35(3), 한국학중앙연구원, pp.31-57.

안재원(2013), 〈키케로의 수사학과 바움가르텐의 미학 – 키케로의 어울림(decorum) 개념과 바움가르텐의 크기(magnitude) 개념의 비교〉, 인문학연구, 19, 인천대학교 인문학연구소, pp.3-36.

안재원(2024), 〈『사제편(思齊篇)』은 어떤 텍스트인가? —— 라틴어 번역과 비교를 통해서〉, 『經學』 제7집, 한국경학학회, pp.65-129.

안희돈(2004), 〈로마제정 초기 연설교육의 새로운 양상〉, 역사교육 91, 역사교육연구회, pp.157-182.

이정옥(2006), 〈계몽과 설득의 의사소통방식으로서의 토론과 토론소설〉, 한국문학논총, 44, 한국문학회, pp.219-243.

이정옥(2007), 〈연설의 서사화 전략과 계몽과 설득의 효과-안국선의 〈연설법방〉과 〈금수회의록〉을 중심으로〉. 대중서사연구, 13(1), 대중서사학회, 151-185.

이정옥(2011), 〈개화기 연설의 "근대적 말하기" 형성과정 연구〉, 시학과 언어학, 21, 시학과 언어학회, pp.221-248.

이정옥(2012), 〈근대 초기 연설교육서에 나타난 근대적 말하기 규범〉, 국어국문학, 161, 국어국문학회, pp.199-235.

이정옥(2013), 〈1900년대 후반기 대중연설의 확산과정과 연설문의 양상 - 연설문집을 중심으로〉, 서강인문논총, 36, 서강대학교 인문과학연구소, pp.103-147.

이정옥(2016), 〈1900년대 연설의 분화와 대중화 과정〉, 서강인문논총, 47, 서강대학교 인문과학연구소, pp.225-259.

정우봉(2005), 〈근대 계몽기 수사학 논의의 한 국면 – 안국선의 연설법방(演說法方)을 중심으로〉, 한국수사학회 월례학술발표회 발표문, 한국수사학회, pp.14-22.

정우봉(2006), 〈일반논문: 연설과 토론을 통해 본 근대계몽기의 수사학〉, 고전문학연구, 30, 한국고전문학회, pp.409-446.

조승래(2006), 〈공화주의 자유론에 대하여〉, 세계 역사와 문화 연구, 15, 한국세계문화사학회, pp.119-144.

최기영(1991a), 〈安國善(1879-1926)의 生涯와 啓蒙思想(上)〉, 한국학보, 17(2), 일지사, pp.125-160.

최기영(1991b), 〈安國善(1879-1926)의 生涯와 啓夢思想(下)〉, 한국학보, 17(3), 일지사, pp.52-74.

최기영(1996), 〈한말 안국선의 기독교 수용〉, 한국기독교역사연구소소식 25, 한국기독교연사연구소, pp.4-15.

티엔위(2023), 〈근대 전환기 한자어의 의미 전환 양상 연구〉. 국내박사학위논문 전남대학교.

단행본

김경희(2009),《공화주의》, 책세상

곽준혁(2016),《정치철학 1 - 그리스로마와 중세, 정치와 도덕은 화해 가능한가》, 민음사

신호재(2017),《정신과학의 철학》, 이학사

안재원(2019),《원천으로 가는 길 – 서양고전문헌학 입문》, 도서출판 논형

유길준, 허경진 역(2004),《서유견문》, 서해문집.

리처드 토이(2015), 노승영 역,《수사학》, 교유서가

키케로(2006), 안재원 역,《수사학》, 도서출판 길

독도디지털도서관 소개

종이책으로 출판되는 이《연설법방》·《금슈회의록》은 독도디지털도서관(http://www.dokdodl.org/)에서도 이용할 수 있다. 독도디지털도서관은 미국 의회가 후원하고 터프츠Tufts 대학이 꾸리고 있는 '페르세우스Perseus 디지털도서관'을 모델로 삼아 시작되었으며, 기존의 한국 '디지털 도서관'들이 가지고 있었던 한계를 극복하고, 연구자와 대중 모두를 위한 한국어 누림터를 구축하기 위해서 노력하고 있다. 독도디지털도서관은 다음과 같은 세가지 원칙에 입각하여 만들어졌다.

첫째는 신뢰성과 표준성이다. 독도디지털도서관에서 제공하는 텍스트들은 모두 서양고전문헌학의 방법론에 기초하여 만들어진 비판정본을 토대로 하며, 텍스트와 함께 비판 정본의 편집자, 번역자, 주해자의 이름을 명시하여 공신력을 확보한다. 편집부호 사용과 비판장치 기술은 원칙적으로 국제 표준 부호 및 약호를 따르며, 한국어와 한국한문을 기술하는데 있어 필요한 경우 자체적인 부호와 약호를 표준으로 만들어 사용한다.

둘째는 접근성과 편리성이다. 독도디지털도서관은 지리적·경제적·문화적 배경에 상관없이 최대한 많은 사람들이 접근할 수 있도록 활용 가능한 자료를 온라인 플랫폼을 통해 공개한다. 또한 전문 연구자 뿐만 아니라 학생과 일반 독자들도 쉽게 정보를 이용할 수 있도록 구성과 디자인을 꾸준히 이용자 친화적으로 개선한다.

셋째는 연결성과 확장성이다. 독도디지털도서관은 축적된 텍스트 간의 상호텍스트성intertextuality을 활용하기 위해, 도서관 내부에 역동적인 관계망을 구축하고자 한다. 이는 이용자들의 관심사가 단일한 텍스트를 독해하는 데에서 그치지 않고, 다양한 텍스트를 여러 차원에서 음미할 수 있도록 도구상자를 제공하는 것과 같다. 이를 통해 독도디지털도서관은 한편으로는 근현대 한국사 연구자들에게 근대 한국의 사상과 사회를 조망하는 원천자료로 활용될 수 있고, 다른 한편으로는 한국어 연구자들에게 근대 한국어의 변천을 통시적으로 추적할 수 있는 언어 자료의 축적을 목표로 한다. 텍스트가 쌓여갈수록 연구 주제들은 연쇄적으로 확장되어 갈 것이다. 또한 도서관 외부에 출처를 둔 관련 자료와 배경 정보들을 텍스트 본문에 연결하여, 인쇄본에서는 구현할 수 없었던, 지속적으로 확장가능한 디지털도서관 구축을 추구한다.

궁극적으로 독도디지털도서관은 상기한 세 가지 원칙에 따라 한국의 문헌학, 나아가 디지털 문헌학의 길라잡이가 될 모범적인 준거점을 제시하고, 한국의 근대 문헌을 언제 어디서나 누구나 향유할 수 있도록 만드는 것을 목표로 삼고 있다. 독도디지털도서관은 현재 웹 상에서 확인할 수 있으며, 이용자들의 편의와 학술적 발전을 위해 계속해서 새롭게 단장하고 있다. 이번《연설법방》·《금슈회의록》역시 디지털 비판정본으로 공개하여 보다 많은 사람들이 누릴 수 있기를 기대한다.

이 책이 세상의 빛을 보게 도운 사람들

정회원

강태리 곽문석 김경애 김도형 김민웅 김수련 김수연 김은령 김은숙 김종원 김태주
김현미 김현주 박나현 박미은 박선영 박지혜 박진혜 박태찬 박혜경 백승우 백혜경
서지윤 서희원 손하누리 송정희 안재원 여희숙 염정훈 오정인 유형록 윤선희 윤재성
이숙현 이영미 이용창 이제이 이종훈 이종희 임준희 장예종 장원택 장점숙 정소영
정지영 천원석 최강토 최용근 최지원 하춘선 한송이 허소희 허순영

후원회원

감혜정 강경구 강경록 강경미 강경이 강경희 강규옥 강기만 강담현 강동주 강동환
강두산 강무홍 강무홍 강문희 강미경 강미옥 강민선 강산 강상애 강선영 강선주
강선중 강성란 강소영 강소희 강숙 강순영 강여진 강연정 강영우 강우원 강유리
강은애 강은영 강은정 강은준 강인숙 강임화 강제숙 강종심 강주현 강준우 강지아
강지연 강지원 강진영 강진영 강진영 강태리 강한아 강한옥 강행운 강혜정 강효정
강휘 강희선 강희숙 경유진 고객명 고경권 고경숙 고라경 고명섭 고명임 고민정
고민지 고선하 고수아 고영은 고영조 고운정 고유경 고유미 고유미 고유진 고은실
고은정 고은정 고자현 고재광 고재원 고재홍 고한조 고혜성 고혜진 공명희 공민정
공석기 공선화 공재형 공희자 곽문석 곽미숙 곽민경 곽민정 곽수진 곽은숙 구미원
구수정 구수정 구신정 구윤모 구준모 국경희 국혜연 권경진 권나현 권난주 권남선
권대훈 권두용 권명숙 권명희 권미숙 권미영 권미진 권민서 권민정 권석광 권선미
권소아 권순교 권영숙 권영심 권영애 권오춘 권유리 권유진 권윤덕 권은미 권이준
권정희 권초롱 권춘자 권해신 권현선 권혜림 권혜자 권희숙 금은주 금이순 김가희
김강수 김건우 김건희 김경렬 김경민 김경민 김경민 김경숙 김경숙 김경아 김경애
김경현 김경형 김경희 김경희 김계정 김고운 김광필 김광해 김귀향 김규랑 김근명
김근영 김근혜 김근화 김금래 김기돈 김기훈 김나림 김나연 김나영 김나영 김나정
김난영 김다혜 김달님 김덕수 김도윤 김도은 김도현 김도형 김동하 김동희 김동희
김래영 김막희 김명규 김명미 김명옥 김명희 김문경 김문호 김미경 김미경 김미경
김미남 김미래 김미령 김미령 김미령 김미리 김미선 김미선 김미선 김미숙 김미애
김미연 김미영 김미영 김미영 김미옥 김미자 김미정 김미주 김미주 김미진 김미진

김미혜 김미희 김민기 김민빈 김민서 김민선 김민섭 김민성 김민아 김민웅 김민유
김민재 김민정 김민정 김민정 김민정 김민정 김민주 김민주 김민준 김민지 김민하
김민하 김민회 김민희 김민희 김민희 김범수 김범필 김병록 김병필 김보경 김보선
김보연 김보현 김보혜 김복희 김봉민 김산 김상희 김새롬 김서영 김선경 김선경
김선녀 김선미 김선미 김선애 김선영 김선영 김선영 김선영 김선영 김선일 김선임
김선중 김선홍 김선희 김선희 김선희 김성관 김성명 김성미 김성미 김성민 김성범
김성수 김성실 김성완 김성은 김성진 김성호 김세규 김세나 김세랑 김세영 김세진
김세진 김세화 김소양 김소연 김수경 김수근 김수린 김수선 김수연 김수자 김수정
김수진 김수진 김수향 김숙 김숙경 김숙이 김순미 김순실 김순영 김순이 김순이
김순임 김순자 김순한 김순화 김슬아 김승수 김승연 김시열 김시현 김신영 김아람
김애경 김애자 김양미 김언호 김언희 김여숙 김여종 김연경 김연교 김연량 김연옥
김영도 김영래 김영미 김영미 김영숙 김영숙 김영숙 김영식 김영심 김영애 김영인
김영진 김영호 김영환 김영훈 김영희 김영희 김영희 김영희 김영희 김예서 김예슬
김예승 김예은 김옥렬 김옥희 김온 김완숙 김완희 김외숙 김용숙 김용원 김용현
김우택 김운자 김원식 김원자 김원중 김월회 김유경 김유경 김유준 김유진 김유진
김윤경 김윤아 김윤영 김윤정 김윤주 김윤희 김은경 김은령 김은령 김은미 김은미
김은숙 김은숙 김은숙 김은영 김은우 김은정 김은정 김은정 김은주 김은주 김은주
김은주 김은진 김은진 김은채 김은혜 김은화 김은희 김인곤 김인선 김인숙 김인숙
김인애 김자연 김자희 김재경 김재은 김재이 김재학 김재형 김재희 김정룡 김정미
김정민 김정수 김정숙 김정순 김정아 김정애 김정옥 김정용 김정은 김정이 김정임
김정하 김정현 김정현 김정현 김정화 김정화 김정회 김정희 김종규 김종심 김종우
김주현 김주혜 김주희 김준엽 김지나 김지선 김지섭 김지수 김지영 김지영 김지영
김지영 김지영 김지우 김지원 김지원 김지은 김지은 김지현 김지현 김지혜 김지환
김진길 김진서 김진성 김진수 김진아 김진영 김진영 김진옥 김진우 김진이 김진주
김진향 김진현 김진호 김진희 김찬경 김찬기 김창준 김창진 김창현 김채린 김채은
김채희 김청 김초롱 김춘영 김춘화 김태경 김태경 김태윤 김태임 김태주 김태환
김필례 김필수 김한겸 김한나 김한솔 김해성 김해숙 김해진 김향미 김향미 김헌
김현 김현동 김현미 김현미 김현서 김현서 김현수 김현수 김현숙 김현실 김현아
김현애 김현우 김현정 김현정 김현정 김현정 김현정 김현주 김현주 김현주 김현지
김형숙 김혜림 김혜선 김혜숙 김혜순 김혜연 김혜영 김혜진 김혜진 김혜진 김혜진
김혜진 김혜진 김환희 김효리 김효임 김효정 김효정 김효진 김후성 김훈민 김훈의
김희경 김희경 김희경 김희선 김희숙 김희은 김희정 김희정

나경림 나누리 나선민 나소진 나우천 나윤희 나은선 나지수 나현승 나현주 남경숙
남경준 남권효 남규미주 남균희 남근후 남미진 남바 사야까 남수연 남수현 남영식
남용희 남윤원 남정연 남정이 남정희 남지민 남지연 노경미 노경숙 노민자 노성빈

노연경 노윤아 노은주 노인영 노정화 노형숙 노혜원 노희숙

동금자 두양진

라안숙 류미경 류소형 류수진 류여원 류여해 류영선 류재수 류정아 류정옥 류주열
류현미

명연파 모미라 모영신 모현정 문경숙 문미경 문미희 문서윤 문세은 문세인 문수양
문수정 문슬혜 문아인 문연희 문은수 문은주 문지영 문지은 문진아 문진영 문진우
문채원 문필주 문희복 민경애 민정희 민진 민태일

박건영 박경미 박경진 박경현 박경희 박관순 박규철 박금선 박금숙 박금순 박금자
박길성 박나현 박노욱 박명아 박명화 박미나 박미령 박미숙 박미은 박미정 박미홍
박민정 박민형 박보경 박보선 박봉재 박상훈 박서준 박선경 박선명 박선미 박선미
박선영 박선옥 박선주 박선준 박선희 박성민 박성식 박성용 박성희 박소연 박소영
박소율 박소은 박소현 박송이 박수경 박수진 박수현 박숙현 박순섭 박순옥 박순옥
박순자 박순자 박승호 박신자 박신자 박아로미 박애란 박연미 박연순 박연희 박영렬
박영숙 박영욱 박영자 박영주 박영희 박예찬 박옥연 박운옥 박유진 박윤경 박윤정
박윤희 박은경 박은미 박은성 박은숙 박은영 박은영 박은영 박은영 박은영 박은옥
박은정 박은정 박은주 박은진 박은희 박의선 박인식 박인옥 박인자 박임식 박재동
박재영 박재필 박재현 박점숙 박정림 박정미 박정숙 박정안 박정연 박정우 박정은
박정의 박정하 박정현 박정현 박정현 박정현 박정호 박정화 박정훈 박정희 박제성
박종덕 박종선 박종철 박주령 박주선 박주홍 박준상 박준영 박준영 박준영 박준혁
박준희 박지민 박지성 박지영 박지영 박지윤 박지이 박지정 박지혜 박진혜 박진화
박창수 박창숙 박채윤 박춘화 박태우 박태찬 박한결 박한솔 박해련 박해옥 박향심
박현 박현숙 박현옥 박현전 박현정 박현정 박현정 박현진 박현희 박형준 박혜경
박혜경 박혜경 박혜선 박혜숙 박혜연 박혜영 박혜영 박혜영 박혜정 박희성 박희숙
박희정 박희진 박희찬 반영선 반정록 반정하 방기정 방숙자 방정인 배금영 배미순
배소라 배신영 배양숙 배영선 배유진 배은주 배은희 배익준 배인경 배주영 배지연
배지현 배찬영 백가희 백경연 백경윤 백근민 백근영 백성숙 백승미 백승화 백안나
백영숙 백영춘 백정민 백창훈 백한나 백현숙 백현주 백혜경 법운 변경미 변경숙
변명기 변재규 변재현 변정인 부예린 부원종

사공진 서경미 서경희 서경희 서길동 서단오 서명주 서미선 서미화 서수정 서승원
서시원 서연미 서옥선 서옥주 서유나 서은자 서은화 서은희 서인희 서재관 서재영
서재원 서정빈 서정일 서정현 서지원 서지윤 서지훈 서진원 서진원 서창완 서천웅

서해림 서현우 서혜민 서희원 석주희 선우책방 설동남 설서진 설서희 설정윤 설진선
설해근 성경숙 성경숙 성소희 성송자 성시영 성예령 성유리 성지연 성진숙 성춘택
성현아 소경은 소영지 소예한 소원섭 소은혜 소재현 소진형 손경희 손문희 손미교
손미숙 손민재 손선화 손성희 손수경 손아영 손애영 손인욱 손점남 손정열 손찬호
손하누리 손현주 손혜정 송경은 송경주 송덕희 송동훈 송문석 송미옥 송미자 송민정
송민정 송민주 송봉종 송성림 송성진 송성희 송수민 송수진 송수진 송숙희 송순옥
송승미 송승윤 송영실 송영현 송영현 송우주 송원경 송원진 송윤교 송은실 송은지
송은지 송인현 송정연 송정희 송지영 송지형 송창희 송채영 송하종 송현석 송현숙
송희정 신경애 신계숙 신계숙 신기석 신동재 신동희 신명식 신명진 신미정 신민경
신민서 신민하 신봉화 신상현 신선옥 신선임 신설아 신성하 신수자 신수진 신숙녀
신승은 신시언 신아영 신연옥 신연주 신연진 신영숙 신영주 신윤지 신은미 신은영
신은진 신은희 신이은 신일아 신재민 신정희 신주언 신주연 신지명 신지현 신진선
신진희 신한주 신해숙 신현정 신현지 신혜경 신혜선 신효순 신희경 심경희 심금순
심미숙 심상언 심영석 심우용 심윤경 심준호 심행연

안동실 안명옥 안무건 안보근 안세아 안소민 안수영 안숙희 안신영 안은영 안은영
안일경 안재원 안정희 안주영 안치환 안치훈 안혜영 안효숙 양경희 양기수 양나희
양덕현 양미란 양미영 양미영 양미자 양민구 양부영 양부옥 양선례 양승규 양신이
양신택 양영옥 양원아 양유정 양윤영 양윤영 양은영 양은희 양재옥 양지숙 양지인
양지현 양지혜 양춘아 양태훈 양하늘 양현미 양현정 양현준 양현지 양혜윤 양희선
어창선 어혜경 엄돈분 엄주원 엄지영 엄태정 엄형수 엄호은 여국현 여수인 여은경
여차숙 여태전 여호수 여희경 여희숙 연경희 염가영 염슬아 염정삼 염정신 염정훈
예영미 오경애 오기출 오덕수 오미경 오미나 오선옥 오선혜 오설자 오성근 오세련
오세범 오송경 오순이 오승민 오승주 오승준 오안나 오영자 오영희 오용주 오유경
오유진 오유진 오윤실 오윤주 오은숙 오은영 오은주 오인섭 오정인 오정임 오정현
오정화 오창윤 오판진 오해균 오현영 오현주 오혜지 오효선 옥샘 온정은 용회수
우경석 우미진 우선희 우승준 우승헌 우애정 우연미 우인숙 우태헌 원성욱 원순옥
원종희 원혜진 원효진 위성신 유강남 유경순 유광연 유근란 유도영 유동걸 유리아
유미경 유미진 유병호 유보영 유상조 유선경 유수연 유숙현 유순자 유아주 유애희
유영애 유영애 유영옥 유영재 유은주 유인영 유정인 유정화 유주열 유지혜 유진아
유진아 유진아 유진영 유현아 유혜숙 유혜정 육수진 육연우 육재숙 윤경 윤경민
윤경숙 윤나래 윤명자 윤미라 윤민서 윤보민 윤상민 윤샘 윤선희 윤성아 윤성원
윤성필 윤세라 윤소영 윤숙향 윤영덕 윤영란 윤영서 윤영신 윤영채 윤영태 윤은자
윤은희 윤재성 윤재성 윤재숙 윤정은 윤정후 윤주연 윤주옥 윤지선 윤지영 윤지은
윤지현 윤지현 윤지현 윤지현 윤창순 윤한아 윤행숙 윤혜경 윤혜정 윤효숙 윤효영
윤희정 이가은 이강재 이건명 이건형 이경선 이경순 이경은 이경자 이경종 이경진

이경희 이경희 이계숙 이계화 이국엽 이권택 이규만 이금주 이금희 이길순 이남희
이다민 이다은 이덕 이도흠 이래경 이만식 이명숙 이명숙 이명우 이명혜 이명호
이명희 이명희 이명희 이모란 이문호 이문희 이미경 이미리 이미성 이미숙 이미숙
이미정 이미진 이미화 이민재 이민정 이방미 이병재 이보경 이보형 이보혜 이봉태
이상국 이상란 이상림 이상미 이상민 이상연 이상영 이상욱 이상은 이상종 이상철
이상희 이상희 이서경 이서린 이서빈 이서영 이서현 이서형 이선경 이선구 이선남
이선미 이선순 이선아 이선옥 이선용 이선주 이선진 이선희 이설빈 이성연 이성열
이성자 이성희 이성희 이소민 이소연 이소은 이수경 이수옥 이수인 이수진 이수진
이수현 이수호 이숙현 이순애 이순호 이순화 이슬 이승미 이승숙 이승우 이승윤
이승진 이승희 이안 이연배 이연숙 이연옥 이연희 이영근 이영남 이영노 이영매
이영미 이영미 이영미 이영미 이영미 이영수 이영애 이영옥 이영주 이영주 이영주
이영채 이영희 이예윤 이예지 이예지 이옥종 이옥화 이옥희 이옥희 이용순 이용중
이용창 이원희 이유리 이유리 이유주 이윤선 이윤영 이윤정 이은경 이은경 이은숙
이은애 이은영 이은정 이은정 이은정 이은정 이은정 이은주 이은주 이은진 이은혜
이은희 이은희 이인식 이재규 이재민 이재영 이재원 이재준 이재현 이정경 이정근
이정금 이정미 이정민 이정섭 이정숙 이정숙 이정숙 이정순 이정아 이정아 이정아
이정안 이정우 이정욱 이정인 이정호 이정희 이제웅 이종남 이종연 이종현 이종훈
이주연 이주연 이주연 이주영 이주영 이주하 이주해 이준혁 이준희 이지민 이지선
이지수 이지애 이지연 이지연 이지연 이지영 이지영 이지영 이지영 이지은 이지인
이지향 이지현 이지현 이진규 이진선 이진영 이진원 이찬혁 이찬희 이창선 이채영
이채율 이춘숙 이충범 이태겸 이태동 이태인 이하영 이하윤 이하윤 이하정 이학주
이해경 이해담 이해미 이향숙 이현경 이현숙 이현숙 이현아 이현정 이현정 이현주
이현주 이현주 이현지 이현진 이현하 이현화 이현희 이형도 이형준 이혜영 이혜원
이혜정 이혜진 이혜진 이홍걸 이화수 이화엽 이화엽 이화진 이환성 이효경 이효남
이효린 이효민 이효인 이효준 이효진 이희라 이희승 이희옥 이희호 인경화 임건홍
임경아 임경주 임경희 임동신 임동진 임명주 임명현 임미경 임미선 임미은 임미정
임미현 임병선 임보라 임상우 임성훈 임소연 임소정 임수민 임수연 임수연 임수진
임수필 임수형 임수희 임승종 임애련 임양선 임여진 임영님 임영란 임영신 임원자
임은경 임은진 임재윤 임정숙 임정연 임정진 임지애 임지연 임지영 임지현 임채임
임춘순 임한결 임해아 임현숙 임현순 임현아 임형성 임혜연 임혜영

장경희 장계림 장미연 장범희 장보영 장상윤 장서윤 장선미 장선희 장수이 장시은
장애란 장양선 장여진 장연수 장영미 장영민 장영숙 장영철 장예종 장용철 장원선
장원철 장원택 장은빛 장은성 장재혁 장점숙 장정순 장정은 장주희 장진경 장진석
장채원 장혜경 장혜린 장혜림 장혜영 장호선 장희정 전경옥 전근완 전다운 전명국
전민영 전상화 전선영 전성실 전성은 전세련 전소정 전소현 전송이 전수진 전연휘

전영근 전영자 전유리 전유정 전윤희 전은숙 전은주 전인순 전정윤 전정임 전정현
전지은 전지혜 전지후 전진영 전충진 전태순 전해연 전향순 전헌숙 전현민 전현욱
전화연 전효선 정경주 정광일 정규진 정근정 정금순 정금인 정금현 정금현 정기열
정길용 정길자 정남선 정대원 정동영 정란희 정미경 정미경 정미순 정미영 정미영
정미욱 정미정 정민지 정봉선 정부임 정상식 정상호 정서현 정석광 정선영 정성문
정성원 정세윤 정세은 정세인 정소영 정수은 정수진 정수희 정승규 정승연 정애령
정애리 정애숙 정애숙 정연미 정연승 정연승 정연실 정영미 정영선 정영신 정영애
정영자 정영주 정예을 정옥 정옥남 정옥자 정운랑 정윤남 정윤정 정윤희 정은미
정은선 정은선 정은숙 정은영 정은영 정은정 정은주 정은진 정은혜 정은화 정이원
정이현 정인자 정장화 정재민 정재연 정재진 정정은 정정희 정종국 정종순 정준호
정중현 정지구 정지선 정지성 정지순 정지영 정지은 정진 정진아 정진홍 정진화
정태수 정하윤 정해순 정향철 정현경 정현아 정현자 정현주 정현주 정혜선 정혜선
정혜송 정혜숙 정혜원 정혜원 정혜윤 정혜인 정환미 정환웅 정훈희 정희정 정희진
조경배 조경삼 조경숙 조기영 조만재 조명구 조명신 조명희 조미라 조미선 조미숙
조미숙 조민재 조민정 조민철 조병범 조보나 조부민 조서희 조성민 조성신 조성현
조성훈 조수민 조수진 조순우 조아련 조아름 조애리 조연숙 조연학 조영실 조영옥
조영이 조용근 조용희 조우나 조우리 조원희 조유미 조윤미 조윤석 조윤성 조윤진
조은숙 조은지 조은진 조은혜 조은희 조인향 조잔디 조정은 조정희 조정희 조종숙
조창봉 조항미 조현목 조현숙 조현진 조형제 조형제 조형주 조혜경 조홍남 조희영
좌명희 좌세준 좌연순 주선미 주소연 주소연 주소이 주은선 주은정 주중식 주채영
주혜경 지미현 지선명 지소원 지소윤 지예은 지자영 지향모 지해옥 지현정 지형욱
진다미 진소라 진수임 진승희 진옥년 진윤정 진주빈

차규근 차명진 차영근 차영동 차원준 차은주 차은혜 차일경 차정화 차지원 차현정
차혜정 채민주 채영신 채은아 천권환 천명자 천승희 천원석 초문정 초문정 최강진
최강토 최강훈 최강희 최경선 최경숙 최경애 최경욱 최권현 최귀숙 최규서 최규석
최규희 최덕근 최미경 최미나 최미란 최미랑 최미선 최미숙 최미순 최미아 최미애
최미영 최미진 최미향 최민서 최복수 최상국 최상희 최선영 최선영 최선주 최성숙
최성훈 최성희 최소영 최수빈 최수희 최승기 최승천 최양희 최연정 최연향 최연희
최영선 최영수 최영숙 최영순 최영주 최영화 최용 최용근 최운철 최운호 최원영
최유나 최유빈 최유정 최윤미 최윤정 최은규 최은길 최은숙 최은영 최은하 최은희
최익현 최인석 최인영 최장순 최재경 최정선 최정연 최정화 최정희 최준규 최지영
최지원 최진 최진경 최진우 최진화 최진희 최찬 최치숙 최현덕 최현주 최혜빈
최혜은 최환이 최희옥

탁무권 탁정수

표말순 표준희

하봄비 하봉수 하성욱 하세린 하연서 하영일 하예승 하예은 하예진 하예찬 하유리
하윤하 하춘선 하현숙 하혜영 한강수 한계선 한계희 한규주 한나라 한나미 한도윤
한미정 한미화 한사라 한상묵 한상진 한상희 한서윤 한성심 한성준 한송이 한수민
한순애 한슬기 한승재 한실희 한아름 한영선 한영숙 한우정 한운성 한재희 한정옥
한지영 한지혜 한지환 한진수 한진영 한진우 한혜경 한홍구 함미선 함지윤 함형심
허경림 허기 허남석 허미숙 허선영 허소윤 허소희 허수민 허순영 허순임 허영희
허운정 허은화 허홍숙 허효남 허희재 현명자 현선식 현안나 현충훈 형은경 홍경화
홍근영 홍동화 홍루리 홍루아 홍루희 홍리리 홍명수 홍미란 홍선애 홍용도 홍유리
홍윤정 홍인걸 홍정숙 홍정욱 홍정주 홍종욱 홍창기 홍현주 홍혜자 황규안 황금정
황남구 황미경 황미순 황미영 황병구 황병석 황봉률 황수경 황여나 황연경 황인덕
황인택 황정인 황정혜 황종미 황종옥 황지숙 황진경 황진희 황학영 황현정 황효진

다봄출판사 데이라이트(Daylite) (주)사계절출판사

책 출판을 위해 펀딩으로 도움주신 분들

강무홍 강선영 강성희 강우원 강지혜 고양석 공재형 국경희 권미영 권미정 김경일
김근명 김기훈 김동희 김미남 김미연 김민희 김산 김선영 김선이 김성은 김소연
김송이 김수정 김수현 김순미 김연량 김영희 김원식 김유정 김은미 김준하 김진미
김충구 김태주 김현미 김현수 김현실 김현주 김희림 류영애 모소영 문예슬 문인규
박미경 박미은 박성호 박순덕 박영주 박윤희 박정아 박진주 박진혜 박현 박현정
백승우 서성혁 서수정 서정희 서지윤 소준영 손명진 손재범 손하누리 신수진 신인기
신효순 안미정 안아영 양선례 윤석찬 윤혜정 이미성 이민정 이보경 이선주 이성희
이승희 이용창 이용훈 이정숙 이정화 이준호 이진형 인경화 임준희 장봉금 장용철
장원 장원철 전근아 전선영 전성은 전연휘 정다은 정도현 정상식 정선영 정진영
정진홍 조명구 조성현 조잔디 주선미 주소연 차일경 최규석 최규승 최미진 최지원
하시모토아야코 하혜영 허선영 허순영 황동욱 황병석